KB090589

Second Edition

Human Resource Management of
Hotel
Hospitality

호텔·외식·관광
인적자원관리

이준혁·정연국 공저

백산출판사

머리말

직장을 다니다 학교로 온 지 벌써 20년이 지났다. 직장에서 나는 매우 운이 좋았던 것 같다. 전체 부서에 대한 교육을 받을 수 있는 management training course를 이수할 수 있었기 때문이다. 객실부, 식음료부, 조리부, 관리부, 기획실 등등… 나중에 교육담당이 가장 재미있었던 것 같다. 신입사원교육, 전 사원교육, 간부교육 등등…

이런 현업의 내용을 바탕으로 나는 석·박사과정을 통해 현업에서의 실무와 이론을 접목해 나갔다. 그중에서 인적자원관리는 나와 매우 인연이 있는 과목이다. 왜냐하면 교육담당이라는 직책은 본서에서 말하는 인적자원스태프의 역할을 이해할 수 있는 부서였기 때문이다.

인적자원관리는 사람을 다루는 학문이다. 따라서 조직행동론에 기초하여 개인, 집단, 조직체에 대한 연구가 선행되어야 할 것이다. 또한 이론적 접근도 중요하지만 사례연구를 통한 다양한 경험을 바탕으로 귀납적 연구방법론을 추구하는 것이 바람직하다. 따라서 본서는 이론부분에 사례를 넣어 독자들의 이해를 돕고자 하였다.

본서는 제1부 환대산업 인적자원관리 시스템에서 제1장 환대산업조직의 경쟁력과 인적자원관리(성공 및 실패 사례), 제2장 인적자원관리의 학문적 발전과정, 제3장 전략적 환대산업 인적자원관리, 제4장 환대산업 조직체 환경과 인적자원관리, 제5장 노사관계와 인적자원권리 등을 다루었다. 제2부의 환대산업 인적사원의 확보에서는 제6장 직무분석 및 직무설계, 제7장 인적자원계획 및 모집, 제8장 선발 등에 대해 알아보았다. 제3부 환대산업 인적자원의 활용에서는 제9장 교육훈련, 제10장 환대산업 리더십, 제11장 인사고과, 제12장 보상관리, 제13장 이직률 및 징계 관리, 제14장 변화관리 등을 다루었다.

조직의 성공을 좌우하는 데는 매우 많은 요인이 있다고 하겠지만 무엇보다 종사원의 만족이 우선되어야 할 것으로 믿는다. Taylor 이래 호손공장실험을 거치면서 종사원의 만족은 무엇보다 중요한 보상요인으로 파악되고 있다. 그러나 아직도 성과와 만족의 관계는 양방향일 수 있다는 연구가 진행되고 있다. 따라서 인적자원관리는 매우 규범적이며 귀납적이다. 또한 생산성의 증대는 인적자원관리의 두 번째 목적이다. 생산성의 지속적인 개선노력은 물론 전 사원의 몫이지만 그것을 선도하는 관리자들에게는 더 많은 책임이 있다. 종사원의 만족을 통한 생산성의 증대가 궁극적인 목적이지만 우선 생산성 증대를 통해 목표를 달성한 후 보상을 통한 종사원의 만족을 시도하는 것도 방법일 것이다. 따라서 성과와 만족은 양방향일 수 있다. 마지막으로 성장이다. 성장이란 개인의 성장, 집단의 성장, 조직체의 성장을 의미한다. 개인이 입사한 후 나날이 발전하는 모습도 성장이며, 1년 전보다 발전한 팀의 상황, 5년 전보다 훨씬 발전한 회사의 모습이 바람직하다는 것이다. 이를 위해 인적자원관리자들은 교육훈련, 경력개발 등 아낌없는 노력을 경주해 나가야 한다. 특히 교육훈련은 투자의 안목으로 지속적인 노력이 요구된다. 삼성의 글로벌 인재육성 사례는 그러한 성과의 입증을 나타내고 있다.

2년 동안 자료를 준비하고 틈틈이 작업을 실행하여 드디어 결실을 본다. 하지만 아직도 부족한 부분이 많고 더 많은 연구를 통해 좀 더 확실한 인적자원관리를 완성할 필요가 있다고 생각한다. 미래의 환경이 불확실하지만 항상 준비하는 시스템이 필요하듯이 환대산업에서 인적자원관리는 바로 준비할 수 있는 시스템의 기초가 된다. 따라서 본서를 통해 독자들이 환대산업 인적자원관리에 조금 더 접근하고 통찰을 통해 새로운 전기를 마련할 수 있기를 바란다.

2021년
부산 해운대 반송골에서
저자 씀

차례

환대산업
인적자원관리 시스템

환대산업조직의
경쟁력과 인적자원관리

환대산업조직의 경쟁력과 인적자원관리

환대산업은 보통 호텔, 외식, 관광산업을 포괄한다. 이러한 서비스기업의 특성으로 인하여 인적자원관리의 특성 또한 타 산업과는 다르다. 즉 내부마케팅을 통한 종사원의 만족이 매우 중요한 과제이다.

따라서 환대산업의 성공과 실패 사례를 통한 인적자원관리의 이해가 매우 중요하다고 하겠다.

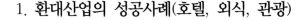

제1절 ● 환대산업의 성공 및 실패 사례

1. 환대산업의 성공사례(호텔, 외식, 관광)

1) 호텔업계의 성공사례

Marriott International Inc.은 세계적인 제인호텔 그룹으로 다양한 브랜드를 보유하고 있다. 이 호텔그룹은 어떻게 성공할 수 있었을까? Marriott, Jr., J. W. 회장은 다음과 같은 5가지 요소를 강조하고 있다. 먼저 채용분야에서 처음에 잘 뽑아야 한다는 것이다. 즉 빈자리를 메우려는 조급함 때문에 첫 번째 응시자를 뽑으려는 유혹이 강하겠지만, 좋은 경영자는 사람을 현명하게 고른다는 것이다. 두 번째는 보상에 있어서 돈보다는 무형적인 요인들, 예를 들면 일과 삶의 균형, 리더십의 품격, 승진의 기회, 작업환경 및 교육훈련 등이 훨씬 커다란 비중을 차지한다는 것이다. 오래 근무한 직원일수록 돈의 중요성은 떨어지고 비금전적인 요인들의 중요성이 더욱 커지는데 이는 유연한 근무시간제, 맞춤형 성과급 패키지, 경력개발기회 등 새로운 시스템의 구축을 통한 만족의 제공이라는 것이다. 세 번째는 배려해 주는 직장의 분위기라고 한다. 즉 직원들의 만족과 이직률에 대하여 경영진이 책임을 지도록 함으로써 직원들을 위하는 시스템을 구축하도록 하고 있다. 이를 위해 직원을 축하해 주기, 정보 제공하기, 세계적 수준의 경영자와의 훈련을 제공하기 등의 정책이 실현되고 있다. 네 번째는 내부에서 승진시킨다는 것이다. 즉, 능력 있는 직원에게 기회를 제공함으로써 기업문화가 한 세대에서 다음 세대로 승계된다. 내부승진제도는 또한 채용 및 유지를 위한 강력한 수단이 되고 있다. 왜냐하면 직원들에게 승진기회란 회사에 머무르게 하는 핵심적인 요인이기 때문이다. 이는 곧 훈련이 직원들에게 제공하는 중요한 가치요인임을 의미한다. 다섯 번째는 브랜드의 구축이다. 고객을 끌어 모으듯 직원들을 끌어 모아야 하기 때문에 브랜드의 가치 구축은 중요하다는 것이다. 즉 고객들에게 브랜드라는 것은 지금까지 본 적도 없는 호텔에 예약할 수 있도록 하는 것인데, 브랜드만으로 무한한 선택권을 가진 고객들에게서 매출을 올릴 수 있다면, 역시 무한한 선택권을 가진 잠재 직원들도 브랜드를 이용하여 매출을 올릴 수 있다는 것이다(정규엽, 2013: 199-203).

다음은 세계적인 브랜드인 포시즌스 호텔 앤 리조트를 소개한다. 전 세계 46개국에 109개(2018년 기준)가 넘는 호텔을 소유하고 있는 글로벌 브랜드 '포시즌스 호텔 앤 리조트'는 1961년 첫 호텔을 연 이래 놀라울 만한 성장을 이루어냈다.

◆ 1960~1969: 포시즌스의 탄생

1961년 봄, 이자도어 샤프는 캐나다 토론토에 그의 첫 호텔을 오픈했다. 정확히 말하자면 호텔이라기보다는 작은 모터 호텔이었지만 그는 매우 만족했다고 한다. 애초부터 큰 규모의 호텔사업에 뛰어들 생각도 없었을뿐더러, 첫 호텔을 내기까지 주변인들의 반대가 심했기에 이런 수확을 이룬 것만으로도 충분하다고 생각했을지 모른다(당시 20대였던 그의 다짐에 주변인들은 걱정이 많았다고, 납득시키는 데만 5년이 걸렸다고 한다).

시작은 혼자가 아니었다. 그는 자신의 아버지(Max Sharp) 외 3명(Murray Koffler, Eddie Creed and Fred Eisen)의 파트너와 함께 호텔을 개발하고 운영해 나갔다. 이들이 가장 중요하게 생각했던 원칙은 단 하나 '모든 고객을 특별손님으로 대우해야 한다'이다. 직원이 고객을 존중

그림 1-1_이자도어 샤프(右)

하면 고객 또한 직원을 존중하게 되며, 이러한 상호 존중관계가 완성돼야 비로소 최고의 명품 서비스가 만들어진다는 것이었다. 당시만 해도 호텔업계는 '손님이 왕이다'라는 인식이 팽배했기 때문에 손님과 직원의 관계를 상·하가 아닌 동일 선상에서 바라본다는 것 자체가 파격이었을 것이다. 단골을 얻기 어려울지 모른다는 걱정과 달리 호텔사업은 탄탄대로를 걸었다. 직원 스스로 자부심을 느끼고 대하는 명품 서비스가 빛을 발휘한 것이다. 이 덕분에 이자도어 샤프는 10년이 채 되지 않은 기간 동안 3곳의 호텔을 더 오픈하게 된다.

◆ 1970~1979: 새로운 '럭셔리'에 눈을 뜨다

1970년대 대서양 횡단 제트기로 인해 해외여행이 활성화되면서 포시즌스 호텔도 변화를 맞이하게 됐다. 1960년대 중반 이자도어 샤프는 우연히 영국 런던에 들렀다가 앞으로 나아가야 할 호텔의 방향성을 새롭게 정의하게 됐다. 런던에서도 고급 호텔들이 모여 있는 하이드 파크는 그에게 새롭다기보다는 지루한 느낌을 안겨주었다. "그곳에서 느낀 감정은, 런던엔 그랜드 호텔이 너무나도 많다는 것이었습니다. 화려한 인테리어와 정통성에 무게를 두는 서비스는 더 생겨날 필요가 없을 것 같았죠. 하루가 다르게 변화하는 현대사회와 잘 어울릴 '현실적인 호텔'이 필요하다고 느꼈습니다."

이후 그는 개별 고객 맞춤 서비스와 현대적인 요소를 겸비한 새로운 호텔 'Inn on the Park London(지금의 포시즌스 런던 앳 파크 레인)'을 열었다. 당시 대부분의 호텔 관계자들은 포시즌스 런던의 실패를 예견했다. 유서 깊은 그랜드 호텔들 사이에서 새로운 컨셉의 호텔이 살아남기 어려울 거라 본 것이다. 하지만 예상과 달리 호텔은 대성공을 거두었고, 올해의 유럽 호텔 부문에 선정되기도 했다.

그가 새롭게 고안한 포시즌스의 4가지 비전은 이러했다.

1. 규모: 기존 그랜드 호텔보다 규모는 작게
2. 위치: 각 나라와 도시의 중심지에
3. 시스템: 잘 갖춰진 설비 시스템 도입 및 유지
4. 서비스: 친절은 기본! 24시간 개별 서비스를 도입해 이용하기 편하게

위 4가지 비전은 소름 돋을 정도로 그 시대를 잘 반영했다. 앞서 말했듯 1970년대는 장거리 국제 제트기 여행이 호황이었다. 그로 인해 새벽 비행편을 이용하는 고객층이 늘어났고 호텔 문을 두드리는 시간대도 아침, 밤, 새벽 할 것 없이 다양했다. 하지만 새벽에 호텔 체크인이 불가능하다면? 지금은 상상할 수 없지만 당시엔 흔한 일이었기에… 그만큼 포시즌스가 내세운 24시간 서비스 시스템은 파격적이고 재빠른 변화였다.

◆ 1980~1989: 드디어 시작된 '아메리칸 드림'

1980년대, 당시 전 세계 사업가들은 모두 하나의 꿈을 꾸고 있었다. 바로 아메리칸 드림! 하루가 멀다 하고 미국으로 몰려드는 젊은 사업가들, 그중에는 이자도어 샤프도 있었다. 포시즌스 호텔이 미국을 업고 본격적으로 세계 시장에 진출한 것이다. 이미 캐나다와 유럽 등지에서 여러 호텔을 운영해 온 덕에 과정은 순조로웠다. 시간이 곧 돈이었던 미국인들 사이에서 간편하고 효율적인 시스템을 내세우는 포시즌스 호텔은 그야말로 'best choice'였다. 실속주의 고객층들을 사로잡는 데 성공한 포시즌스는 10년 동안 약 10여 개 도시(필라델피아, 보스턴, 댈러스, 로스앤젤레스, 시카고 등)에 신규 호텔을 오픈했다. 이 가운데 레지던스형 호텔, 풀서비스 스파 및 골프 코스를 갖춘 호텔 등 새로운 컨셉에 도전함으로써 다양한 니즈를 갖춘 고객까지 사로잡을 수 있었다.

◆ 1990~1999: 글로벌 호텔 브랜드로 성장하다

지난 20년간 캐나다에서 유럽, 유럽에서 미국으로 조금씩 발판을 넓혀 왔던 포시즌스 호텔. 1980년대에 아메리칸 드림을 이루고, 90년대부터는 전 세계를 무대로 포트폴리오를 확장하기 시작한다. 확장의 메인 아이템으로 선정된 것은 바로 '럭셔리 휴양 리조트' 당시 전 세계 자본가들은 그 어느 때보다 탐험심이 깊었다. 아메리칸 드림을 이룬 뒤에

찾아온 허망함, 그 허망함을 채워줄 새로운 파라다이스가 필요했을지 모른다. 자본주의의 달콤함을 온전히 누리되 속세에서 벗어나고 싶은 이중적이고도 묘한 심리. 그 심리를 포시즌스는 제대로 간파했다. 1990년, 하와이 마우이섬에 첫 휴양 리조트(포시즌스 리조트 앳 마우이 와일레아)를 선보인 것을 시작으로 이듬해엔 신비의 섬으로 불리던 카리브해 네비스섬에 리조트(포시즌스 리조트 네비스 세인트 키츠)를 지었다. 결과는 대성공. 쉽게 갈 수 없는 위치, 호화로운 인테리어도 한몫했지만 포시즌스에서만 경험할 수 있는 현지 액티비티 프로그램도 큰 인기 요인 중 하나였다. 탐험욕구가 강한 고객층들을 사로잡기 위한 비장의 무기랄까? 1992년에는 일본 도쿄에 아시아 최초의 포시즌스 호텔을 오픈하며 동아시아권에 진출했다.

이렇게 몸집을 키워가던 포시즌스 호텔. 1993년부터 역사적 건축물의 예술성과 지속가능성에 매료되기 시작한다. 단순히 효율만을 쫓아 호텔·리조트를 짓던 때와 달리 조금은 불편하고 낡아 보여도 공간의 앤티크함과 자연경관을 그대로 살리는 방향으로 호텔을 짓기 시작한 것이다. 그렇게 지어진 대표적인 곳이 포시즌스 밀라노(르네상스 수녀원을 그대로 살려 지음), 이스탄불, 파리, 부다페스트, 플로렌스 호텔이다. 이곳에 묵었던 사람들의 후기에 의하면, 일반 호텔이 아닌 역사적인 유산 한가운데 머물다 간 느낌이라고 한다. 그만큼 장엄하다고.

◆ 2000~현재: 명품으로 거듭날 때

이후 2000~2010년대에는 중동(포시즌스 카이로), 중국(포시즌스 상하이), 인도(포시즌스 뭄바이), 러시아(포시즌스 상트페테르부르크) 시장에 진출하며 서비스 대륙을 더욱 넓혀 나갔다. 그리고 2011년 3월, 포시즌스는 역사적인 50주년을 맞이했다. 캐나다 토론토에 첫 모터 호텔을 지을 때만 해도 이렇게까지 성장할 것이라 예상했을까? 그 어느 기업보다 치열하게 달려온 시간이었을 것이다. 겉으로는 그저 몸집만 키운 것처럼 보일 수도 있지만, 사실 50년 동안 포시즌스 호텔은 내실도 굉장히 단단해져 있었다. 화려하기만 하다고 해서 모두 명품이 될 수 없는 것처럼 긴 시간 동안 이들이 내세운 특별한 철학이 그들을 진정한 명품 호텔로 만든 것이다. 그렇다면 지금부터는 포시즌스가 어떻게 호텔을 운영해 나갔는지 함께 알아보자.

포시즌스만의 특별한 경영 철학은 다음과 같다.

◆ 명품 서비스는 직원의 몫이 아니다

앞서 말했듯 포시즌스 호텔은 특유의 명품 서비스가 빛을 발하는 곳이다. '모든 깃은 상호 존중관계에서 온다.'라고 했던 이자도어 샤프. 그는 한 인터뷰에서 이 관계를 어떻게 실현할 수 있었는지 밝혔다.

"일명 골든 룰(Golden rule)만 잘 지켜지면 됩니다. 회사가 직원이 일하기 좋은 쾌적한 환경을 만들어주니 직원들이 행복하고, 일의 만족도가 높으니 고객들에게 진심 어린 서비스를 제공하고, 고객들은 대접받은 만큼 또 직원들을 존중하고, 직원들은 존중받은 만큼 회사에 헌신하는 그런 구조랄까요. 호텔에서는 럭셔리한 하드웨어도 중요하지만, 섬세한 소프트웨어도 필수입니다. 이 소프트웨어는 오직 직원만이 다룰 수 있기 때문에 결국은 회사가 직원을 존중하고 대우해 주어야 합니다." 그의 말에 따르면, 명품 서비스의 여부를 결정하는 건 결국 회사의 태도라는 것이다.

◆ 하늘 아래 같은 포시즌스는 없다

포시즌스 호텔이 특별한 이유는 서비스만이 아니다. 다양한 글로벌 호텔 브랜드를 이용해 봤지만, 몇몇 곳은 전 세계 어디를 가도 비슷한 느낌을 구현해 놓는다(이게 누군가에게는 장점일 수도). 하지만 포시즌스 호텔과 리조트는 같은 국가, 같은 도시 내에 있어도 전혀 다른 매력을 지니고 있다.

발리에 있는 '포시즌스 리조트 발리 짐바란 베이'와 '포시즌스 리조트 발리 사얀'만 해도 그렇다. 해안 절벽이 멋지게 보이는 짐바란 베이는 어디서든 광활한 오션뷰를 감상할 수 있게끔, 우거진 숲이 매력적인 산야는 정글 속 전통가옥 생활을 즐길 수 있도록 설계와 인테리어를 달리했다. 뿐만 아니라 리조트 내 엔터테인먼트 프로그램 또한 그 지역에서만 즐길 수 있는 콘텐츠들로 채워 넣는다. 아프리카에서는 코끼리와 산책을 하고, 몰디브에서는 돌고래와 함께 수영을, 베트남에서는 물소와 함께 논밭을 거닐 수도 있다. 준비된 것만 체험해도 리조트에서의 2박 3일이 부족할 정도다.

하늘 아래 같은 호텔은 절대 만들어내지 않는 포시즌스. 이에 대해 아시아 지역 부사장인 크리스토퍼 노튼(Christopher Norton)은 "우리는 쿠키를 자르듯 개성 없는 호텔과 리조트를 만들 생각은 없습니다. 저마다 그 지역의 특징을 표현해야 한다고 생각하니까요. 그리고 이것이 포시즌스와 다른 호텔 브랜드가 다른 가장 큰 차이이기도 합니다."라고 말했다. 실제로 포시즌스만의 이런 매력에 빠져 전 세계 어느 국가를 가던 포시즌스에만 묵는 여행자들도 굉장히 많다.

◆ 때로는 엄격함이 필요하다

하지만 그렇다고 매번 다른 것만 추구하는 건 아니다. 성공한 사람, 브랜드에는 자신들만의 엄격한 룰이 있듯 포시즌스도 마찬가지다. "포시즌스는 전 세계 럭셔리 호텔의 표준"이라는 명성에 걸맞도록 사소한 것에서도 자신들의 룰을 규정하고 지켜나간다. 대표적인 예로, 전 세계 모든 지점에서 제공하는 샤워기 수압, 크루아상이 구워진 정도까지 모든 게 표준방식에 따라 세팅된다. 심지어 1970년대부터는 포시즌스 호텔과 리조트의 건축&리노베이션을 대부분 같은 업체가 맡고 있어 설계 스타일이나 인프라 구조에 어느 정도 통일성이 있다. 포시즌스 호텔에 유독 비즈니스맨 단골 고객층이 두터운 이유도 바로 이런 이유 때문일 것이다. 세계 곳곳을 다니는 이들은 계속해서 달라지는 환경에 쉽게 피로감을 느낄 수 있기 때문에 급격하게 달라지는 호텔 환경이 오히려 독이 될 수 있다. 포시즌스는 이러한 점을 인지해, 각 지점에서 이국적인 매력과 동시에 '내 집 같은 편안함'까지 느낄 수 있는 방법을 찾은 것이다.

논외로, 이자도어 샤프가 한 유명한 말이 있다. "포시즌스 그룹에서는 오전 회의에 자존심은 가지고 들어오지 못한다. 우리는 단 한 가지의 목적을 가지고 회의에 임한다. 그것은 바로 '손님'이다." 이를 통해, 포시즌스가 서비스와 품질에 얼마나 엄격한 자세로 임하고 있는지를 알 수 있다.

◆ 여행자의 이유 있는 사치를 위해

"현대사회의 여행자들을 위한 사치"는 포시즌스의 노모다. 많은 사람이 말한다. 포시즌스는 다 좋은데 유일한 단점이 엄청 비싼 가격이라고. 하긴 국가와 도시에 따라 다르지만 자연 친화적인 리조트일수록 1박에 2~300만 원은 훌쩍 넘는 게 기본이니… 하지만 포시즌스는 당당하게 답한다. 우리는 현대사회에서 사치를 즐기고 싶은 여행자들에게 완벽한 이유를 만들어주는 것이 목표라고. 어차피 누군가 사치를 즐기겠다면, 후회 없는 경험을 선사해 주는 게 자신들의 롤이란 것이다.

2010년대에 들어서 포시즌스의 스케일은 더 커지고 있다. 2016년, 럭셔리 세계 일주 여행 상품인 '포시즌스 프라이빗 제트 투어(Four Seasons Private Jet Tour)'를 출시했다. 이 티켓을 구매하면 평균 한 달의 기간 동안 여러 대륙을 다니며 신비로운 체험을 하고, 전 세계 포시즌스 호텔 앤 리조트에서 숙박할 수 있다. 투어 프로그램은 매년 달라지며 가격은 1억 중반을 호가한다. 매우 높은 가격이지만 워낙 인기가 높아 구하기도 어렵다고 한다. 이처럼 포시즌스 그룹은 이유 있는 사치를 위해 끊임없이 새로운 형태의 상품을 개발 중이다.

2020년, 코로나19의 여파로 여행/호텔 산업이 시들한 요즘이지만 포시즌스는 계속해서 신규 호텔들을 오픈하고 있다. 아시아와 북미 및 유럽 지역에 총 6곳(포시즌스 호텔 방콕 / 도쿄 오테마치/ 마드리드/ 나파밸리/ 샌프란시스코 앳 엠바카데로/ 뉴올리언스)의 호텔이 들어설 예정이다(PRESTIGE GORILLA, 2020년 9월 8일자; http://www.prestigegorilla. net/posting/F001/1744).

2) 외식업계의 성공사례

햄버거의 본고장 미국에서 가장 인기 있는 햄버거 레스토랑은 서부지역에서만 찾을 수 있는 In-N-Out이다. In-N-Out은 2012년 Consumer Report의 구독자 3만 6,000명을 대상으로 미국 내 53개 fast food 체인점에 대한 소비자 만족도 조사 결과, 10점 만점에 7.9점으로 2년 연속 1위를 차지한 반면, McDonald's는 5.6점에 그쳤다. 영화배우 Paris Hilton이 음주운전 혐의로 체포됐을 때, In-N-Out 버거를 사러 가던 중이었다고 말해 화제가 되기도 했다.

In-N-Out은 2011년 약 4억 6,500만$의 매출을 올린 것으로 알려졌다. 이것은 McDonald's 연간 매출의 1% 수준에 불과하지만, 연평균 매출 증가율은 업계 평균의 2배인 약 10%에 달한다. 순이익률은 20%에 이르는 것으로 알려졌다.

창업자 Harry Snyder가 California주 Baldwin Park에서 McDonald's보다 7년 빠른 1948년

설립한 In-N-Out의 경영 모토는 '단순함을 지키자(keep it simple)'이다. In-N-Out은 신선한 재료를 사용한다. 1976년부터 Baldwin Park에 직영 육가공 공장과 식자재 배급소를 운영하면서 재료의 품질을 직접 관리하고 있다. 냉동고기를 주로 쓰는 다른 대형 체인과 달리, 생고기를 매일 매장에 공급한다. 한 번도 얼리지 않은 생고기를 쓰는 것은 창업 이후 줄

그림 1-2_IN-N-OUT burger

곧 유지해 온 원칙이다. 햄버거용 빵도 매장에서 매일 아침 직접 굽는다. 신선도 유지를 위해 매장은 직영 배급소 반경 500마일(800km) 이내에만 열 수 있다. 또한 In-N-Out 매장에는 냉동고나 전자레인지 등의 설비가 없다. 얼린 재료를 쓰지 않아 녹이거나 보관할 필요가 없기 때문이다. 남은 재료는 전량 폐기한다.

적은 매장 수를 고수해 품질을 유지하는 것도 특징이다. In-N-Out은 California, Nevada, Arizona 등 미국 서부 3개 주에서 300개 미만의 매장을 운영하고 있다. 1948년 1호점 개점 이후, 2호점을 내기까지 3년이 걸렸고, 창업 후 28년간 늘어난 매장이 18개에 불과했다. 1976년에 작고한 창업자 Harry Snyder는 생전 인터뷰에서 "사업 확장보다는 품질 유지가 중요하다"고 강조했다. In-N-Out의 메뉴판에는 4종류(햄버거, 치즈버거, 더블더블버거, french fry)만 있다. 창업 이후 메뉴는 변한 것이 없다. 또한 In-N-Out의 단골 고객들은 메뉴판에 적혀 있는 메뉴가 아닌 다른 것을 주문해 먹는다. 단골들만 알고 주문할 수 있는 '비밀 메뉴(secret menu)'가 있기 때문이다. In-N-Out은 단골들을 위한 서비스인 비밀 메뉴를 계속 개발해 선보이고 있다. 2013년 기준 비밀 메뉴는 6가지 정도가 알려져 있다. 고기를 쓰지 않거나 빵 대신 양상추를 쓰는 햄버거 등이다. 양파나 토마토 등을 취향에 맞춰 넣어 먹을 수 있도록 별도로 제공하는 것도 특징이다. Lynsi Martinez In-N-Out CEO는 "자신만의 햄버거를 먹을 수 있고, 비밀 메뉴를 아는 사람들끼리 유대감도 형성된다"고 소개했다.

저렴한 가격도 장점이다. In-N-Out에서는 2013년 기준, 가장 비싼 단품 햄버거가 2.75$이고, 음료수와 french fry까지 주문해도 5$를 넘지 않는다. French fry 만드는 과정을 손님

들에게 공개하는 것도 마케팅 전략이다. 얼린 감자를 튀기는 경쟁사와는 달리, In-N-Out 에서는 즉석에서 생감자를 썰어 튀긴다. Martinez CEO는 "신선한 재료를 쓴다는 자부심 과 더불어, 고객들에게 우리 제품에 대한 신뢰감을 높일 수 있다"고 설명한다.

시대를 앞서간 서비스도 명성의 배경이다. 1950년대에 차를 탄 채로 햄버거를 주문하는 drive-thru 서비스를 업계 최초로 도입한 곳도 In-N-Out이다. 당시에는 직원들이 차로 다가가 주문을 받고 제품을 직접 갖다주는 것이 일반적이었다. 숙련 직원도 꾸준히 양성하고 있다. 1984년에는 매장 관리자 양성기관인 In-N-Out University가 설립됐다. 최소 1년간 매장에서 풀타임 근무를 해야 교육받을 수 있는 자격이 주어진다. 예비 관리자들은 이곳에서 품질관리법, 청결 및 서비스 정신 등을 배운다. 숙련된 직원이 좋은 서비스를 제공한다는 원칙을 실행하는 셈이다.

직원들에 대한 높은 보상체계도 좋은 서비스의 기반이다. In-N-Out 신입직원의 시간당 임금은 2012년 기준 8.25$다. 미국 내 다른 대형 fast food 체인점의 평균 임금 5.15$보다 높다. 매장 관리자의 평균 연봉은 8만 5,000$로 업계 최고 수준이다. 이 때문에 매장 관리자의 평균 근무연수가 13년에 달한다. In-N-Out 측은 "할아버지부터 손자까지 3대가 일한 경우도 있다. 충성도 높은 직원들이 더 좋은 서비스를 제공하는 것은 당연하다"고 강조하고 있다(정규엽, 2015: 492-494).

두 번째로 외식업의 성공사례는 스타벅스이다. 2010년대에 들어 슐츠 회장은 스타벅스의 미래를 위한 세 가지 전략을 적극 추진했다. 첫 번째는 커피라는 회사의 기본기를 더욱 탄탄하게 하고 스타벅스라는 브랜드에 프리미엄을 더하는 것이다. 경쟁사인 블루보틀 등이 바리스타(커피 마스터)가 현장에서 바로 만든 고품질 드립 커피를 내주는 것을 본 슐츠 회장은 이를 그대로 스타벅스에 도입하기로 결정했다. '스타벅스 리저브'라고 이름 붙인 한 등급 더 높은 매장에서 오랜 기간 교육받은 바리스타가 최고급 원두를 이용해 현장에서 바로 커피를 만들어주도록 했다. 원두뿐만 아니라 커피를 만드는 방식까지 고객이 직접 선택할 수 있도록 해서 다양한 고객 취향을 만족시켰다. 스타벅스 리저브 매장은 전 세계에 약 800군데, 국내에 약 80군데 정도 존재한다. 최근에는 '커피포워드 리저브'라는 스타벅스 리저브보다 한 등급 더 높은 프리미엄 서비스도 시작했다. 커피포워드 리저브는 원두, 제조방식에서 한 단계 더 나아가 커피메이커까지 사용자의 취향에 맞게 고를 수 있고, 바리스타가 커피 한 잔이 어떻게 만들어지는지 직접 설명해 주는 프리미엄 서비스까지 함께 제공한다. 대규모 커피 브랜드가 제공하는 천편일률적인 품질의 커피라는 한계에서 벗어나 사용자 취향에 맞게 제공하는 고급 커피라는 영역에까지 진출한 것이다.

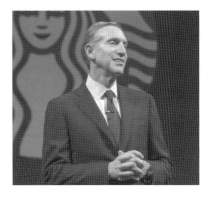

그림 1-3_하워드 슐츠 스타벅스 회장

두 번째는 스타벅스라는 브랜드가 유행을 이끄는 '트렌드세터'가 될 수 있도록 한 것이다. 이를 위해 스타벅스의 주요 고객층을 유행에 민감한 고임금 여성 근로자로 설정했다. 커피와 대화를 좋아하는 이들이 스타벅스를 지속적으로 찾도록 다양한 이벤트를 진행하고, 도심에서 스타벅스의 접근성을 강화했다. 이러한 슐츠 회장의 전략 덕분에 스타벅스는 행인이 많은 지역의 주요 건물이나 대형 건물의 지하 등에 어김없이 입점해 있다. 또한 커피 컵 사이즈를 스몰, 미디엄, 라지같이 익숙한 영어 단어 대신 그랑데(이탈리아어로 커다란), 벤티(이탈리아어로 20) 같은 이탈리아어로 대체해 주요 고객들이 신선함을 느낄 수 있도록 했다. 스타벅스가 정한 커피 컵 사이즈의 용량과 이름은 이제 커피업계의 표준으로 통할 정도다.

세 번째는 적극적인 최신 IT기술 도입을 통한 사용자 경험 혁신이다. 슐츠 회장은 스타벅스의 모든 매장에 최신 IT기술과 전자결제 기술이 적용될 수 있도록 회사의 디지털화(디지털 트랜스포메이션)를 적극 추진했다. 다양한 선불카드, 최신 음악 스트리밍, 무료 와이파이, 온오프라인이 통합된 모바일 결제 시스템 등을 업계 최초로 도입하며 혁신을 꾀했다. 가장 주목할 만한 부분은 선불카드다. 시장조사기관 S&P의 조사결과에 따르면 2016년 1분기 고객들이 스타벅스 선불카드로 미리 충전한 금액은 12억 달러가 넘는다. 어지간한 미국 은행보다 많은 고객의 돈을 보유한 셈이다. 국내에서도 아이들에게 문화상품권이 있다면 어른들에게 스타벅스 선불카드가 있다는 말이 나올 정도로 선물로 크게 각광받고 있다. 현재 스타벅스 고객의 65% 이상이 현찰이나 신용카드 대신 스타벅스 선불카드와 모바일 선결제 시스템을 이용해 커피를 구매하고 서비스를 이용하고 있을 정도로 디지털화에 성공했다.

이러한 디지털화에도 불구하고 고객 중심의 '아날로그 감성'은 결코 잊지 않고 있다. 스타벅스는 모든 매장에서 기계식 진동벨을 이용하지 않는다. 직원이 고객의 이름이나 별명을 직접 불러 주문한 음료가 나왔음을 알린다. 스타벅스가 고객을 하나하나 챙기고 있다는 느낌을 받을 수 있도록 하기 위함이다. 또, 특별한 이유가 없는 이상 콘센트, 화장실 등 스타벅스 매장 내 공간과 시설을 고객이 시간 제한 없이 자유롭게 이용할 수 있도록 하고 있다.

슐츠 회장의 세 가지 전략을 바탕으로 스타벅스는 매년 성장세를 기록하고 있다. 2018년을 기준으로 스타벅스는 23만 8,000여 명의 직원을 고용하고, 약 247억 달러의 매출과 46억 달러의 영업이익을 기록 중이다. 슐츠 회장은 2016년 12월 마이크로소프트와 주니퍼네트웍스 같은 IT기업에서 오랫동안 경험을 쌓은 케빈 존슨에게 최고경영자 자리를 맡기고 회장으로 물러났다. 회사가 단순히 커피를 파는 오프라인 매장에서 벗어나 온오프라인에서 커피와 경험을 판매하는 디지털 기업으로 거듭나길 바라면서 진행한 인사다. 2016년 이후 슐츠 회장은 스타벅스의 미래가 중국, 동남아 등 아태지역에 있다고 여기고 강한 투자를 진행 중이다. 이를 위해 50%의 지분만 보유한 합자회사 형식으로 진행하던 중국 내 사업을 모두 스타벅스가 100% 지분을 보유한 직영으로 전환했고, 라오스를 제외한 동남아 전역에 적극적으로 매장을 설립하며 시장 공략을 진행 중이다.

그렇다면 우리는 스타벅스로부터 무엇을 배워야 하는가? 슐츠 회장의 경영철학은 사실 한 가지로 요약할 수 있다. 바로 인간중심의 경영이다. 회사의 매출과 영업이익보다 직원과 고객을 먼저 생각함으로써 직원 및 고객의 감동을 이끌어내는 것이다. 사회적 기업으로서 스타벅스는 어떤 행보를 보여주고 있을까?

슐츠 회장은 공공연하게 고객은 두 번째라고 말한다. 그에게 첫 번째는 스타벅스의 직원들이다. 슐츠 회장은 회사의 직원들을 부하가 아니라 '파트너'라고 부른다. 직원이 행복해야 고객들에게 최선의 서비스를 제공할 수 있을 것이라 믿고 파트너들에게 다양한 교육과 지원을 제공하고 있다. 더 맛있는 커피를 만들 수 있도록 다양한 교육기회를 제공함과 동시에 파트너들이 대학에 진학하면 4년 장학금을 지원하고 있다. 어린 시절 제대로 된 의료보험이 없어 가족들이 궁핍하게 지냈던 경험 때문에 스타벅스 모든 파트너들의 의료보험비를 대납해 주고 있기도 하다. 2016년에는 미국 스타벅스 전 직원의 임금을

5~15% 인상했고, 취업 취약계층인 싱글맘, 군전역자, 저학력자 3만여 명을 고용한다는 계획도 현재 진행 중이다.

사회적 기업으로서 스타벅스의 모습 가운데 가장 인상적인 부분이 미국 우범지역에 매장을 설립한 것이다. 슐츠 회장은 1998년 매직 존슨 엔터프라이즈 회장(전설적인 농구선수 매직 존슨이 맞다)과 협력해 '도시 커피 공동체(Urban Coffee Opportunities, UCO)'를 설립한 후 미국 내 우범지역에 스타벅스 매장을 세우기 시작했다. 우범지역에는 제아무리 유명 프랜차이즈라도 매장을 내는 것이 쉽지 않다. 지역 주민이 저소득층이라 구매력이 떨어지는데다가, 매장이 범죄의 위험에 노출되어 있기 때문이다. 슐츠 회장은 이 문제를 해결하기 위해 우범지역에 진출한 스타벅스의 직원들은 철저히 해당 지역 주민으로만 구성했다. 우범지역에 거주하는 흑인과 라티노에게 안정적인 직업을 제공해 그들의 구매력을 끌어올리고, 커피 하나 제대로 사 먹을 수 없었던 지역에 커피를 제공해 지역 경제를 살려보겠다는 취지였다. 무엇보다 우범지역의 범죄자들은 같은 지역 주민을 상대로 범죄를 저지르는 경우가 드물기 때문에 매장의 안전까지 확보할 수 있는 일석이조의 아이디어였다. 이러한 슐츠 회장의 노력으로 미국 내 주요 우범지대에 125개에 이르는 스타벅스 매장이 세워졌다. 2010년 슐츠 회장은 도시 커피 공동체의 모든 지분을 인수해 우범지역의 스타벅스 매장도 본사 직영으로 전환했다. 지금도 슐츠 회장은 미국 우범지대에 세운 스타벅스 매장의 직원은 해당 지역의 주민들로만 구성한다는 원칙을 고수하고 있다.

스타벅스의 위기 대응능력도 다른 기업들이 주목할 만한 부분이다. 지난 4월 미국 필라델피아에 위치한 스타벅스 매장에서 최악의 인종차별 사고가 벌어졌다. 스타벅스의 직원이 매장 내에 앉아 있던 흑인 2명을 불법침입으로 신고한 것이다. 경찰이 와서 죄 없는 흑인 2명을 연행해 가는 것은 SNS를 통해 미국 전역에 중계되었고, 곧 스타벅스 불매운동과 같은 큰 반발이 일어나게 되었다. 스타벅스는 전사 차원에서 이를 심각히 여기고 재빨리 대응했다. 사건이 터진 다음 날 최고경영자인 케빈 존슨의 이름으로 이번 사건이 비난받아 마땅한 일이라며 진심이 담긴 사과문을 홈페이지에 게시하고, 얼마 지나지 않아 이번 문제를 바로잡겠다는 내용이 담긴 동영상도 함께 올렸다. 케빈 존슨은 필라델피아로 날아가 피해 당사자들을 직접 만나 사과한 후 그들의 피해를 보상하기 위해 최선을 다하겠다고 밝혔다. 말뿐만 아니라 행동으로도 나섰다. 피해자들에게 금전적인 보상과 함께 (스타벅스 직원들에게 제공하는 것과 동일한) 애리조나 주립대에서 온라인 학사학위를 취득할 수 있는 기회도 제공하기로 했다. 지난 5월 29일 스타벅스는 미국 전역 8,000여 개 매장의 문을 닫고, 17만 명이 넘는 직원들을 대상으로 무의식적인 인종 차별을 고치는 내용을 담은 교육 프로그램을 진행했다. 1,670만 달러에 달하는 손해를 감수하고 추진한 일이다.

미국의 경제지 포브스에 따르면 제대로 된 기업의 사과문에는 일곱 가지 요소가 반드시 필요하다고 한다. 1) 기업의 잘못으로 피해를 입은 사람이 있다는 것을 즉시 인정할 것 2) 해당 사건에 기업의 책임이 있음을 인정할 것 3) 기업의 행위가 피해자들에게 어떤 피해를 주었는지 상세히 밝힐 것 4) 변명, 합리화 등을 하지 않고 피해자에게 책임을 떠넘기지 말 것 5) 피해를 입은 이들에게 즉시 보상을 제공할 것 6) 원인을 사람에서 찾지 말고 시스템에서 찾을 것 7) 문제를 고치기 위해 즉시 행동하고 있다는 것을 외부에 공개하고 이에 대한 증거를 제공할 것 등이다. 스타벅스의 사과문과 행동에는 이러한 일곱 가지 요소가 모두 녹아들어 있었다.

스타벅스의 사과문과 후속조치에서 우리는 반드시 두 가지를 배워야 한다. 첫 번째는 문제가 일어난 원인을 피해자에게 떠넘기지 않는 것이다. 스타벅스는 피해자들이 커피나 음료를 시키지도 않고 자리를 점유하고 있었다는 내용의 궁색한 변명 같은 것은 하지 않고 모든 문제가 자신들에게 있다고 인정함으로써 피해자들과 사회 구성원들의 2차 분노를 막았다. 두 번째는 문제의 원인을 개인에게서 찾지 않고 스타벅스라는 기업과 시스템의 문제라고 여긴 것이다. 많은 기업들이 문제를 일으킨 당사자를 징계하거나 해고하는 등 임시방편으로 문제를 해결하려 들고 있다. 스타벅스는 달랐다. 직원 탓이라고 변명을 하지도 않았고, 해당 직원에게 벌을 내리지도 않았다. 스타벅스라는 기업과 시스템의 문제라고 인정하고 이를 시정하기 위해 전 직원을 대상으로 한 교육에 나섰다. 제대로 된 사과문 하나 작성하지 못해 일을 키우는 국내 기업들이 본받아야 할 모범 사례다(IT동아, 2018년 6월 19일; https://it.donga.com/27839/).

3) 여행업계의 성공사례

신종 코로나바이러스 감염증(코로나19)으로 가장 큰 타격을 받은 업종 중 하나가 여행업이다. 해외여행이 완전히 막히면서 주요 여행사들은 사상 최악의 실적을 기록했다. 해외 현지 가이드와 국내 개인 여행자를 연결하는 온라인 플랫폼 서비스 기업인 마이리얼트립도 큰 타격을 받았다. 2020년 1월 517억 원에 달했던 월 거래액은 같은 해 4월 13억 원으로 97%나 줄었다. 하지만 마이리얼트립은 위기를 극복하기 위해 당시 매출 비중이 1%에 불과했던 국내 여행 사업으로 과감하게 피버팅(pivoting · 방향 전환)했다. 그 결과 지난해 7월 신규 투자를 받은 데 이어 10월, 월 거래액도 100억 원대로 반등시키는 데 성공했다.

마이리얼트립은 국내 사업으로의 방향 전환을 논의하기 위해 주요 직원들이 모두 참여하는 비상 경영 회의체를 구성했다. 가장 먼저 새로운 타깃 고객을 국내 여행자 중에서도 'N박 이상의 여행을 계획하는 제주도 여행자'로 정했다. 내국인 제주 여행객들이 꾸준히 늘어날 뿐 아니라 '한 달 살기' 열풍이 부는 등 여행 기간이 길어지면서 특색 있는 투어 상품에 대한 수요가 커지고 있다는 점을 감안했다. 마이리얼트립이 해외여행 플랫폼으로 자리 잡을 수 있었던 비결은 다양한 현지 파트너를 발굴해 기존 여행사와 차별화되는 투어 프로그램을 제공한 덕분이었다. 제주도 여행에서도 차별화된 투어 상품을 제공하면 승산이 있을 것이라고 판단했다. 이에 해외 상품을 담당하던 기존 사업조직이 제주도 상품 발굴에 전력을 다한 결과 3개월 만에 1,000여 개의 상품을 발굴해 플랫폼에 입점시키는 데 성공했다. 그런데 이런 상품을 마련했는데도 불구하고 판매가 부진했다. 회사 측은 심층 고객 인터뷰를 통해 두 가지 문제점을 파악했다. 먼저 고객들 머릿속에 마이리얼트립은 여전히 해외여행 플랫폼이라는 인식이 강해 제주 여행상품을 주력으로 밀고 있다는 사실을 잘 인지하지 못했다. 이에 마이리얼트립은 모바일 앱의 메인 화면(사진)을 아예 제주 여행 중심으로 개편했다.

두 번째 판매 부진의 이유로 기존 국내 투어 상품에 대한 고객의 만족도가 낮다는 점이 발견됐다. 해외여행과 달리 국내 여행지는 잘 알고 익숙한 곳이라 그런지 정말 특별한 경험을 할 수 있는 게 아니라면 고객이 지갑을 열려고 하지 않았다. 그래서 마이리얼트립은 설명만 봐도 '와, 이거 재미있겠다'는 생각이 드는, 정말 독특한 경험을 할 수 있는 상품을 발굴하는 데 집중했다. 현지 파트너를 설득해 해녀와 함께하는 극장식 레스토랑인 '해녀의 부엌' 같은 인기 상품을 입점시키는 한편 기존 투어 상품을 변형해 새로운 형태로 기획하기도 했다. 대표적인 사례가 작은 독립 서점에서 일주일 살기 체험을 하는 '독립 서점 속 비밀의 방 제주살이' 상품이다. 이처럼 마이리얼트립에서만 제공할 수 있는 이색적인 투어 및 액티비티 상품의 가짓수가 늘어나자 고객들의 관심도 커졌다.

이런 급격한 변화의 과정 속에서 직원들의 반발은 없었을까? 마이리얼트립은 위기에도 불구하고 인위적인 구조조정을 하지 않았다. 이동건 대표는 변화 관리의 핵심은 '솔직함' 이라고 강조했다. 그는 "직원들이 동요할 때마다 직접 만나 회사가 처한 현재 상황과 앞으로의 비전을 솔직하게 얘기하며 공감대를 형성하기 위해 노력했다"고 말했다(동아일보, 2021년 2월 3일; https://www.donga.com/news/Economy/article/all/20210202/105248494/1).

한편 여행·레저는 직접 즐기는 것이라는 편견을 깨고, 온라인 관광이라는 역발상으로 성과를 낸 곳도 있다. 트래블테크 스타트업 마이리얼트립은 지난해 6월 여행 가이드가 소장하고 있는 현지 영상과 사진으로 여행지를 소개하고 이용자와 실시간 소통하는 '스튜디오 라이브 랜선 투어'를 출시했으며, 10월에는 해외 여행지에서 관광 가이드가 실시간 중계하고, 소통하는 '현지 라이브 랜선 투어'를 선보였다. 온라인 생중계 랜선 투어는 출시 5개월 만에 이용자 수 6,000명을 돌파하는 등 인기를 끌고 있다(매일경제, 2021년 1월 13일; https://www.mk.co.kr/news/it/view/2021/01/38069/).

이상의 환대산업 기업들의 성공사례를 통해 우리는 나름대로 조직체를 운영하는 비법과 환경에 대처하는 방법들을 알 수 있었다. 그러나 성공 뒤에 숨어 있는 그들의 노력은 간과하면 안 될 철저한 인적자원관리 시스템의 성과들일 것이다.

그림 1-4_마이리얼트립 앱 화면

2. 환대산업의 실패사례(호텔, 외식, 관광)

1) 성공한 호텔과 실패한 호텔

표 1-1_성공한 호텔과 실패한 호텔 사례

일반적 관리 호텔 H		항목	목표관리 추진호텔 S	
경영요소	금액(%)		금액(%)	경영요소
• 영업기간 10년 경과 • 객실 224실 75.5% 점유율 • 평균실료 @ 110,000원	132.5억 (100%)	매출	264.9억 (100%)	• 영업기간 5년 경과 • 객실 330실 90.5% 점유율 • 평균실료 @ 130,000원 (예약독점, D/C 억제)
• 식음료매출 44.9억 • COST 31.0%	13.9억 (10.5%)	재료비	30.2억 (11.4%)	• 식음료매출 88.4억 • COST 34.2% (음식의 질적 경쟁 우위)
• 인원수 272명+실습생활용 • 객실과 인원비율 1 : 1.21 • 1인당 평균급여액 　　　₩ 1,204,000 • 1인당 평균봉사료 　　　₩ 328,000 • 1인당 매출생산성 46.5백만	50.0억 (37.7%)	인건비	69.8억 (26.3%)	• 인원수 308명 + 용역활용 • 객실과 인원비율 1 : 0.93 • 1인당 평균급여액 　　　₩ 1,285,000 • 1인당 평균봉사료 　　　₩ 603,000 • 1인당 매출생산성 86백만 (1인 2몫)
• 감가상각비 12.5억 • 절대비용만 사용 - 호텔유지 절대비용 사용 - 매출기여가 적은 비용 사용 - 직원동기부여에 부실 사용	54.0억 (40.8%)	경비와 판매 및 일반관리비	124.3억 (46.9%)	• 감가상각비 32.7억 • H호텔보다 70억 더 투입 - 호텔품질향상 비용효율 - 매출에 최대기여한 비용활용 - 직원동기부여에 비용활용
	117.9억 (89.0%)	비용합계	224.3억 (84.7%)	
• 서비스품질수준 보통 • 일반적 관리호텔	14.6억 (11.1%)	영업이익	40.6억 (15.3%)	• 서비스품질수준 탁월 • 목표관리추진호텔
	46.7억	영업외 수지 (지급이자)	57.2억	
	△32.2억	세전이익(손실)	△16.6억	

(본 비교표는 1994년도 매출자료를 분석하였으며 제주도 지역의 호텔임)

〈표 1-1〉은 1994년도 제주 지역의 두 호텔을 비교한 사례이다. H호텔은 일반적 관리호텔이며, S호텔은 목표관리 추진호텔이다. 두 호텔 간 차이가 극명하게 나타나는 것은 먼저 S호텔은 객실영업에 있어 예약독점 및 할인을 억제하여 최대의 매출을 올리고 있으며,

그림 1-5_하얏트리젠시제주와 제주신라호텔

식음료 매출에서도 H호텔에 비해 음식의 질적 우위를 통해 경쟁에서 우위를 점하고 있다. 인건비 역시 S호텔이 H호텔에 비해 1인 2몫을 하면서 더 많은 급여를 받고 있으며, 경비와 판매 및 일반관리비에서는 그러한 이유가 극명하게 드러나고 있다. 즉 S호텔은 H호텔보다 70억 원을 더 투입하여 호텔품질향상 비용, 직원의 동기부여 비용, 매출에 최대한 기여할 수 있는 비용으로 사용하였다. 이것이 S호텔을 생산성 향상으로 이끈 핵심이다. 이는 곧 기계나 운영이 아닌 사람을 통한 생산성 향상이 서비스 기업의 핵심전략임을 입증해 주고 있다(HMC 호텔경영컨설팅 연구소 자료).

2) 롯데호텔의 여직원 성희롱 사건

'롯데호텔 성희롱 사건'이 수면 위로 드러난 것은 2000년 7월. 여직원 327명이 직장 상사에게 성희롱을 당했다고 고용노동부에 진정서를 내면서부터다. 조사를 담당한 서울지방고용노동청은 롯데호텔 측에 가해자에 대한 시정조치를 통보해 징계하도록 했고, 롯데호텔은 그해 12월 고용노동부가 성희롱 가해자로 통보한 임직원 32명 중 21명을 징계했다.

그리고 진정서를 낸 여직원 중 270명은 같은 해 8월 "회사 상사들로부터 상습적으로 성희롱을 당했다"며 회사 측을 상대로 17억 6천만 원의 소송을 냈다. 이 중 230명이 재판 과정에서 소를 취하했고 법원은 이번 원고 일부 승소 판결을 통해 청구한 손해배상액 중 3천만 원만을 인정했다.

이번 판결에 대해 원고들의 소송대리인 강문대 변호사는 "일부나마 성희롱에 대한 회사 책임을 인정하고 간접적인 성희롱에까지 책임을 물은 것은 큰 의미가 있지만 회사 책임을 너무 좁게 해석했고 배상액도 턱없이 적다"고 주장했다(여성동아, 2003년 1월호).

이상의 롯데호텔 성희롱 사건은 국내 기업의 성희롱 사건 중 가장 큰 사건으로 파악된다. 이러한 성희롱 사건은 성희롱 자체의 문제도 있지만 내면적으로는 그러한 사건들이 일어날 수밖에 없었던 조직분위기, 운영시스템, 성차별에 가까운 인사처우 등이 문제로 대두된 사건이었다.

이에 대해 롯데호텔 측은 노사분규와 호텔 임직원들의 성희롱 사건으로 실추된 기업이미지 회복을 위해 2000년 10월 25일 전 계열사 대표들이 롯데호텔에 모여 윤리경영 실천 선포식을 가졌다. 계열사 대표들과 롯데그룹 신격호 회장의 차남인 신동빈 부회장 등이 참석한 가운데 열린 이날 윤리경영 선포식에서는 신 부회장이 윤리위원회 위원장을 맡기로 했으며 앞으로 계열사들의 윤리강령 실천에 대한 지원과 감시·감독을 담당할 사무국을 설치하기로 했다. 이날 롯데는 윤리강령을 통해 고객본위, 독창성 추구, 품질제일주의 정신을 기업 이념으로 밝히고 고객·주주·임직원·협력회사·국가와 사회와의 관계에 대한 롯데의 행동원칙을 명시했다. 특히 지난번 성희롱과 같은 불미스러운 사태를 막기 위한 듯 "직원 상호 간에 무례한 언동이나 성희롱 등을 금해서 밝은 직장 분위기를 만들어 나간다"는 문구를 넣어 눈길을 끌었다(조선일보, 2000년 10월 26일자).

이렇듯 환대산업에 있어서 빈번하게 일어날 수 있는 성희롱과 관련된 문제들은 향후 직무분석 및 직무설계에서 깊게 반영해야 할 것이며, 또한 조직문화에도 반영해야 할 중요한 부분일 것이다.

3) Planet Hollywood 서울점

플래닛 할리우드 서울점은 1995년 5월 14일 문을 열었다. 레스토랑 개업행사는 참석을 위해 방한한 브루스 윌리스를 비롯해 장 클로드 반담, 신디 그로포드, 돈 존슨 등의 빙빈 일정에 맞춰 5월 22일 저녁 8시 정도에 시작했다. 개업행사엔 김혜리, 장동건, 이승연 등의 국내 연예인들도 참석했다. 갓 데뷔한 가수 박진영도 이날 개업행사에 참석하고 싶어 얼굴을 비췄다. 당시 플래닛 할리우드 레스토랑은 한창 발전 중인 거대 외식 사업망이었기 때문에 화제를 모았고 서울 개업행사 때도 연예인뿐만 아니라 제임스 레이니 주한 미국대사, 게리 럭 주한 미8군 사령관 등의 외국 인사들도 다수 참여했다.

약 1천여 명의 인파가 식당 개업행사에 몰리는 바람에 북새통이었고 너무 많은 사람들이 몰려서 통제가 제대로 이루어지지 않았다. 교통경찰 1백여 명이 동원돼 교통을 정리해야 했으며 갑자기 몰려든 승용차들이 주택가 주변까지 장악해 주민들의 항의가 빗발쳤다. 레스토랑 일대가 난장판이 됐으니 원활하게 행사가 진행될 리 만무했다. 당초 예정돼 있었던 할리우드 스타들의 록음악 공연은 소음공해와 교통체증을 우려한 경찰들의 요청으로 취소됐다. 아수라장이 된 주변 일대를 통제하기 위해 동원된 강남경찰서 소속의 한 교통 경관은 "일개 외국 식당 개업식에 이렇게 많은 경찰병력이 동원돼야 하는 것이 한심하다"며 씁쓸해 했다.

강남의 논현동에 입점한 플래닛 할리우드 서울점은 이후 한국에서 분점을 내기는커녕 본점도 관리가 안 돼 진통을 겪어야 했다. 떠들썩한 방식으로 국내에서 뿌리를 내리려 했지만 햄버거 한 개에 1만 원을 호가하는 비싼 음식 값은 부담스러웠고 가격에 비해 만

그림 1 6_Planet Hollywood 서운전 오픈 행사 장면

족도가 낮은 음식 맛은 경영 악화로 이어졌다. 할리우드 스타들의 개점행사 참여 덕으로 개점 초기엔 하루 매출이 3~4천만 원대에 이르렀지만 폐점 무렵엔 1천만 원도 채 못 벌어 수지타산을 맞출 수 없었고 서울시로부터 위생상태 불량으로 영업 정지처분까지 받자 폐점으로 방향을 잡고 1995년 12월 20일 문을 닫았다. 또한 폐점 원인으로 부각된 것은 초기투자비용의 과다(약 100억 원), 비전문가의 채용(본사직원 및 한국지사 직원도 외식업에 문외한), 정규직원의 과다한 채용(약 280명), 표적시장 선정의 실패(구세대를 겨냥해야 하나 분위기는 신세대), 비싼 메뉴(2인 식사 시 보통 10만 원대) 등이 꼽힌다.

플래닛 할리우드 레스토랑의 국내 입점소식이 올라왔을 때 사람들은 과연 국내에서 외국계의 값비싼 패밀리 레스토랑 체인점이 잘 될 수 있을지 우려를 표시했다. 그러나 아무리 그렇다고 해도 개점 반년 만에 폐점할 것이라고는 예상하지 못했다. 당황스러운 몰락이었다. 워낙 규모가 큰 식당 사업이었고 넉넉한 자본으로 형성된 공간이라서 그만큼 침몰 속도도 빨랐나 보다. 플래닛 할리우드의 국내 입점 실패 사건은 국내에서 외국계 패밀리 레스토랑의 실패 표본으로 좋은 본보기가 되었다(http://cafe.daum.net/_c21_/bbs_search_read?grpid=WxF0&fldid=NDZ&datanum=16415).

이러한 대형 레스토랑 체인점이 한국시장에서 실패했던 사례는 보기 드문 현상이었다. 이는 시장에 대한 명확한 판단 없이 인기몰이를 하면 성공할 것이라고 판단한 외국투자자들의 잘못된 판단도 있지만 변화하는 환경과 소비자들의 기호를 외면한 좋은 사례로 판단된다. 인적자원관리 측면에서 과다한 정규직원의 채용, 비전문가에 의한 경영 등이 얼마나 큰 폐해를 가져오는지를 보여주는 사례이다.

4) CJ푸드빌의 적자

뚜레쥬르는 CJ푸드빌(옛 CJ제일제당 외식사업 부문) 핵심 사업 중 하나다. CJ푸드빌 사업부는 빕스, 계절밥상, 제일제면소 등의 외식사업과 뚜레쥬르의 프랜차이즈 부문으로 나뉜다. 커피전문점 투썸플레이스도 프랜차이즈사업부였지만, 지난해 분할을 마친 직후 앵커에쿼티파트너스에 팔렸다. 뚜레쥬르가 프랜차이즈 부문의 유일한 '알짜 자산'인 것이다. 지난해 말 기준 CJ푸드빌의 매출액은 8,903억 원이었다. 이 중 약 48%(4,003억 원)가 뚜레쥬르 몫이었다. 영업이익 기여도는 더욱 높은 편으로 전해진다.

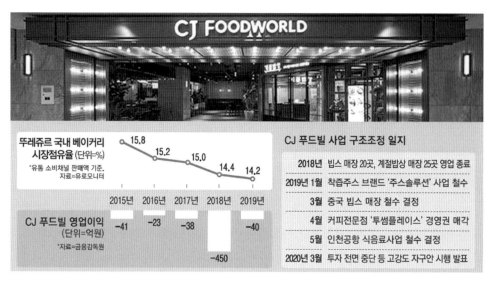

그림 1-7_CJ푸드빌의 적자

CJ가 뚜레쥬르 매각에 나선 것은 사업 재편을 위해서다. 지주사 차원에서 수년 동안 주력 사업을 강화하되 그렇지 않은 영역에 대해서는 과감히 정리하는 방향을 택했다. 연간 매출 규모 3,000억 원, 영업이익 300억 원 정도를 꾸준히 거둬온 투썸플레이스를 매각한 것도 마찬가지 이유였다. 시장에서는 CJ가 오프라인 프랜차이즈사업을 비핵심 자산으로 여긴다는 분석에 힘이 실리는 분위기다. 다른 시장 관계자는 "일부 PEF(private equity fund)들은 뚜레쥬르에 빕스, 계절밥상 등 외식사업까지 포함한 '패키지 딜'을 제시받기도 했다"며 "가격 눈높이 차뿐만 아니라 어떤 사업을 묶어 파느냐에서 의견 합치가 안 이뤄진 것"이라고 말했다.

이번 행보는 CJ푸드빌의 '몸집 줄이기'와도 무관하지 않다. CJ푸드빌은 2018년 한 해 동안 빕스 매장 20곳, 계절밥상 매장 25곳의 영업을 종료시켰다. 현재 빕스 매장은 45개, 계절밥상 매장은 15개 정도로 줄어든 상태다. 지난해 1월에는 착즙주스 브랜드 '주스솔루션' 사업도 철수했으며 두 달 뒤 중국 현지 빕스 매장도 정리했다. 연초 이후 코로나19 사태로 외식산업이 전반적으로 어려워지자 3월에는 고강도 자구안 시행 계획을 밝히기도 했다. 당시 내놓은 방안에는 부동산 등 고정자산 매각, 신규 투자 동결, 지출 억제 극대화, 경영진 급여 반납, 신규 매장 출점 보류 등이 담겼다. 유동성 확보에 모든 역량을 쏟아붓기 위한 조치였다.

시장에서는 뚜레쥬르 지분 100%를 살 만한 곳이 나오기 어려울 것으로 보고 있다. 대기업들은 베이커리 업종 성장이 정체돼 인수 시너지 효과를 헤아리기 어렵다. 인수를 검토한 사모펀드들은 뚜레쥬르 인수 이후 고려해야 할 변수에 주목했다. 최근 6년 동안 파리바게뜨와 뚜레쥬르를 비롯한 국내 베이커리 프랜차이즈의 신규 출점은 사실상 금지됐다. 2013년 제과점업이 '중소기업 적합업종'으로 지정되면서 베이커리 프랜차이즈는 전년 매장 수 대비 2% 이내로만 새롭게 낼 수 있게 됐기 때문이다. 뚜레쥬르 인수를 검토한 PEF 관계자는 "중소기업 적합업종에서 벗어나긴 했지만 추가 점포 출점은 여전히 쉽지 않은 상태"라며 "점포 수가 충분한 파리바게뜨와 달리 인수 후 경영 전략을 짜기에는 애매한 포지션이라 판단했다"고 말했다. 제빵사를 본사 직원으로 직접 고용하라는 법원 판결도 인수를 주저하게 만든 요인으로 꼽혔다. 업계 관계자는 "인수 후 구조조정 등으로 가치 상승을 도모하는 PEF에 고용 이슈는 큰 부담으로 작용할 수 있다"고 설명했다(매일경제, 2020년 5월 14일; https://www.mk.co.kr/news/stock/view/2020/05/494954/).

제2절 ● 환대산업조직의 특성

1. 서비스의 특성과 환대산업

환대산업은 서비스산업으로서 서비스의 특성으로 인해 제조업에 비해 제품의 마케팅 측면에서 상당부분이 상이하다고 할 수 있다. 즉 제품의 무형성(intangibility)으로 인해 보다 더 가시화하려는 노력이 필요하다. 여기서 무형성이란 오감으로도 측정하기 애매한 부분이 많고 또한 포장하여 판매하기 불가능한 부분을 말한다. 이러한 측면 때문에 종사원들의 외모는 매우 중요한 요인으로 작용한다. 물론 looking good이 아닌 looking right의 측면이 강조되어야 할 것이다. 또한 유니폼은 차별화의 도구로써 매우 중요하다. 두 번째 특징은 부패성(perishability)으로 상용고객의 중요성이 강조되며 또한 수요예측이 매우 중요시된다. 이는 향후 강조될 변수로서 매우 중요한 생산성과도 연결된다. 즉 수요

예측이 잘 실행되지 못하면 많은 낭비요소로 인해 재료비의 비중이 과다하게 책정되며 경영의 마이너스 요소로 작용할 것이다. 세 번째는 동시성(simultaneity)으로 생산과 소비가 동시에 일어난다는 것이다. 이로 인해 환대산업은 고객과의 접점상황을 사전에 대비하여 연습하고 훈련하여 실제 상황에서 고객만족을 이루어나가는 것이 중요한 특징을 갖고 있다. 따라서 OJT(on the job training)와 같은 직무훈련이 매우 중요한 의미를 갖는다. 네 번째는 이질성(heterogeneity)이다. 이는 서비스하는 행위의 주체가 사람이므로 항상 이질적일 수밖에 없는 특징을 갖고 있으며 또한 고객도 이질적일 수밖에 없는 특징을 갖고 있다는 것이다. 따라서 이러한 이질성을 감소시키기 위해서는 유니폼으로 통일하여 이질성을 감소시키며, 또한 매뉴얼에 의한 서비스를 교육하여 그 차이를 감소시켜 나가는 노력이 뒤따라야 할 것이다. 마찬가지로 고객의 이질성을 줄이기 위해서는 시장세분화를 통해 표적고객을 선별하여 만족시키는 전략이 유효할 것이다. 이렇듯 환대산업은 서비스의 특성으로 인해 1차 및 2차 산업과 구분된다.

2. 내부마케팅과 권한위임

한편 의사결정이 종사원 수준에서 이루어지므로 내부마케팅이 반드시 필요한 산업이다. 즉 종사원 수준에서 접객이 이루어지며 의사결정(주문접수)이 이루어져야 한다. 이는 위임을 통해 상사의 권한이 부하에게 전달되지 않는다면 이루어질 수 없는 시스템으로 구성된 것이다.

참고로 〈그림 1-8~1-11〉은 우리나라 대표 호텔들의 조직도를 나타낸다.

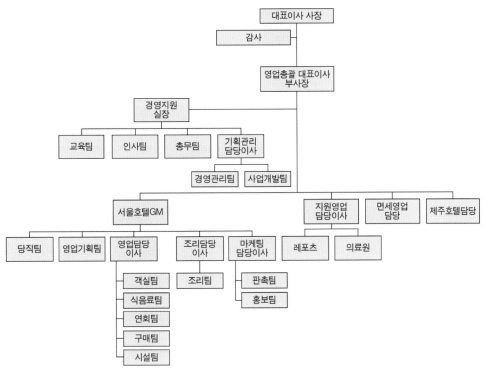

그림 1-8_호텔신라 조직도

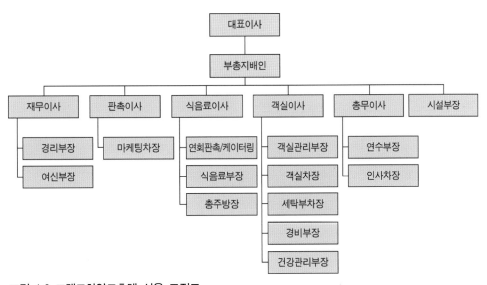

그림 1-9_그랜드하얏트호텔 서울 조직도

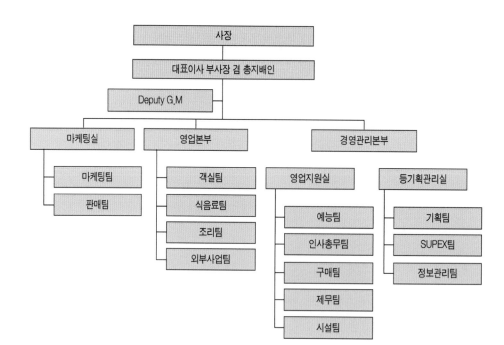

그림 1-10_워커힐호텔 조직도

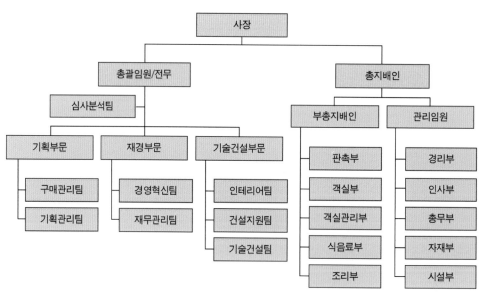

그림 1-11_인터컨티넨탈 호텔 조직도

제3절 ● 환대산업 인적자원관리의 목적

1. 종사원만족(employees' satisfaction)

환대산업에서 인적자원의 목적은 우선 종사원의 만족에 있다. 즉 1절에서 제시되었던 실패사례를 보면 종사원의 교육 및 복지에 충분히 투자한 호텔이 그렇지 못한 호텔에 비해 생산성이 떨어진다는 사례를 보았다. 이는 종사원을 통한 생산성 향상이 이루어져야만 목표에 도달할 수 있는 조직의 특징을 보여주고 있다.

2. 생산성(productivity)

두 번째는 생산성의 향상에 있다. 즉 최소의 투자로 최대의 효율을 목적으로 하는 것이다. 국민 전체의 생산성이 1인당 GNP로 측정되듯 기업의 효율은 1인당 매출액, 평당 매출액에 의해 경쟁사와의 경쟁에서 살아남아야 한다는 것이다. 이를 위해서는 종사원이 최대의 효율을 낼 수 있도록 하는 조직 전체의 효율적인 시스템, 운영시스템, 교육시스템 등이 고려되어야 한다.

3. 성장(growth)

세 번째는 성장에 있다. 이는 개인의 발전뿐만 아니라 조직의 성장을 의미한다. 개인은 조직에 속하게 된 후 지속적인 개인적 훈련과 조직의 교육에 힘입어 입사 후 지속적인 성장을 거듭하게 된다. 이는 조직을 위해서도 바람직한 것이다. 이러한 개인의 집합인 조직 또한 변화하는 환경에 적응하면서 지속적인 성장이 이루어져야 끊임없는 경쟁환경 속에서 살아남을 수 있는 것이다.

4. 본서의 구성

이상의 세 가지는 인적자원관리의 궁극적인 목적이다. 따라서 본서의 구성도 이러한 세 가지 목적에 근거하여 구성하기로 한다. 즉 인적자원관리의 주요 기능은 조직구조설계와 인적자원계획, 직무분석과 직무설계, 인적자원의 확보, 인적자원의 활용과 보존, 인적자원의 개발과 조직개발, 노사관리 등이다. 이러한 주요 기능을 위해 본서에서는 첫째, 환대산업에 대한 기본 시스템의 이해를 돕고자 제1부 환대산업 인적자원관리 시스템에서는 1장 환대산업조직의 경쟁력과 인적자원관리, 2장 인적자원관리의 학문적 발전과정, 3장 전략적 환대산업 인적자원관리, 4장 환대산업 조직체 환경과 인적자원관리, 5장 노사관계와 인적자원관리에 대해 개략했으며, 제2부 환대산업 인적자원의 확보에서는 6장 직무분석 및 직무설계, 7장 인적자원계획 및 모집, 8장 선발에 대해 알아보고자 한다. 제3부 환대산업 인적자원의 활용에서는 9장 교육훈련, 10장 환대산업 리더십, 11장 인사고과, 12장 보상관리, 13장 이직률 및 징계 관리, 14장 변화관리에 대해 알아보고자 한다.

제**2**장

인적자원관리의
학문적 발전과정

인적자원관리의 학문적 발전과정

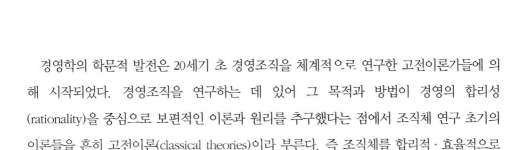

경영학의 학문적 발전은 20세기 초 경영조직을 체계적으로 연구한 고전이론가들에 의해 시작되었다. 경영조직을 연구하는 데 있어 그 목적과 방법이 경영의 합리성(rationality)을 중심으로 보편적인 이론과 원리를 추구했다는 점에서 조직체 연구 초기의 이론들을 흔히 고전이론(classical theories)이라 부른다. 즉 조직체를 합리적·효율적으로 경영하는 데에는 어느 조직체에서나 그 여건을 막론하고 보편적으로 적용되는 원리와 원칙(universal management principles)이 있다는 것을 가정하고, 이를 경영이론과 원리로 체계화하고 학문화했다는 점에서 고전이론이라 부르는 것이다(이학종, 1998).

제1절 ● 고전이론

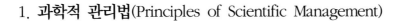

1. 과학적 관리법(Principles of Scientific Management)

과학적 관리법은 20세기 초 F. W. Taylor에 의하여 정리되었다. 공장에 합리적이고 효율적인 경영과 생산체계를 갖추기 위해 여러 사람들의 아이디어를 종합하여 공장경영의 새로운 방법으로 과학적 관리법을 제안하였다. 그는 F. Gilbreth, H. Emerson, H. Gantt

and H. Towne 등의 생산전문가들이 창안한 여러 가지 합리적인 공장경영기법을 종합·정리하여 체계적인 경영원리를 발표했는데 주요 내용은 다음과 같다.

1) 과업관리

과업관리(task management)란 매니저와 종사원의 직책이 분업화되어야 한다는 것이다. 즉 매니저는 종사원들의 직무를 설계하고 직무수행방법도 구체적으로 설정하는 기획업무에 치중해야 하며, 종사원은 매니저가 설정한 직무를 그대로 수행하는 것이 그들의 과업이라는 것이다. 현재 환대산업분야에서도 매니저와 일선 종사원의 업무가 분업화되어 있는 부분은 이러한 원리를 적용한 결과이다. 시간 및 동작연구(time and motion study)를 사용하여 종사원들이 업무를 효율적으로 운영하도록 하며 이를 기준으로 표준생산량(production standard)을 설정하는 등 매니저의 기획기능을 강조한 것이 과업관리이다. 테일러는 공장경영에서 이러한 원리를 적용하였으나 현대에 와서도 이러한 원리는 환대산업분야에서 적용되고 있다. 따라서 종사원들의 직무분석을 통해 표준생산량을 설정하는 경영의 원리는 지속적으로 적용되어야 할 것이다.

2) 과학적 선발과 훈련

과학적 관리법의 두 번째 원리는 동작연구에 의하여 설계된 직무내용과 합리적인 직무수행방법을 기준으로 직무를 만족스럽게 수행하는 데 필요한 종사원의 자격조건을 명시하고 이에 따라 종사원들을 선발하고 훈련시켜야 한다는 원리이다. 이는 인력공학(human engineering) 측면의 직무에서 요구되는 육체적·지능적 자격을 갖춘 근로자들을 선발하고 또한 표준생산량에 따라 종사원들이 적응할 수 있도록 훈련시키는 공장경영의 과학적인 인사관리원리이다. 이러한 원리는 현대에서도 적용되는데 최근 항공사에서 직원을 채용할 경우 신체조건 등이 명시되며 학력수준도 제한하는 것이 좋은 예라 하겠다.

3) 성과에 의한 보상

이는 종사원에게 보상하는 데 있어 성과에 비례하여 임금을 지불해야 한다는 것이다.

테일러는 특히 단순성과급제(straight piece-work payment system)가 아닌 일정한 표준생산량을 초과할 경우 더 높은 임금률을 적용하는 차별성과급제(differential piece-work payment system)를 창안하였다. 이러한 성과에 의한 보상제도는 현대의 성과급제도에 많은 영향을 미쳤으며, 인재를 채용하기 위한 여러 제도에도 영향을 미쳤다.

4) 노사 간의 화합

매니저와 종사원의 목적은 서로 화합을 이룰 수 있고, 이 화합관계는 종사원의 생산업적에 대한 정당한 보상을 통하여 실제로 이루어질 수 있다는 것이 과학적 관리법의 기본전제이다. 테일러는 기업의 목적은 생산성과 이에 따른 이익극대화에 있다고 보았으며, 종사원의 목적은 경제적 인간(economic man)으로서 자신의 보상을 극대화시키는 데 있다고 보았다. 이러한 노사 간의 화합은 향후 인간관계의 대두를 통해 많은 비판을 받았지만 아직도 현대의 기업에는 많은 시사점을 주고 있으며, 또한 지금도 기업주들은 이러한 인식에 바탕을 두고 경영하는 사례가 비일비재하다고 할 수 있다.

5) 기능적 감독자제도

테일러는 공장의 생산성에 가장 중요한 역할을 하는 매니저는 일선관리자(first-line foreman)이지만, 대부분의 경우 일선관리자에게 주어진 임무가 너무 많기 때문에 관리자의 관리기능이 제대로 발휘되지 못하게 되고, 따라서 이것이 생산성을 저하시키는 요인이 된다고 보았다. 즉 관리자의 직무에도 분업의 원리를 적용하여 일선관리자는 부하 종사원의 생산을 감독하는 감독업무에만 치중하게 하고 기타 기획업무, 마케팅, 구매, 경리, 교육훈련 등 다른 관리업무는 이를 전문적으로 취급하는 관리자들을 채용하여 그들에게 맡겨야 한다는 기능적 감독자제도(functional foremanship)를 제안하였다. 이러한 기능적 감독자제도는 현대에 이르러서도 마케팅담당자, 인적자원관리담당자, 경리회계담당자, 기획담당자 능 각 기능별로 분업하게 하는 조식의 세노정착에 공언아였다.

2. 일반경영이론(General Management Principles)

유럽에서 프랑스의 Henri Fayol이 자신의 기업경험을 중심으로 기업경영의 일반원리를 연구 발표하였다. 피욜은 50여 년 동인 대기업에서 경영활동을 직접 동솔한 경험을 토대로 하여 성공적인 기업경영의 일반원리를 정리하였다.

1) 분업의 원리(division of work)

조직의 성장과 발전에 가장 기본적인 것을 노동의 전문화로 보고 Adam Smith의 분업의 원리를 실제로 조직체에 적용하였다. 이러한 분업의 원리는 현대에도 적용되어 같은 부서지만 각기 다른 업무를 담당하는 것이 현실이다.

2) 연결계층의 원리(scalar chain principle)

조직체는 위에서 아래까지 구성원 모두가 수직적 권한으로 연결되어 계층구조를 형성해야 한다는 내용으로 현대에도 적용되는 이론이다. 또한 파욜은 상하의 수직적 구조에 연결되어 의사결정이 늦어질 수 있으므로 같은 지위계층에서 일하는 구성원들 사이에는 수직적인 계층경로를 거치지 않고 상사의 양해를 얻어 횡적으로 직접 접촉하여 업무를 처리할 수 있는 지름길 원리(gangplank principle)도 제시하였다. 그러나 현대에는 수직적 권한이 길어지면 의사결정시간이 늦어지므로 그 단계를 줄이고자 하는 노력이 뒤따르고 있다. 특히 환대산업의 경우 의사결정의 주체가 종사원이므로 가급적 상하 간 권한의 흐름이 짧을수록 업무가 원활해질 수 있을 것이다.

3) 명령통일의 원리(unity of command)

조직 내 각 구성원들은 반드시 한 사람의 상사로부터 명령과 지시를 받아야 한다는 원리이다. 이러한 원리에 따라 현대에도 각 팀에 소속된 직원들은 오직 한 명의 상사로부터 명령을 받고 있다.

4) 권한과 책임의 원리(commensurability in authority and responsibility)

직무에 따라 부여되는 권한에는 반드시 책임이 따라야 한다는 원리이다. 따라서 권한이 커지면 그만큼 감당해야 하는 책임도 커진다고 할 것이다. 최근 CEO의 수명이 짧은 것도 이러한 원리에 근거하고 있다.

5) 집권화원리(centralization)

하위계층에 부여되는 권한이 제한되어 하위계층의 중요성이 감소되는 상태를 집권화라 하는데, 관리자는 조직의 질서와 성과를 목적으로 적절한 집권화체계를 형성해야 한다는 것이 집권화의 원리이다. 최근 너무도 집권적인 문화를 선보이는 기업들은 대중의 공분을 사고 있다(대한항공 땅콩회항사건, 2014년 12월 5일 등). 따라서 분권화에 의한 전문성 제고가 균형을 맞추는 데 필요할 것이다.

6) 지휘통일의 원리(unity of direction)

조직 내의 업무는 통일된 명령과 지시에 의해 수행되어야 한다는 원리이다. 이러한 원리에 따라 통일된 명령계통과 통일된 계획에 의하여 모든 업무활동이 수행되어야 한다는 것이다. 즉 기획부서에서 지시된 내용과 현업의 운영지침이 다르다면 통일된 지휘가 될수 없으므로 일선 종사원들은 역할이 애매해질 수 있기 때문이다.

7) 질서의 원리

조직체의 자원은 질서정연하게 정돈되어야 하고, 특히 구성원의 경우 각자의 직무내용이 분명히 설정되어 상호 간의 연결이 잘 이루어져야 하며, 이것이 조직도표에 표시되어 모든 활동이 질서정연하게 전개되어야 한다는 것이다.

8) 조직체와 구성원의 관계

이상의 원리 외에 파욜은 구성원의 목적은 조직체의 목적에 귀속되어야 하며(common good) 조직체는 구성원들의 장기근속을 위해 적극 노력하여 인력의 안정을 기하는 동시

에 구성원들과 화합을 유지하면서 구성원의 충성심과 공헌도에 상응하는 공정한 대우를 해야 한다고 주장하였다(staff stability).

9) 경영관리기능

이상의 조직관리에 관한 여러 원리와 더불어 파욜은 경영자가 수행해야 할 기본관리기 능(management functions)으로 기획(planning), 조직(organizing), 지휘(commanding), 조정 (coordination), 통제(controlling)를 제시하였다.

3. 관료이론(Bureaucracy Theory)

관료이론은 19세기 말 독일의 사회학자인 Max Weber에 의해 발표되었으나, 1940년대 에 와서야 영어로 번역되어 비로소 미국을 비롯한 다른 나라에 널리 알려지게 되었다.

1) 합법적인 직무배정과 직무수행

관료이론의 첫째 원리는 구성원 각자의 직무가 조직의 규정에 의해 합법적으로 설정되 어야 하고 이에 따라 권한과 책임, 그리고 임무가 분명히 주어져야 하며, 구성원은 이와 같이 배정된 직무를 그대로 정확히 수행해야 한다는 것이다. 이러한 주장은 특히 공무원 조직에 적용될 수 있는 내용으로 공직이나 공사기업에서 아직도 이러한 내용에 의한 합 리적 경영을 하고 있다고 볼 수 있다. 특히 베버는 상벌의 권한이 상위관리자에게 주어져 야 구성원들이 배정된 직무를 정확히 수행하고 조직의 규율을 잘 지킨다고 하였다.

2) 직무의 전문성과 능력에 의한 계약고용

이는 전문화된 직무내용을 중심으로 객관적인 능력과 자격에 의해 계약고용이나 승진 이 이루어져야 한다는 것이다. 즉 개인의 욕구 등 개인적인 사항이 조직의 목적과 관련되 어서는 안 되며, 단지 직무에서 요구되는 능력에 의해서만 구성원이 선발되어야 한다는 것이다. 이러한 직무의 전문성은 현대에도 공무원사회에서 특채에 의한 선발이 이루어지 고 있어 시사하는 바가 크다고 볼 수 있다.

3) 계층에 의한 관리

계층에 의한 관리란 분명한 명령계통을 확립하고 계층에 의한 관리 및 통제가 이루어진 다는 것이다. 즉 상하계층 간에 지시·명령과 복종·보고의 관계가 형성됨을 의미한다. 이러한 논리는 국내 기업의 경우 산업화의 초기에 해당되었으나 현대에 이르러서는 변화의 작용과 함께 계층 간소화로 변모되었으며, 발탁인사와 같은 제도에 의해 변질되고 있다.

4) 규칙과 문서에 의한 경영관리

공무원사회에서는 아직도 이러한 공식적인 규율과 규칙이 중요시되며 문서에 의한 관리가 시행되고 있는데 관료제 이론에서는 이를 제시하고 있다. 그러나 변화하는 환경에 적응하기 위해서는 때에 따라 규칙과 문서의 관리가 반드시 적용되는 논리가 아님을 상기해야 할 것이다.

5) 경력의 보장

경력의 보장이란 일단 임용된 구성원은 신분을 보장하여 정년까지 신분을 유지할 수 있다는 논리이다. 이러한 논리도 현대사회에서는 평생직장이 아닌 평생직업의 시대로 변모함에 따라 변질되고 있다.

제2절 ● 인간관계론

고전이론에서 주장하는 합리성이란 분업에 의한 직무설계, 경제적 욕구의 충족, 집권화 등으로 경영의 효율을 올릴 수 있다고 보았으나 하버드대학의 사회학자 Elton Mayo와 Fritz Roethlisberger에 의한 Hawthorne 공장실험 결과 비공식적·인간적 요소가 생산성에 더 많은 영향을 미친다고 하여 발생한 이론이 인간관계론이다.

1. 호손공장실험

Harvard대학의 사회학자인 Mayo와 Roethlisberger는 1920년대 후반 시카고 근처 Western Electric회사의 Hawthorne공장에서 과학적 관리법의 타당성을 검증하기 위한 실험을 실시하였다. 1927년부터 1932년까지 장기간에 걸쳐 실험한 결과는 다음과 같다.

1) 합리성에 관한 검증

Taylor가 제시했던 과학적 관리법에 의하면, 경영의 합리성이란 작업환경을 표준화하고 동작연구에 의해 작업을 수행하는 것이 생산성을 극대화할 수 있다는 것이다. 그러나 실험결과 조도를 밝게 하거나 어둡게 하는 것이 생산성 향상에 크게 영향을 미치지 않았다는 것이다. 즉 통제집단과 실험집단으로 분류하여 통제집단은 그대로 조도를 사용하고 실험집단은 통제집단에 비해 조도를 높이고 낮추는 방식으로 실험한 결과 유의적인 차이가 없었다는 것이다. 분석결과 실험에 참여한 구성원들은 자신들이 각별하게 선발된 특별 존재라고 인식함으로써 근로의욕이 향상된 것으로 나타났다. 또한 9명으로 구성된 작업집단을 대상으로 성과급제의 효과에 대한 실험을 실시하였는데, 구성원들은 자신의 소득을 극대화하기 위해 더 열심히 일할 것이라는 과학적 관리법의 예상과는 달리 작업집단에서 자체적으로 정해 놓은 성과수준을 지키려 한다는 것을 발견하였다. 즉, 집단구성원들 간에 성과수준에 대한 규범이 형성되고 이러한 비공식적 규범을 지키기 위해 구성원들이 자신의 성과가 너무 높거나 낮아지지 않도록 신경을 쓰는 것으로 나타났다. 일부 구성원들은 더 많이 생산하여 더 많은 소득을 올릴 수 있음에도 불구하고 집단에서 받아들여질 수 있도록 하기 위해 자신의 생산량을 줄이는 것으로 나타났다. 일련의 실험연구 결과 이처럼 작업조건과 생산성 사이에 유의적인 연관관계가 나타나지 않았고, 작업조건보다는 오히려 작업집단과 관련된 인간적 요소가 생산성과 더 관계가 있다는 것을 발견하게 되었다.

2) 비공식적·인간적 요소와 생산성

Mayo와 Roethlisberger는 합리성에 대한 검증이 부정적으로 나타나자 실험의 내용을 변경하여 작업환경보다는 집단행동에 초점을 맞추어 실험하였다. 2만여 명을 대상으로 조사한 결과 조직의 생산성은 구성원들 사이에서 형성되는 상호관계와 감정적 요소에 의해 크게 영향을 받는 것으로 나타났다. 즉 직무구조와 권한체계보다는 집단구성원들 사이에서 발생되는 비공식적 요소(상호관계, 집단규범 등)가 생산성과 매우 관련 있다는 것을 발견하였다.

2. 인간관계론

1) 조직의 사회적 성격

조직의 목적을 달성하려면 합리적인 공식구조도 중요하지만 자연발생적으로 나타나는 비공식구조(informal structure)도 중요하다는 것이다. 즉 조직에서 만든 직무체계 및 표준생산량 등의 공식적인 요소보다는 구성원들 사이의 사회적인 관계가 더 중요하다는 것이다. 예를 들면 조직도에 의한 공식적인 관계보다는 동호회 모임이나 구성원들 간의 계모임 등이 더 중요하다는 것이다.

2) 개인의 행동동기

호손공장의 실험에서 나타났듯이 성과급을 받기 위해 표준생산량보다 더 열심히 일하는 것이 아니라 집단에 소속되고자 하는 사회적 동기가 더 크게 작용한다는 것이다.

3) 직무만족과 인간중심적 관리

조직의 생산성은 종사원들이 자기 직무에 얼마나 만족하고 있는지에 달려 있으므로 종사원들을 위한 인간중심적이고 민주적인 방법으로 집단의 사기를 관리해야 한다.

4) 의사소통과 경영참어

호손공장의 실험 결과 종사원들과의 면담에서 의사소통의 중요성이 대두되었고, 특히 비지시적 면담(non-directive interview)은 구성원들이 자신의 문제를 이해하고 스스로 해결하도록 하는 데 유용한 것으로 나타났다.

결론적으로 호손공장실험은 과학적 관리법의 한계를 입증하였으며 조직체에 대한 연구의 초점을 구조적 및 공식적 측면에서 사회적 및 비공식적 측면으로 전화시켰으며, 인간행동연구의 초점도 경제적 인간관에서 사회적 인간관으로 변화되는 계기를 제공하였다. 이러한 인간관계론은 1930년대부터 1950년대까지 조직경영에 많이 적용되었는데 '민주적 리더십', '사기조사(morale survey)', '인사상담제도', '제안제도', '복수경영제도(multiple management)', '참여제도' 등이 인간관계 학파에서 개발되어 기업조직에 실제로 적용된 기법들이다. 이러한 제도의 발전은 미국의 관리자 사무실에는 반드시 면담실을 구비하여 종사원들과 면담하는 자리를 자연스럽게 만들도록 제도화하는 계기가 되었다고 볼 수 있다. 또한 리더십에 관한 사회심리학적 연구, 집단역학, 소시오메트릭연구, 상호작용연구 등은 인간관계문제를 보다 과학적으로 연구하여 행동과학분야의 학문적 발전을 촉진시켰다.

3. X이론과 Y이론

D. McGregor는 기존의 조직이론과 접근방법들을 종합·정리하여 크게 두 가지로 분류하였다. 그는 고전 조직이론과 인간관계론으로 대표되는 기존 조직이론의 가장 큰 차이점이 인간에 대한 기본가정에 있다고 보고 인간의 본성에 대한 기본 가정을 X이론과 Y이론의 두 가지로 제시하고 있다. 즉, 인간을 어떤 관점으로 바라보느냐에 따라 조직관리의 방법도 거기에 맞추어 달라진다는 것이다(McGregor, 1960).

〈표 2-1〉에서 보는 바와 같이 X이론은 인간은 근본적으로 게으르고 일을 싫어하며, 이기적이고 조직목표의 달성에 무관심하며, 책임을 지고자 하지 않으며, 주로 안정과 경제적 욕구를 충족하고자 한다고 전제한다. 이러한 인간관을 갖는 경우 직무구조의 체계화, 엄격한 통제, 권위주의적 리더십, 그리고 경제적 유인에 의한 동기유발 등의 조직관리 방식을 활용하는 것을 지향한다. 즉, X이론은 고전 조직이론이 기본적으로 가정하는 인간관이다.

표 2-1_McGregor의 X이론과 Y이론

구분	X이론	Y이론
인간에 대한 관점	1. 인간은 일을 싫어하고 가능하면 일을 피하려고 한다. 2. 인간은 책임을 지려 하지 않으며, 안정을 선호하고, 일할 때 분명한 지시를 원한다. 3. 인간은 조직목표의 달성에 관심이 없고, 자신의 이익을 추구한다.	1. 인간은 본래 일을 싫어하지 않으며, 일을 즐긴다. 일을 놀이나 휴식과 마찬가지로 자연스러운 것으로 받아들인다. 2. 인간은 스스로 책임지고자 하며, 자신의 잠재능력을 개발하고 발휘하고자 한다. 3. 인간은 조직목표의 달성에 공헌하고자 하며, 성취감과 자아실현을 추구한다.
조직관리방식	직무수행에 대한 분명한 지시와 엄격한 감시, 그리고 처벌과 경제적 보상의 통제를 통해 조직목표를 달성하고자 한다.	자율적 통제, 자아실현 욕구의 충족, 그리고 잠재능력 개발을 중심으로 개인 목표와 조직목표가 통합될 수 있도록 환경을 조성한다.

한편 Y이론은 인간은 원래 일을 싫어하는 것이 아니라 일을 즐기며, 조직목표에 공헌하고자 하고 자아실현을 추구하며, 책임과 자율성 그리고 창의성을 발휘하고자 하는 존재라고 전제한다. 이와 같이 인간을 Y이론의 관점으로 인식하는 경우 자율경영, 참여적 경영, 민주적 리더십 또는 관계지향 리더십, 자아실현 욕구에 의한 동기유발 등의 조직관리 방식을 지향한다. 이처럼 Y이론은 인간관계론과 행동과학의 인간관을 반영하고 있다.

제3절 • 시스템이론

시스템이론은 제2차 세계대전 후 독일의 생물학자인 Ludwig von Bertalanffy가 여러 학문분야를 통합할 수 있는 공통적인 사고와 연구의 틀을 찾으려는 노력 끝에 발표하였으며, 이후 경제학자인 Boulding에 의해 일반시스템이론으로 정립되었다.

1. 일반시스템의 기본개념

시스템이란 서로 연관된 부분들이 모여서 만들어지는 개체를 의미하는데 일반적으로 시스템의 구성요소는 개체(unitary whole), 부분(parts or elements), 상호연관성(interrelationship)

등으로 구성된다. 시스템을 예로 든다면 경제시스템, 교통시스템, 행정시스템 등이다. 일
반시스템이론의 기본 목적은 세계 전체를 대상으로 이를 구성하는 모든 부분들 간의 상
호관계를 연구하고 이를 이해하는 데 도움이 되는 종합적인 틀을 제공하는 것이다.

표 2-2_일반시스템의 분류

구분	수준	시스템유형	사례	특징
(고) ↑ 복잡성 개방성 적응성 ↓ (저)	9	초월적 시스템	초월적 세계	불가지의 세계
	8	사회조직시스템	조직체 · 사회	문화/역사 창조
	7	인간시스템	인간	자아의식, 언어, 생애관리
	6	동물시스템	동물	이동성/자아인식/정보능력
	5	유전적/사회적 시스템	식물	유전적 재생력
	4	개방적 시스템	세포	생명/자기유지능력
	3	사이버네틱스 시스템	자동온도조절장치	피드백/자동통제
	2	간단한 동태적 시스템	시계	예정된 동작
	1	정태적 구조시스템	우주의 생태	시스템의 기본적인 틀

자료 : 이학종(1998), 조직행동론, 세경사, p. 66.

2. 일반시스템의 속성

① 구성요소들 간의 상호 연관성과 상호 의존성 : 시스템의 가장 기본적인 속성은 시스
 템을 구성하고 있는 부분들 사이에 상호 연관성과 의존성을 지니고 있다는 것이다.
 그뿐 아니라 시스템은 상위시스템과 하위시스템의 여러 계층으로 구성되어 있어서
 여러 관련부분들이 한 시스템 속에서 그리고 다른 시스템의 상호 연관관계 속에서
 끊임없는 상호작용을 한다.

② 전체성(holism/ wholism) : 각 부분에 대한 개별적 분석만으로는 전체 시스템을 이해
 할 수 없고 부분들 간의 상호관계를 중심으로 총체적인 분석을 해야만 시스템을 제
 대로 이해할 수 있다. 동시에 시스템을 구성하고 있는 부분들도 전체 시스템을 고려
 하지 않고서는 정확하게 이해할 수 없다.

③ 목표지향성(goal-seeking) : 일관된 목표를 달성하기 위하여 부분들이 상호작용을
 한다. 시스템의 목표는 부분들 간의 균형을 통하여 시스템 자체를 계속 유지/발전

시키는 것이다.

④ 입출력(input & output) 및 전환과정(transformation) : 입력되면 전환과정을 거쳐 출력의 과정을 갖는다. 개방적 시스템은 입력이 계속적으로 투입되는 것을 말하며, 폐쇄적 시스템은 입력이 일단 결정되어 고정되는 시스템을 말한다.

⑤ 부엔트로피(negative entropy) : 엔트로피란 사용할 수 없는 에너지의 양을 말하는 것으로 엔트로피 작용에 대응할 수 있는 負엔트로피를 에너지 형태로 투입해야만 시스템을 유지할 수 있다.

⑥ 조절(regulation) : 시스템은 자체의 목적을 효과적으로 달성하기 위해 부분들 간의 상호작용 등 시스템의 기능에 대해 통제하고 조절한다. 이 통제기능은 시스템이 달성하고자 하는 목표와 실제 결과 간의 차이에 대한 정보피드백을 통해 이루어진다. 즉, 피드백 받은 정보를 활용하여 표준과 실제 성과 간에 편차를 수정하기 위한 조치를 취한다.

⑦ 기능의 분화(differentiation) : 시스템은 시간이 흐르고 규모가 커질수록 구성 부분들의 기능은 더욱 전문화되고 기능 간의 분화도 더욱 심화된다. 그리고 시스템이 분화되는 만큼 분화된 부분들을 통합시키는 상호작용 기능이 시스템 목적달성에 더욱 중요해진다.

⑧ 이인동과성(異因同果性; equifinality) : 시스템 목적을 달성하는 데는 여러 가지 방법과 수단이 사용될 수 있다. 다시 말해, 하나의 결과를 얻기 위해 유일 최선의 방법만이 존재하는 것이 아니라 다양한 방법과 전략이 있을 수 있다는 것이다. 따라서 이인동과성 개념은 시스템의 목적을 달성하기 위한 방안을 모색하는 데 있어 가능하면 다양한 의사결정 대안을 개발하려는 개방적인 관점을 갖는 것이 중요하다는 것을 보여주고 있다.

3. 시스템관점에서의 경영조직

경영조직에서 일반시스템 이론의 적용이 점점 증가하는 추세이다.

1) 경영조직의 상하위시스템

경영조직은 사회라는 상위시스템 속에서 많은 부분이 자체의 하위시스템(생산관리, 마케팅, 인사관리)으로 구성된다. 이들 하위시스템은 상호연관성을 갖고 상호작용을 하며, 상호의존성도 갖는다. 따라서 경영조직을 정확히 이해하려면 부분적인 분석과 더불어 각 부분의 상호연관성 및 전체와의 상호연관성을 이해해야만 한다. 마케팅에서 보면 거시환경 및 미시환경이 경영조직의 제품, 가격, 촉진, 유통 등에 영향을 미치며 이러한 영향들은 기업이 나아갈 방향을 결정짓게 하는 전략에 영향을 미친다. 따라서 마케팅도 시스템적 접근이 필요할 것이다(그림 2-1 참조).

2) 경영조직의 시스템 목적

다른 시스템과 마찬가지로 경영조직도 구체적인 목적(수익성, 성장…)을 갖고 있으며, 이러한 목적을 달성하기 위해 여러 가지 입력자원을 투입하여 생산이나 서비스 등의 전환과정을 통하여 목적달성에 필요한 여러 가지 활동을 산출해 내고 있다. 또한 경영조직은 통제와 정보피드백의 기능을 갖고 있다. 참고로 전략적 환대산업마케팅 계획을 살펴보면 먼저 기업사명(mission)이 정립되어 이를 바탕으로 상황분석, 목표설정, 시장세분화, 표적시장의 선정, 포지셔닝 등의 전략을 거쳐 마케팅믹스전략, 실행계획, 예산 및 피드백 등의 과정을 거친다.

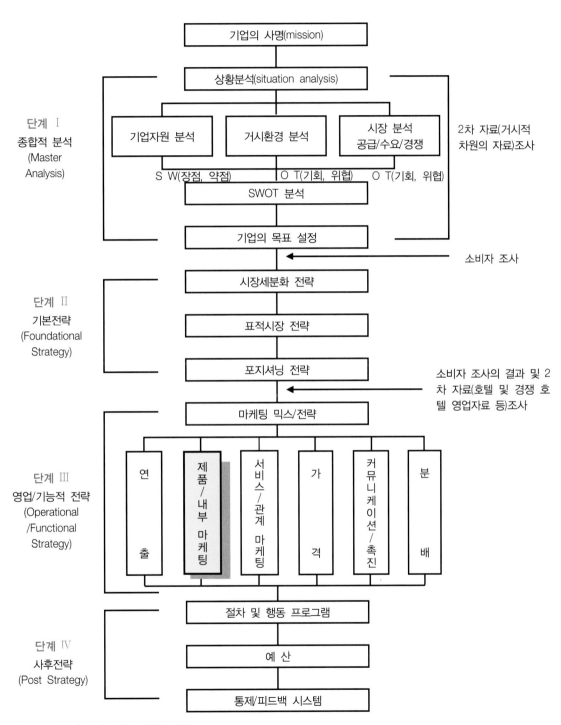

그림 2-1_전략적 호텔마케팅 계획 절차도

자료 : 정규엽(2015), 호텔외식관광마케팅, 연경문화사.

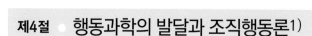

제4절 ● 행동과학의 발달과 조직행동론1)

조직행동론의 발전배경으로 고진이론과 인간관계론 그리고 일반 시스템이론을 고찰하였으며 이들 이론 중에서 인간관계론과 일반시스템이론은 행동과학의 발전에 크게 기여하면서 조직행동론의 학문적 발전에 결정적인 역할을 하였다.

1. 행동과학과 조직행동론의 체계화

호송공장실험을 계기로 1930년대부터 본격적으로 발전하기 시작한 인간관계운동(human relations movement)은 조직 연구에 있어서 인간적 요소와 집단행동 그리고 비공식 조직에 대한 인식을 높여줌으로써 조직을 보다 현실적으로 연구분석하는 데 크게 기여하였다. 실제 기업경영에 있어서도 인간관계 연구는 조직의 비공식적 차원을 중심으로 개인의 직무만족과 집단의 응집성을 증대시키기 위한 리더십과 여러 가지 인사관리기법을 개발함으로써 조직경영에 새로운 지평을 열어주었다.

1) 행동과학 발전

2차 세계대전 이후 지속적인 경제발전뿐만 아니라 사회 · 문화의 발달이 가속화됨에 따라 현대사회에서의 인간 행동에 대한 과학적 연구의 필요성이 더욱 커지게 되었다. 인간 행동을 좀 더 체계적으로 이해하기 위해서는 인간의 심리적 과정 그 자체에 대한 연구뿐만 아니라 이에 영향을 미치는 여러 가지 사회적 맥락에 대한 연구를 종합적으로 실시하는 것이 필요하게 되었고, 또한 인간 행동에 대한 연구를 함에 있어서 객관성을 확보하기 위해 과학적인 연구방법을 활용할 필요성이 제기되었다. 행동과학은 이러한 배경하에 등장한 학문으로서 크게 두 가지 특징을 갖고 있다. 첫째, 행동과학의 가장 큰 특징은 학제적 접근(interdisciplinary approach)이다. 행동과학은 인간 행동에 대한 종합적인 이해를 위해 심리학, 사회학, 인류학 등 여러 학문 분야의 학자들이 공동으로 참여하여 상

1) 이학종 · 김영조(2014), 조직행동의 이해와 관리, 서울 : 도서출판 오래, pp. 54-61.

이한 분야의 지식들을 함께 연구하고자 하였다. 둘째, 행동과학은 과학적이고 실증적인 연구방법을 활용하였다. 주관적인 연구방법에 의존하는 것을 탈피하고 반증가능한 가설을 설정하고 과학적인 방법을 활용하여 자료를 수집하고 이를 검증하는 연구방법을 활용하였다.

행동과학이 현대사회에서의 인간 행동에 대한 과학적인 연구라고 한다면, 조직행동론은 '조직'이라는 맥락 속에서 인간의 행동을 이해하고 설명하고자 하는 학문이라 할 수 있다. 다시 말해, 행동과학 분야의 연구로부터 축적된 이론과 지식을 조직구성원들의 행동을 설명하는 데 적용한 것이 바로 조직행동론이다. 따라서 행동과학의 발전은 조직구성원들의 행동을 체계적으로 이해하고 설명하고자 하는 조직행동론의 발전에 큰 영향을 미쳤다.

2) 조직행동론의 체계화

인간 행동에 관한 연구는 오래전부터 심리학자들에 의해 이루어졌는데, 이는 기업조직과는 무관하게 주로 순수 심리학적인 측면이었다. 한편, 1950년대에 급속한 경제발전이 이루어지면서 기업조직의 규모가 커지고 현대사회에서 기업조직이 차지하는 비중이 커짐에 따라 효과적인 조직관리의 중요성도 급속히 확대되었다. 효과적인 조직관리를 위해서 체계적인 조직연구, 특히 기업조직에 몸담고 있는 구성원들의 태도와 행동을 체계적으로 이해하고자 하는 연구가 집중적으로 이루어지기 시작하였다. 즉, 순수 학문적인 차원에서의 인간행동의 연구가 아니라 효과적인 조직관리라는 현실적인 문제를 해결하기 위해 심리학적 지식이 본격적으로 조직에 적용되기 시작한 것이다. 이러한 과정에서 행동과학과 조직행동론은 점점 밀접한 관계를 유지하면서 서로의 학문적 발전을 촉진시켜 왔다. 특히, 성격, 지각, 동기유발, 학습 등의 인간행동에 관한 연구들이 조직에서의 개인 행동을 이해하고 개선하는 데 많은 도움을 주었다.

심리학뿐만 아니라 사회학과 인류학도 행동과학의 발전에 중요한 부분을 차지해 왔다. 사회학과 인류학은 개인의 행동은 물론, 집단행동 연구에 있어서 개인과 집단 간의 상호관계, 집단규범, 영향력 과정, 집단역학 등의 비공식 조직에 대한 이해도를 높여주었다. 문화적 환경에 대한 연구도 개인과 집단 그리고 전체 조직행동 분석에 적용되어 조직행동에 대한 이해는 물론, 주어진 환경 여건하에서 효율적으로 작용할 수 있는 집단구성과 조직설계에 큰 도움을 주었다.

이와 같이 경제 및 사회문화의 발달과 더불어 사회가 복잡해지고 개인행동도 복잡해짐에 따라 심리학, 사회학, 인류학 등 여러 사회과학 분야들이 점차적으로 종합적 · 학제적 관점에서 인간 행동을 연구하게 되었다. 그리고 이러한 행동과학의 이론과 지식이 기업 조직을 대상으로 개인 및 집단 행동, 그리고 전체 조직행동 분석에 적용됨으로써 조직행동론 분야가 종합적인 학문으로 발전하게 되었다.

2. 일반시스템이론의 공헌

행동과학과 더불어 일반시스템이론도 이론 및 실무적 측면에서 조직행동론의 발전에 큰 공헌을 하였다.

1) 행동과학의 종합학문화

일반시스템이론은 여러 사회과학 학문의 공통성과 상호 연관성을 인식시켜 주고 이들 학문분야 간의 상호 교류와 이해를 증진시켜 주었다. 특히 일반시스템이론의 전체성(holism) 개념과 상호관련성(interrelationship) 개념은 인간행동 연구에 있어서 개인, 집단과 환경 간의 상호관계와 이에 작용하는 다양한 요인들을 체계적으로 그리고 종합적으로 연구하도록 하는 기본적인 관점과 접근방법을 제시해 주었고, 이는 행동과학과 조직행동이 종합적인 학문으로 발전하는 데 중요한 역할을 하였다.

2) 연구방법상의 공헌

일반시스템이론은 심리학, 사회학, 그리고 인류학 등 여러 분야의 학문 발전에도 크게 기여하였다. 일반시스템이론은 연구조사방법에 있어서 시스템적인 개념과 전체적인 사고방식에 의하여 연구에 포함된 모든 요인들을 명확히 해주고 이들 간의 상호관계와 그 결과를 분명히 해줌으로써 보다 과학적이고 객관적인 연구가 가능하도록 해주었고, 따라서 이러한 체계적인 연구를 통하여 학문 발전이 가속화될 수 있었다.

3) 조직행동의 실증적 연구

인간행동과 그 환경에 대한 연구는 순수과학의 측면에서뿐만 아니라 실제 조직상황에서 많은 실증적 또는 경험적 연구가 이루어졌으며, 이를 통해 축적된 지식과 이론들은 현실 조직에 적용됨으로써 조직의 효과성 제고에도 많은 기여를 하였다. 심리학 연구가 주로 실험실에서 이루어진 반면, 조직행동 분야에서의 연구는 주로 실제 조직현장에서 이루어졌고 그 과정에서 행동과학의 적용 필요성이 증대되어 왔다.

4) 조직행동의 상황적 관점

실증적 연구에 있어서 일반시스템이론은 행동변수들 간의 상호작용은 물론 이들 변수들이 조직성과에 미치는 영향에 초점을 맞춤으로써 효과적인 조직 설계 및 관리에 많은 기여를 하였다. 또한 일반시스템이론의 개방체계 관점은 조직행동과 성과 및 이들 간의 관계에 영향을 미치는 상황변수를 강조하였는데, 이는 상황적합적 관점(contingency view)의 발전을 가져오는 요인이 되었다.

이와 같이 일반시스템이론은 행동과학과 조직행동 연구에 있어서 새로운 관점과 연구방법을 통하여 보다 종합적이고 과학적이며 실증적인 연구를 가능하게 해주었다. 그리하여 행동과학의 이론적 발전은 물론, 실제 조직에의 적용가능성을 크게 증진시킴으로써 조직행동의 학문적 발전과 더불어 조직경영을 효율화하는 데도 크게 기여하였다.

3. 조직행동론의 발전동향

행동과학의 발전과 더불어 행동과학의 지식과 이론이 조직문제에 본격적으로 적용됨에 따라서 조직행동론 분야의 지속적인 학문발전이 이루어졌을 뿐만 아니라 조직문제 해결을 위한 다양한 경영기법들 또한 개발되어 왔다.

1) 조직개발 및 조직혁신 기법의 발달

경영환경이 급변함에 따라 환경에 대한 조직의 적응력을 높이고 조직성과를 향상시키기 위해 조직구성원의 행동과 집단행동 그리고 전체 조직행동에도 많은 변화가 필요하게 되었다. 이러한 시대적 상황에서 개인 및 집단행동을 계획적으로 또한 성공적으로 변화시키기 위한 이론과 기법들이 요구되었으며, 이는 조직개발(organization development)의 발달을 가져왔다. 감수성훈련(sensitivity training)과 행동조사모형(action research model) 등 개인행동과 집단행동의 개발기법은 1940년대 중반부터 개발되어 여러 형태로 적용되어 오다가 1950년대부터 미국 대기업에서 본격적으로 활용되기 시작하였다.

개인 및 집단행동의 개발에는 감수성훈련(sensitivity training) 또는 소집단훈련(T-Group Training)이 적용되기 시작하였고, 집단 및 조직행동 개발에는 설문조사피드백(survey research and feedback)방법이 활용되기 시작하였다. 1960년대에 들어서면서 이들 조직개발 기법은 미국의 IBM, Polaroid, Texas Instrument, TRW, Union Carbide, General Motors, Harwood-Weldon 등의 여러 회사에 활용되었고, 캐나다와 호주 그리고 유럽 각국의 기업에도 확산되었다. 이들 기법 이외에도, 목표관리(MBO; management by objectives), 시스템 조직개발, 관리그리드(Managerial Grid) 훈련 등 다양한 형태의 조직개발 기법이 소개되고 적용됨으로써 조직개발 분야에 많은 발전이 이루어졌다.

최근 조직을 둘러싼 정치, 경제, 사회문화 및 기술 환경이 급변하고 불확실성이 증대됨에 따라 조직변화의 필요성이 더욱 커졌을 뿐만 아니라 변화의 규모와 복잡성도 증대되어 왔다. 따라서 단순히 개인행동이나 집단행동의 변화를 지향하는 것이 아니라 전체 조직 수준에서 전략적이고 급진적인 변화를 중시하게 되었다. 구체적인 예로 경영이념의 재정립, 경영전략의 변경, 조직문화의 재창조, 구조조정(restructuring), 리엔지니어링, 다운사이징 등의 경영혁신 기법들이 개발되어 왔으며, 많은 기업들이 경영위기를 극복하기 위한 수단으로서 이러한 전략적 변화들을 추진해 왔다. 이들은 조직의 전체 구조와 전략을 급진적으로 변화시키기 위한 기법들로서 조직혁신(organizational transformation) 또는 기업쇄신(corporate transformation)이라 부른다.

2) 연구대상 조직의 다양화

조직행동은 기업과 같은 산업조직뿐만 아니라 공공기관과 군조직을 대상으로 주로 연구가 이루어졌다. 그것은 이들 조직이 인력고용이나 사회발전에 매우 중요한 위치를 차지하고 있고, 또 이들 조직이 추구하는 목적이 이익, 효율성과 공공 서비스 등으로 명백하기 때문이다. 그런데 사회문화가 발전하여 다양한 형태의 조직들이 등장하고 제각각 자기 역할을 수행하는 다원화된 사회가 됨에 따라 조직행동론의 연구대상 조직도 다양화되어 왔다. 기업, 군조직과 공공기관 등의 전통적인 연구대상 조직 이외에 교회, 정치단체, 협회, 재단, 문화기관, 자원봉사단체, 교육기관, 의료기관 등 다양한 조직을 대상으로 조직행동 연구가 이루어지고 있다.

3) 연구관점과 접근방법의 다양화

1970년대 이후 1980년대에 행동과학의 학문적 발전이 급진전됨에 따라서 조직을 대상으로 한 조직행동 연구도 더욱 가속화되었다. 특히 과학기술의 고도화와 사회문화의 발전, 세계화와 기업의 다국적화, 그리고 이에 따른 조직환경의 변화는 조직행동과 조직개발의 중요성을 한층 더 높여주었고, 조직행동 연구에 있어서도 새로운 연구관점과 연구방법이 시도되어 새로운 이론들이 다양하게 제시되었다.

조직생태학(organizational ecology), 조직경제학(organizational economics), 거래비용접근(transaction cost approach), 제도화이론(institutional theory), 조직문화(organizational culture), 자원의존이론(resource dependence), 학습조직(learning organization)이론, 조직양면성(organizational ambidexterity) 이론 등 조직에 대한 다양한 관점과 이론이 등장하여 조직이론의 발전에 많은 공헌을 하고 있다. 사회문화의 발전이 계속되고 조직과 외부환경 간의 긴밀한 상호작용이 증가됨에 따라 앞으로도 새로운 조직 관점과 이론의 창출은 가속화될 것이고, 그 과정에서 조직행동론의 학문적 발전도 계속될 것으로 예상된다.

4. 조직행동관점의 변천

1) 조직관의 변화

가. 합리적 조직관(고전이론)

연구의 범위를 조직 자체에 국한하였으며, 조직 전체의 거시적인 관점에서 이상적인 구조체계를 설계하려 하였다.

나. 자생적 · 사회적 관점(인간관계론)

조직체를 공식적인 구조체계로 보지 않고 개인들로 구성된 사회적 집단으로 보았으며, 여기서 나타나는 자생적이고 비공식적인 행동을 연구하였다.

다. 시스템적 조직관

시스템적 조직관이란 조직체를 주어진 환경하에서 어떠한 목적을 달성하기 위해 이에 연관된 부분들로 구성된 개체로 보고, 또한 조직체의 입력자원을 조직체의 목적에 의하여 출력결과로 전환시키는 시스템으로 보았다.

2) 인간관의 변화

가. 경제적 인간관(고전이론)

개인은 자기의 이기적인 목적을 추구하며, 그 과정에서 개인의 발전이 있고 나아가서는 전체 사회의 발전이 있다고 전제하였다.

나. 자아실현적 인간관(인간관계론)

개인의 행동동기에 있어서 경제적 또는 물질적 욕구 충족보다는 사회적 욕구와 자아실현적 욕구에 대한 충족을 강조하였다.

다. 행동적 인간관과 현상적 인간관

행동적 인간관 : 인간은 행동만을 통하여 이해할 수 있고 인간의 모든 행동은 환경에 의하여 통제되고 조성될 수 있다고 전제하였다.

현상적 인간관 : 인간은 각자가 고유의 개성을 가진 정신적인 개체로서 인간에게서 나타나는 행동은 극히 작은 부분이다. 따라서 인간에 대한 이해는 인간의 의식과 정신 그리고 사고측면을 이해함으로써 가능하다고 전제하였다(행동적 인간관과 상반된 개념).

라. X, Y, Z론적 인간관

① X론적 인간관 : 인간은 근본적으로 일을 싫어하고 게으르며, 이기적이고 조직체 목적에 무관심하여, 책임을 회피하고 통제받기를 원하며, 주로 안정과 경제적 만족을 추구한다고 전제한 이론이다.

② Y론적 인간관 : 인간의 사회적 또는 자아실현 욕구와 집단구성원들과의 관계지향적인 행동 그리고 개인의 자아통제기능을 강조한 이론이다.

③ Z론적 인간관 : 집단이나 조직체 구성원들의 공동체적인 일체감에 중점을 둔 이론으로서 주로 일본기업의 기업문화에서 자주 발견된다.

3) 연구접근방법의 변화

가. 고전이론

보편적인 경영원리와 이론을 연구하였다. 경험과 사례연구, 동작연구 등 사례와 실제 연구방법을 사용하였다.

나. 인간관계론

보편성 있는 인간관계원리와 원칙을 연구하였다. 실험조사와 설문조사방법 등 과학적인 통계방법을 사용하였다.

다. 행동과학

상황적 연구방법을 적용하였으며, 실증적 연구와 실험, 시뮬레이션 방법 등 과학적인 방법을 사용하였다.

제5절 ● 한국 환대산업의 인적자원관리 발전과정

1. 6 · 29선언 이전 단계(1960~1987)

우리나라 인적자원관리의 시작단계로서 기업들이 인적자원관리의 체계화 및 합리화를 위해 노력했던 시기이다. 한편 호텔부분의 역사를 통해 볼 때 조선시대 말부터 호텔기업이 탄생하기 시작했다. 즉 대불호텔(1888년), 손탁호텔(1900년) 등을 비롯하여 부산역사호텔(1910년), 신의주역사(1911년), 한국 최초의 근대식 호텔인 조선호텔(1914년) 개관, 1936년 반도호텔 등이 건립되었다.

그림 2-2_국내 최초의 서양식 호텔인 대불호텔

또한 온양호텔(1957년), 1958년부터 1960년까지 지방관광호텔의 신축 및 개축이 이루어졌다(해운대, 불국사, 온양, 무등산, 설악산, 서귀포, 대구관광호텔 등). 그러나 이러한 시기는 고전이론에서 제시되었던 과학적 관리법에 의한 운영시기로 볼 수 있으며 현대적 인적자원관리는 상상할 수 없었던 시기였다. 1960년 이후 관광호텔육성자금의 지원 및 조세감면정책(1965년)에 따라 아스토리아, 사보이, 메트로, 앰배서더 호텔 등이 등장하였다. 1963년 4월 워커힐호텔의 개관(1973년 선경그룹에서 인수하여 1978년 쉐라톤 체인호텔과 프랜차이즈 계약), 1966년 세종호텔, 1970년대 초 조선호텔, 코리아나호텔이 각각 개관하였다. 1971년 경주 보문단지 개발에 착수하여 경주조선호텔(코모도호텔경주의 전신), 경주도큐호텔(경주콩코드호텔의 전신), 경주코오롱호텔 등이 개관하였다. 또한 1976년 서울프라자호텔, 1978년 하얏트리젠시(현재 그랜드하얏트호텔), 1978년 부산 동백섬에 개관한 부산 웨스틴조선호텔, 1979년 롯데호텔 및 신라호텔의 개관 등이 이 시기에 개관했다. 1983년 서울 힐튼호텔, 1987년에는 부산에 파라다이스호텔이 각각 개관하였다. 국내에서 외식경영학이라는 학문이 각광받기 시작한 지는 불과 5~6년도 되지 않았으나 관광학과 호텔경영학의 경우 40여 년 가까운 긴 역사를 가진 것에 비하면 외식경영학은 신생학문이라 할 수 있다(김태희, 2007). 국내 외식시장 규모는 1982년 2.6조 원이었으나 2010년 67.6조 원으로 28년간 26배 정도 급성장하였다. 역사적으로 보면 외식업은 국내 숙박산업과 함께 동반성장한 것을 알 수 있다. 1900년 손탁호텔에 최초의 양식당이 만들어졌으며, 1914년 조선호텔이 등장하면서 서양식 건물에 한식당, 양식당, 커피숍 등이 개점하였으며 여성전용식당이 별도로 있었고 아이스크림이 최초로 선보였다. 1925년 철도식당이 서울역 구내의 양식당으로 문을 열고 동시에 조선호텔에 의해 열차식당이 운영되었다. 1930년대는 종로 네거리에 이문설렁탕, 부벽루, 옥루장, 태창옥 등 유명업소가 등장하였으며, 이 밖에도 청진옥, 1936년에 개장한 반도호텔의 양식부, 천대전그릴 등이 일본인에 의해 운영되었으나 해방 이후 거의 폐점하였다. 1940년대에서 50년대까지 갈빗집 조선옥과, 냉면과 불고기로 유명한 우래옥이 등장했고 1949년 양식당으로 외교구락부가 등장했다. 또한 이 무렵 평양냉면으로 유명한 한일관, 무교동의 하동관, 명동의 고려정, 평화옥, 삼오정, 진고개 등의 식당이 개점했다. 1960년대에는 의정부·동두천시의 미군부대 영향으로 부대찌개의 효시인 오뎅집이 생겼으며, 홍천 지역 우비닭갈비집이 생겨난 것을 시작으로 1973년 춘천의 조양동으로 이주하여 지금의 춘천 닭갈비촌이 형성되었다. 당시 신당동 떡볶이의 원조인 마복림 할머니집이 탄생하였다. 1970년대 마포일대 갈빗집, 주물럭집 등 고깃집이 등장하였으며, 이 시기 중식당의 짜장면이 대중화되었다. 대형 중식당으로는 홍보성, 1974년 희래등, 국일대반점, 1970년대 말 동보성, 다리원, 아리산 등이 속속 등장하였다. 특히 1970년대 말부터 햄버거, 도넛, 프라이드치킨 등의 패스트푸드사들이 상륙하였으며, 서구화현상이 나타나기 시작했다. 이때를 요식업에서 외식산업으로 성장한 시기로 보고 있다. 1978년 국내 프랜차이즈의 효시인 커피숍 난다랑이 등장하였으며, 1979년 일본의 롯데리아가 상륙하였다. 1980년대 아메리카나(1980년), 버커킹(1982년), 윈첼도넛(1982년), 웬디스(1984년), 피자헛(1984년), 피자인(1984년), 맥도날드(1986년), 데니스(1987년) 등의 패스트푸드점이 1986년 아시안게임과 88서울올림픽을 거치면서 대중화되기 시작했다 잣터국수(1983년), 찜구짱구(1984년), 다전국수(1985년), 민속마당(1987년) 등 80년대 말까지 체인점이 등장하였다. 또한 1980년대 중반 갈비와 불고기집들이 대형화추세로 가면서 강남 일대에 늘봄공원, 삼원가든, 한두이 등의 업소가 등장하였다(한국식품영양재단, 2003). 우리나라 도시가구당 외식비가 가계지출비 중 식료

품비에서 차지하는 비중은 1982년 6.0%에서 2005년 46.4%로 크게 증가하였다.

또한 국내 관광산업의 경우 일제시대에 일본교통공사 지부(일본여행업협회)가 1910년 도에 설립되었으며, 해방 후 조선여행사로 개칭한 뒤 1949년에 대한여행사로 개명하였다. 1948년 미국 노스웨스트항공사, 팬아메리칸항공사 등의 서울영업소가 조선호텔에서 영업을 개시하였다. 1954년 2월 교통부의 육운과에 관광과가 설치되었으며, 1958년 교통부 장관 자문기관으로 중앙관광위원회, 도지사의 자문기관으로 지방관광위원회가 설치되었다. 민간여행사로 1960년에 세방여행사가 설립되었으며, 1961년 8월에 「관광사업진흥법」이 제정 공포되었다. 1962년 4월 「관광공사법」이 제정되고 동년 6월 관광공사가 발족되었으며, 통역안내원 자격시험이 최초로 실시되었다. 1970년에 국립공원과 도립공원이 지정되었고, 1971년 경부고속도로가 개통되어 전국적으로 관광지개발이 촉진되었다. 1971년 한국관광학회가 발족하였으며, 1972년 관광진흥개발기금법이 제정되었고 1973년에는 대한여행사가 민영화되었다. 1978년 최초로 외래관광객 100만 명 목표를 달성하였다. 1979년 제28차 PATA(Pacific Asia Travel Association)총회가 서울에서 개최되었다. 1982년에는 여행사가 허가제에서 등록제로 전환되었으며, 해외여행은 1989년에 완전히 자율화되었다.

이러한 시기에 기업들은 공채시스템을 도입하고 인사기록을 구축하며 자체 연수원을 세우는 등의 노력을 하였으며 목표관리제도, 제안제도, 분임조 등의 경영기법을 도입하고 우수인력의 확보를 위해 노력하였다. 또한 이 시기 기업경영의 원칙은 선성장 후분배의 원칙을 고수하여 서양의 인적자원관리 발전의 단계로 볼 때 과학적 관리법에 의한 경영이 주를 이루고 있었다.

2. 인간관계 단계(1987~1997)

호텔분야에서는 1988년 서울올림픽을 앞두고 대형호텔들이 개관하였다. 이 시기에 서울 르네상스호텔(1988년), 스위스그랜드호텔(1988년), 서울 인터콘티넨탈호텔(1989년), 부산 메리어트호텔(1988년) 등이 개관하였으며, 1990년 제주신라호텔, 1989년 호텔롯데월드, 1993년 대전 유성에 호텔롯데대덕, 1997년 호텔롯데부산이 개관하였다. 1995년에는 남서울호텔 자리에 리츠칼튼호텔이 건립되었다.

외식산업은 1990년대 초반 누룽지, 죽 등 전통음식이 인스턴트 포장으로 등장하였으며, 파파이스(1992년), 서브웨이(1994년), 도미노피자, 시카고피자 등의 외국 유명 패스트푸드 브랜드가 도입되어 외식업체 간의 경쟁이 치열해졌다. TGIF(1992년), 판다로사(1993년), 스카이락(1994년), 데니스(1994년), 씨즐러(1995년), 베니건스(1995년), 뻬에뜨로(1995년), 마르쉐(1996년) 등의 경우 대기업 자본에 의한 기술제휴 형식이나 직접투자 방식으로 다수의 해외 브랜드 패밀리 레스토랑이 진출하였다.

관광산업은 1989년 제2의 민항기업으로 아시아나항공이 설립되었고, 1990년 전국 관광지를 5대 관광권으로 분류하여 관광개발과 보전을 위해 노력했으며, 1992년 중국과의 국교를 정상화하였다. 1993년 대전엑스포가 개최되었으며 제19차 EATA(East Asian Tourism Association)총회를 유치하였다. 1994년에는 제43차 PATA총회를 개최하였고 한국 방문의 해를 지정하였다.

이 시기는 1987년 6·29선언과 민주화의 물결이 일었던 시기여서 국내 기업들은 많은 혼란을 겪어야 했다. 특히 노조의 결성 및 쟁의행위가 많았던 시기로 임금이 대부분 3배 정도 인상되었다. 이러한 특징은 서양의 인적자원관리 발전단계에서 인간관계론 시대에 해당되며 업무과정 리엔지니어링, 벤치마킹, 시간중심경영, 인간존중, 자율경영 등이 대두되었던 시기이다. 특히 1988년 서울올림픽은 전문가로 지칭되는 호텔인력(식음, 객실, 조리 등)의 대란시기로 신규 대형호텔들이 개관하여 서울지역은 인력난을 겪으며 대리가 이사로, 사원이 과장으로 진급하던 시기였다.

그림 2-3_TGI Fridays 매장

3. IMF 이후 단계(1997~현재)

1997년 말부터 찾아온 IMF로 인해 국내 외식업계는 시련을 겪었으며, 경기불황으로 외식비와 외식빈도가 크게 감소하였다. 1999년 중반 이후 경기가 다소 회복되면서 외식소비 인구가 급증하게 되었으며 소비자의 소득 및 외식수준의 향상으로 인해 외식에 대한 이미지가 바뀌게 되었다.

관광산업도 1999년 관광진흥을 위한 규제완화를 위해 「관광진흥법령」을 개정하였으며, 2002년 월드컵 유치, 2007년 외래관광객 600만 명 시대, 2014년 1,200만 명 외래관광객 입국 등으로 관광산업은 괄목할 정도로 성장하였다.

1997년은 IMF구제금융을 신청했던 시기여서 국내 기업들은 많은 혼란을 겪어야 했으며 도산되는 기업도 많았다. 따라서 기업들은 구조조정을 통해 자구책을 강구해 나가야 했으며 당시 팀제, 연봉제 등을 통해 그 해법을 찾으려 했다. 또한 무자료면접, 다면평가 시스템, 발탁인사제도 등이 대두되었고 종신고용 및 연공서열에 따른 문화가 사라지기 시작한 시기라고 볼 수 있다.

그림 2-4_2002년 한일 월드컵

전략적 환대산업
인적자원관리

제**3**장

전략적 환대산업 인적자원관리

전략적 인적자원관리란 전반적인 환경 변화추세를 분석한 후 세워진 전략에 따라 인적자원관리가 실행됨을 의미한다. 이와 관련하여 최근 추세를 알아보고, 인적자원관리자의 역할 및 인적자원관리정보시스템을 알아본다.

제1절 ● 전략적 인적자원관리

1. 경영전략과 인적자원관리의 통합

1) 최근 인적자원관리의 추세(LG 경제연구원, 2012)

경영전략은 변화하는 환경에 끊임없이 적응하려는 기업들의 노력에 의한 결과이다. 따라서 기업의 경영이념, 사명, 목적, 전략 등은 외부환경분석을 통해 기회와 위협을 분석해 내고 자사의 강점과 약점을 파악하여 목표를 설정하고 그 목표를 지향해 나가는 데 있어 그에 타당한 인적자원관리를 실행해 나가야 할 것이다.

최근 인적자원관리는 환경에 적응하면서 변화하고 있다. 즉 구성원들의 자율성을 극대화하는 조직운영방식, 고객보다 구성원이 우선이라는 철학 등 기존과 다른 관행으로 조직을 운영하는 기업들이 늘고 있다. 특히 Southwest Airlines의 전 CEO Herb Kelleher는 비즈니스에서 가장 중요한 것은 사람이라고 강조한 바 있는데 이러한 철학을 바탕으로 자사의 공유가치를 '사랑'으로 설정하였다. 하버드 경영대학원 Rosabeth Moss Kanter 교수는 위대한 기업들의 특성을 분석한 결과 구성원들을 신뢰하고 관계에 의존하며 규칙이나 구조에 의해 통제하지 않는 경향을 보인다고 하였다.

Edward Lawler 교수에 의하면 인적자원관리의 패러다임에서 경영의 3시대가 도래하고 있다고 한다. 근대 경영의 1단계가 관료주의와 대량생산기술의 시기로 명령과 통제의 조직이 유효한 시기였고, 2단계가 높은 관여의 시기로 구성원들에 대한 교육과 훈련을 통해 인적자원의 관리가 강조된 시기였다면, 이제 3단계는 높은 불확실성의 시대로 환경에 보다 유연하게 적응할 수 있는 역량 확보가 중요해지는 시기라는 것이다. 즉 기업들은 과거 자신들의 성공방식을 스스로 끊임없이 개선하면서 지속적으로 창의적이고 새로운 트렌드를 만들어내야 한다. 그러기 위해서는 구성원들의 생각의 힘이 중요하고 지위를 막론하고 조직 내부 곳곳에서 창의적 아이디어가 살아 숨 쉬어야 한다. 이러한 조직을 만들어내기 위해서는 인적자원관리도 그에 맞도록 변화되어야 한다.

또한 새로운 가치관의 변화이다. 1970년대부터 2010년까지의 가치관 변화연구에 의하면 과거에 비해 개인주의와 탈권위주의가 강해졌고 풍요로운 삶을 지향하는 것으로 나타났다. 2030세대는 오랜 시간 성실하게 일하는 것보다는 얼마나 스마트한 아이디어를 내느냐가 중요하다고 여긴다는 것이다. 이것은 4050세대의 가치관과는 대조되는 현상이다. 따라서 이러한 세대를 포괄할 수 있는 리더십이나 일의 방식 등에 대한 새로운 패러다임의 재정립이 요구된다.

인적자원관리의 새로운 패러다임을 요약해 보면 다음과 같다.

첫째, 인간에 대한 가정의 변화이다. 즉 최근 심리학, 사회학, 진화생물학 등 여러 학문 분야에서 기존 인간에 대한 가정을 뒤집는 새로운 내용들이 제기되고 있다. 즉 인간은 이기적인 동물이 아니라 이타적 본성을 갖고 있다는 것이다. 이것은 TripAdvisor를 통해 다음 여행객들을 위해 상세한 여행정보를 올려주는 것이 좋은 예이며, My Starbucks Idea라는 소셜네트워크를 통해 스타벅스를 더 멋진 장소로 만들기 위한 아이디어를 자발적으로 내며 공유하는 사례가 그것이다. 이는 McGregor에 의해 제기되었던 XY이론에서 이미 지적되었던 내용이다. 따라서 인간을 수단이나 자원의 관점, 또는 관리의 대상으로 보기보다 주체적이고 자율적이며 이타적 존재로 보는 것이 필요하다는 의견들이 늘어나는 추세이다.

둘째, 제도보다는 내적 요인으로 사람을 움직여야 한다는 것이다. 기존의 인센티브제도는 고성과자에게 보상함으로써 더 많은 동기를 부여하고 저성과자에게는 위협과 불안감을 통해 더 높은 성과를 내도록 독려했다. 그러나 세계적인 미래학자 Daniel H. Pink는 그의 저서 *Drive*에서 당근과 채찍 기반의 동기부여방법은 성과 감소, 창의성 말살, 선행 감소, 중독성 유발 등으로 문제가 많으며, 오히려 내적 동기부여에 초점을 맞춰야 한다는 것이다. 따라서 구성원들의 정신건강, 스트레스 관리, 긍정적 정서 확산 등에 주목하여 조직문화를 구축해 나가야 한다는 것이다.

셋째, 조직운영방식의 다양화이다. 과거 구성원들을 관리하는 것이 인적자원관리의 주된 관심사였기에 최대한 효율적이고 획일적이며 체계적으로 움직임으로써 안정적인 방식으로 조직을 운영해야 했다. 따라서 구성원들을 모두 모아놓고 동일 내용에 대해 집합교육을 시키거나 사업이나 개인특성에 대한 고려 없이 리더들을 하나의 리더십모델에 맞춰 모두 동일한 기준으로 평가했다. 튀는 인재는 관리가 어렵기 때문에 비슷한 사고방식과 역량수준을 가진 인재를 채용하기도 했다. 그러나 최근 구성원들의 중요성이 부각되면서 구성원들의 니즈를 수용하고 유연하게 움직이기 시작했다. 이러한 결과 경력관리 면에서 다중경력관리방식(Dual Ladder, Multiple Ladder)을 도입하고 일하는 장소도 회사 사무실만이 아닌 재택근무방식이 도입되고 있다.

넷째, 리더십의 변화이다. 과거의 리더십은 위계적인 조직하에서 직위를 기반으로 한 권한을 행사하여 타인에게 영향을 미치는 것이었다. 그러나 최근 구성원들의 중요성과 가치관의 변화로 인해 수평적 조직에 의한 리더십의 필요성이 대두되고 있다. 그 한 예로 진정성 리더십(Authentic Leadership)의 개념을 들 수 있다. 이는 리더가 남에게 완벽한 모습을 보이고 남을 이끄는 영웅이 되기보다는 자아를 성찰하고 자신의 생각과 감정을 공유함으로써 다른 사람과 밀접한 관계를 형성하는 것이 중요하다는 것이다. 또한 Un-leadership이다. 즉 과거의 리더십을 발휘하지 않는 리더십을 말한다.

2) 전략적 인적자원관리의 성공사례

1980년 서울 신촌 이화여대 앞 작은 가게에서 시작해 1998~99년 부도 위기를 겪었던 이랜드그룹은 야성과 용기, 치밀한 전략으로 유명하다. 글로벌 금융위기 직후인 2009년부터 매년 두 자릿수 성장을 거듭하는 중이다. 2013년에 매출 10조 원 고지를 넘었고 영업이익은 1년 새 25% 정도 늘었다. 최근 5년간 국내외에서 20여 개 업체·사업 부문을 인수합병하는 공격경영도 주목된다. M&A목록에는 세계 30여 개국에서 판매되는 글로벌 브랜드인 K-SWISS와 코치넬리·만다리나덕 같은 유명상표, 퍼시픽아일랜즈클럽, 계림호텔(중국) 등이 올라 있다. 흥미롭게도 이랜드가 명품·레저·호텔분야를 집중 육성하는 데에는 '중국'이란 확실한 키워드가 있다. 글로벌 고가 브랜드를 직접 사들여 중국시장을 더 깊고 더 넓게 파고든다는 중생중사(中生中死 : 중국에서 살고 중국에서 죽는다)전략이다. 이랜드의 필살기(必殺技)는 1999년에 도입한 '지식경영'이다. 매장 판매사원부터 최고위 임원까지 참여하는 지식경영은 현장에서 모은 시장자료와 정보, 신사업아이디어를 데이터베이스화해서 활용하는 것이다. 매년 4,000건 이상을 엄선해 이 중 5%는 기업비밀로 특별관리한다. 임원급 최고지식경영책임자(chief knowledge officer)가 직접 챙기고 매년 두 차례 '지식페스티벌'을 열어 특진·포상·발탁 등을 한다. 최종양 사장은 중국법인장이던 2012년 3개월간 중국 22개 도시의 81개 백화점 내 720여 개 매장에서 현장관리자 4,414명과 면담한 내용을 지식경영 인트라넷에 올렸다. 2003년 440억 원 매출(매장 130개)을 올리던 이랜드 중국이 지난해 매출 2조 2,000억 원(매장 6,200개)짜리 패션 강자로 도약한 비결이다. 물론 그룹 전체 차입금이 4조 원을 넘고 부채비율이 390%(2013년 6월 기준)에 이르는 재무구조를 우려하는 시선도 있지만 이랜드 측은 현금보유액이 충분하다고 한다. 이랜드의 과감한 도전은 한국기업가들에게 사라져가는 야성과 용기, 치밀한 전략 등 이 세 덕목을 이랜드만큼 효과적으로 실천하는 한국기업은 드물다(조선일보, 2014.4.18, "이랜드의 무모한 도전이 성공하는 이유").

한편 삼성의 성공비결에 관련한 세미나(삼성 신경영 국제학술대회, 2013년 6월 20일 개최)에서 서울대 송재용 교수는 1993년 신경영 선언 이후 삼성은 극단이 공존하는 패러독스 경영시스템을 추구했다고 하며 삼성식 경영방식, 이른바 삼성웨이(Samsung Way)가 삼성의 초고속성장을 가능케 했다고 했다. 삼성그룹의 매출은 1987년 10조 원에서 2012년

380조 원으로 늘어났다. 삼성전자의 경우, 2012년 201조 원의 매출과 29조 5,000억 원에 달하는 영업이익을 거둬들였다. 삼성은 현재 세계 1위 제품을 26개 생산하고 있으며 브랜드 가치는 2012년 기준 329억 달러로 세계 9위에 올랐다. 송재용 교수는 삼성식 경영의 특징을 다음의 3가지로 꼽았다. 거대하지만 빠른 조직, 다각화되어 있으나 특정분야에서 세계적 경쟁력 보유, 일본식과 미국식 경영시스템의 장점을 따온 하이브리드 경영시스템 등. 그는 "삼성은 1980년대까지 일본식 경영시스템을 취하다가 1990년대 경제위기, 반도체사업의 성공과 신경영체제 이후로 미국식 경영시스템을 크게 도입하기 시작했다"고 말했다. 세계적 브랜드 대가인 케빈 켈러 미국 다트머스대 교수는 "삼성의 성공에는 마케팅과 브랜딩이 핵심적인 역할을 했다"며 "1993년 이건희 회장의 신경영 선언 이후 실행된 품질위주 경영과 소비자와의 적극적인 소통, 글로벌 위기인식, 미래 지향적 사고가 삼성의 마케팅에 큰 변화를 가져오면서 성공신화를 일구는 원동력이 됐다"고 말했다. 켈러 교수는 "글로벌 브랜드 경생력을 위해 삼성이 도전사와는 나른 마음가짐으로 자신감 있는 소통과 과감한 행동으로 혁신을 지속하는 리더가 돼야 한다"고 강조했다. 일본 와세다대 카타야마 히로시 교수는 "인재와 기술을 통한 품질경영"이란 주제의 기조강연에서 인재와 기술관점에서 본 삼성 품질경영의 특징을 스피드경영, 타이밍경영, 완벽추구, 인재중시경영, 시너지 지향, 업(業)의 특성통찰로 설명했다. 서울과 평양에서 10년씩 특파원을 지낸 쉬바오캉 전 중국 인민일보 대기자는 특강을 통해 "삼성 신경영이 중국의 개혁개방 과정에서 훌륭한 이정표와 모범답안으로 활용됐다"고 소개했다. 그는 "'마누라와 자식 이외 모든 것을 바꾸라'는 신경영 선언은 덩샤오핑(鄧小平)이 낡은 관념과 체제의 구속에서 벗어나고자 주창했던 흑묘백묘(黑猫白猫)론과 일치하며, 한 발 더 나아가 혁신을 어떻게 일굴 수 있는지에 대한 방법론을 제시해 줬다"고 평가했다(조선일보, 2013.6.20, 삼성 20년의 성공비결은? 인재중시와 스피드).

2014년 이건희 회장의 신년하례식 신년사 전문은 삼성의 인적자원관리의 전략적 측면을 볼 수 있는 자료이다.

"삼성 가족 여러분, 2014년을 여는 새아침이 밝았습니다. 국내외 임직원 여러분과 여러분의 가정에 건강과 행복이 가득하기를 바랍니다. 지난해는 세계적인 저성장 기조가 굳어지고 시장이 위축되는 가운데, 우리는 글로벌 기업들과 사활을 걸어야 했고 특허전쟁에도 시달려야 했습니다. 한시도 마음 놓을 수 없는 상황에서 삼성은 투자를 늘리고 기술 개발에 힘을 쏟아 경쟁력을 높이면서 좋은 성과도 거두었습니다. 그동안 현장 곳곳에서 열과 성을 다해준 임직원 여러분에게 감사드립니다. 아울러 한결같이 삼성을 응원하고 도와주신 국민 여러분과 정부, 사회 각계에 깊이 감사드립니다.

세계 각지의 임직원 여러분, 신경영 20년간 글로벌 1등이 된 사업도 있고, 제자리걸음 인 사업도 있습니다. 선두사업은 끊임없이 추격을 받고 있고 부진한 사업은 시간이 없습 니다. 다시 한 번 바꿔야 합니다. 5년 전, 10년 전의 비즈니스 모델과 전략, 하드웨어적인 프로세스와 문화는 과감하게 버립시다. 시대의 흐름에 맞지 않는 사고방식과 제도, 관행 을 떨쳐냅시다. 한 치 앞을 내다보기 어려운 불확실성 속에서 변화의 주도권을 잡기 위해 서는 시장과 기술의 한계를 돌파해야 합니다.

산업의 흐름을 선도하는 사업구조의 혁신, 불확실한 미래에 대비하는 기술혁신, 글로 벌 경영체제를 완성하는 시스템 혁신에 더욱 박차를 가해야 합니다. 불황기일수록 기회 는 많습니다. 남보다 높은 곳에서 더 멀리 보고 새로운 기술, 새로운 시장을 만들어냅시 다. 핵심사업은 누구도 따라올 수 없는 경쟁력을 확보하는 한편, 산업과 기술의 융합화 · 복합화에 눈을 돌려 신사업을 개척해야 합니다.

세계 각지의 거점들이 한 몸처럼 움직이는 유기적 시스템을 구축하고, 특히 연구개발센 터는 24시간 멈추지 않는 두뇌로 만들어야 합니다. 미래를 준비하는 주역은 바로 여러분 입니다. 자유롭게 상상하고 마음껏 도전하기 바랍니다. 인재를 키우고 도전과 창조의 문 화를 가꾸는 데 지원을 아끼지 않을 것입니다. 협력회사는 우리의 소중한 동반자입니다. 모든 협력회사가 글로벌 경쟁력을 갖추도록 기술개발과 생산성 향상을 도와야 합니다.

지난 한 해 크고 작은 사고가 있었습니다. 삼성의 사업장은 가장 안전하고 쾌적한 곳이 되어야 하며, 지역사회의 발전에 기여해야 합니다. 나아가 그늘진 이웃과 희망을 나누고 따뜻한 사회, 행복한 미래의 디딤돌이 될 사회공헌과 자원봉사를 더 늘려 나갑시다.

사랑하는 삼성가족 여러분, 지난 20년간 양에서 질로 대전환을 이루었듯이 이제부터는 질을 넘어 제품과 서비스, 사업의 품격과 가치를 높여 나갑시다. 우리의 더 높은 목표와 이상을 향해 힘차게 나아갑시다."

3) 경영전략과의 통합모형

앞의 사례에서 보듯 경영전략과 인적자원관리 기능은 매우 밀접한 관계가 있다. 그러나 경영전략과 인적자원관리의 통합관계는 네 가지 형태로 구분된다. 즉 전략계획과 인적자원관리기능이 독립적인 행정적 연계, 전략계획이 인적자원관리에 일방적으로 영향을 미치는 일방적 통합단계, 전략계획과 인적자원관리기능이 쌍방향으로 통하는 쌍방적 통합단계, 마지막으로 전략계획과 인적자원관리기능이 통합된 완전통합단계이다. 이러한 완전통합단계로 갈수록 인적자원관리자의 기능과 권한은 강화되고 있다. 따라서 현대와 같이 변화가 심한 경영환경하에서는 완전통합의 단계를 지향해야 할 것이다.

표 3-1_전략과 인적자원관리기능 간의 통합유형

행정적 연계	일방적 통합	쌍방적 통합	완전통합
전략계획	전략계획	전략계획	전략계획
	↓	↓↑	+
인적자원관리기능	인적자원관리기능	인적자원관리기능	인적자원관리기능
← 저	인적자원관리자의 의사결정참여도		고 →

자료 : 이학종·양혁승(2011), 전략적 인적자원 관리, 박영사, p. 51.

2. 인적자원관리기능이 미치는 효과

인적자원관리는 고용, 직무설계, 인사고과, 보상, 교육훈련 등의 기능 간에 시너지효과를 통해 전체적인 효율성을 제고시켜 나가야 한다. 이런 의미에서 인적자원관리기능은 경영의 성과를 창출하는 과정인 것이다.

삼성의 경우 인재개발원 등의 교육은 채용된 인재를 개발하기 위해 교육시스템을 개발하여 그에 상응하는 지원을 아끼지 않고 있다. 특히 지역전문가제도는 미래에 진출할 시장에 대한 정보를 습득하고 인적네트워크를 장기적인 관심에서 구축하였다. 이는 단기성과위주의 서구기업들에 시사하는 바가 크다. 삼성의 지역전문가제도는 이건희 회장의 지시로 1990년에 파견하기 시작했는데 누적 파견인원이 5,000명을 돌파했다. 2013년까지 세계 80개국 170여 개 도시에 4,700여 명의 지역전문가를 파견한 데 이어 2014년 300여 명을 해외로 내보내 누적 인원이 5,000명을 넘어섰다. 삼성은 지난 24년간 직원 체재비와 기타 경비를 포함해 대략 1조 원 이상을 지역전문가 프로그램에 투입했다. 삼성은 1990년 대에는 주로 선진국에 파견하였지만 2000년대 이후부터 인도, 중국, 중동, 아프리카 등 신흥국지역으로의 파견비중을 80% 정도 늘렸다. 여성 지역전문가 비율을 30%까지 끌어 올리는 목표도 추진하고 있다. 삼성의 지역전문가로 파견되면 회사와 관련된 업무는 하지 않아도 된다. 학교나 연구소에 등록해야 할 의무도, 현지 지사에 출근할 의무도 없다. 그런데도 직원들은 본인 연봉을 제외하고도 1인당 연간 1억 5,000만 원까지 체재비를 지원받는다. 대신 현지 언어는 물론, 현지의 문화, 법규, 인맥 등에 정통해 해당 지역에 대한 현장 전문가가 될 것을 요구한다. 1995년 영국에서 지역전문가를 했던 김기선 삼성전자 무선사업부 상무는 "영국에서는 개를 데리고 다니는 사람이 있으면 개에게 이야기를 먼저 걸어 개 주인과 말문을 텄다"며 이런 현장경험이 나중에 해외영업을 하는 데 큰 도움이 되었다고 하였다. 삼성관계자는 옛 소련이나 동남아시아, 아프리카 오지에서 홀로 1,000억 원 이상의 연간 매출을 올리는 주재원의 상당수가 해당 지역전문가 출신이라고 한다. 최근 General Electric(GE)의 임원 인재교육기관인 크로턴빌 연수원도 "10년 후를 내다보고 직원 한 명당 수억 원을 투자하는 지역전문가제도야말로 삼성이 승승장구하는 핵심비결"이라고 극찬했다. 삼성의 벤치마킹 대상이었던 GE는 요즘 거꾸로 삼성 배우기에 한창이다. 2014년 초 제프 이멜트 회장을 포함 600여 명의 글로벌 임원이 미국 플로리다 보카레이턴에서 열린 삼성식 경영을 주제로 글로벌 리더 미팅을 개최했다. 지역전문가 출신 CEO도 나왔는데 2013년 삼성카드 사장에 부임한 원기찬 사장은 미국에서 지역전문가를 마친 뒤 삼성전자 북미총괄 인사팀장, 삼성전자 인사담당 부사장 등을 거쳤다 (조선일보, 2014.3.21, "24년간 1조 들여 키운 '이건희 키즈(Kids)' 5,000명 돌파"). 이러한 것이 인적자원관리기능을 통한 경영의 시너지인 것이다.

제2절 ● 인적자원관리자의 역할

1. 인적자원관리자의 역할모형

표 3-2_인적자원관리자의 역할

	장기적 · 전략지향적		
과정중심적	**전략적 동반자** 경영이념 정리/참여 전략형성 및 수행과정 참여 조직진단/조직설계 사업전략과의 연계	**변화담당자** 변화주도 변화촉진 조직개발 및 변화관리 조직문화 개발 및 관리	인간중심적 (활동)
	행정전문가 행정지원서비스 효율적 하부구조 설계 리엔지니어링 하부구조의 효율적 운영	**구성원 옹호자** 인간관계 관리 사기향상 및 고충처리 구성원문제 경청/욕구충족 필요자원의 조달	
	일상 · 관리지향적		

자료 : 이학종 · 양혁승(2011), 전략적 인적자원 관리, 박영사, p. 56.

1) 전략적 동반자(strategic partner)

인적자원관리자의 첫 번째 역할은 과정중심적이며 장기적 · 전략지향적인 전략적 동반자이다. 이것은 경영이념의 정리 및 참여, 전략형성 · 수행과정에 참여, 조직진단, 조직설계, 사업전략과의 연계 등에 초점을 맞추어 진행된다.

2) 변화담당자(change agent)

두 번째 역할은 변화담당자로서 장기적이며 전략지향적이고 인간중심적인 변화담당자의 역할이다. 이것은 조직의 변화를 주도하고 이를 위해 변화촉진자로서 주도적 역할을 하게 되는 것이다. 변화전시 등이 하나의 방법인데 특히 조직의 전통가치에 대한 이해와

더불어 조직구성원들로부터 새로운 가치관과 행동을 분석하여 바람직한 변화를 유도하고 새 조직문화를 개발하여 나가는 변화 및 변신관리활동을 포함한다.

3) 구성원옹호자(employee champion)

세 번째 역할은 구성원옹호자의 역할이다. 이는 인간중심적이고 일상적인 관리활동에 해당하며 구성원들 간의 인간관계관리, 구성원의 조직몰입도, 사기향상, 고충처리 및 상담, 구성원문제 경청을 통해 구성원의 욕구를 충족시키는 기능이다. 또한 구성원들에게 필요한 자원을 조달하는 역할도 포함된다.

4) 행정전문가(administration expert)

마지막으로 행정전문가의 역할이다. 이는 일상적 관리행동이며 과정중심적인 역할이다. 따라서 구성원들이 필요로 하는 서식을 제공하고 지원서비스를 통해 가치를 극대화하는 것이다. 또한 효율적인 하부구조를 설계하며, 업무 리엔지니어링을 통해 구성원들이 보다 쉽게 접근할 수 있는 업무효율을 높이는 작업을 말한다.

2. 인적자원관리자의 권한과 책임

1) 일선관리자와 인적자원관리자의 권한관계

일선관리자와 인적자원관리자 간의 권한관계는 크게 4가지 유형으로 분류할 수 있다. 첫째, 기능적 권한관계로서 이것은 인적자원관리자의 권한이 절대적이어서 일선관리자는 인적자원관리자가 행사한 권한에 복종하는 시스템이다. 둘째, 동의관계로서 일선관리자들에게 의견을 묻고 기능을 행사하지만 아직도 인적자원관리자에게 최종승인 및 거부권 등 인사권한이 있는 단계이다. 셋째, 상담단계는 일선관리자의 권한이 증대되어 인적자원관리자는 협의해 주고 전문적인 의견이 반영되도록 지원역할을 하는 단계이다. 마지막으로 조언관계는 일선 실무관리자에게 인사권한이 있어 인적자원관리자는 조언을 하는 단계이다. 즉 인적자원관리자의 권한은 거의 없으며 실무관리자가 모든 권한을 행사하는 단계이다〈표 3-3〉참조)

표 3-3_인적자원관리자와 일선관리자 간의 권한관계

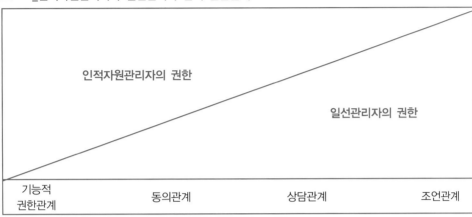

자료 : 이학종 · 양혁승(2011), 전략적 인적자원 관리, 박영사, p. 67.

고용관리에 있어서 일선관리자와 인적자원관리자 간의 관계는 다음의 절차를 대부분 따르고 있다. 먼저 일선관리자는 신규채용을 요청하며, 자격조건을 명시하면, 인적자원부서에서는 모집광고를 통해 모집하고 지원서를 접수하고 시험 및 신원조회, 예비면접 등의 절차를 거쳐 적격후보들을 예비선발한다. 다음으로 적격후보들 가운데 일선관리자의 면접을 통해 최종선발이 이루어지며, 선발된 사원들은 인사부서에서 전반적인 오리엔테이션을 거쳐 일선부서에서 직무배치 및 직무오리엔테이션을 실시하고 최종적으로 인사부서에서는 인사기록을 작성하게 된다(〈표 3-4〉 참조).

표 3-4_고용관리에서 일선관리자와 인적자원관리자의 역할

일선관리자(line)	인적자원관리자(staff)
1. 신규채용 요청, 자격조건 명시	
	2. 모집 및 광고
	3. 지원서접수, 시험, 검사, 신원조회 예비면접 등을 통해 적격후보 예비 선발
4. 적격후보 면접 후 최종 선발	
	5. 회사 전체에 대한 오리엔테이션 진행
6. 직무배치 및 현업 오리엔테이션	
	7. 인사기록 작성

자료 : 이학종 · 양혁승(2011), 전략적 인적자원 관리, 박영사, p. 68.

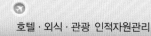

2) 일선관리자와 인적자원관리자의 책임분담

일선관리자와 인적자원관리자 간의 책임은 인적자원관리자의 역할을 중심으로 구분될 수 있다. 즉 전략적 동반자의 역할에서는 일선관리자와 인적자원관리자가 거의 동등한 책임을 부담하게 되는 경향이 있다. 즉 일선관리자들은 현업에서 발생할 수 있는 향후 전략에 대해 계획을 세우고 실행하며 피드백을 통해 발전해 나가는데 여기서 인적자원관리자들은 전문적 조언과 함께 향후의 방향에 대해 책임을 갖고 그 역할을 수행해 나가야 한다는 것이다. 즉 현업에서 필요로 하는 교육훈련 및 전문가 조사 등에 주어진 역할을 수행해 나가야 한다. 둘째, 변화담당자의 역할에서는 일선관리자가 주도적으로 책임을 갖고 수행하지만 그러한 변화에 대한 전문적 조사, 변화주도 및 촉진자의 역할은 인적자원관리자의 몫이다. 따라서 인적자원부서에서는 외부전문 컨설턴트의 도움을 받아 변화를 주도하는 역할을 하며 이러한 변화의 내용이 현업에서 이루어질 수 있도록 현업 관리자들을 관리하는 역할이 필요하다. 셋째, 구성원옹호자의 역할은 일선관리자들이 50%의 역할을 하며 구성원 자신도 그러한 역할을 한다고 보아야 할 것이다. 여기서 인적자원관리자들은 구성원과 카운슬러 역할을 담당하며 구성원들의 복지여건 등에 대해서도 보호하는 기능을 한다. 마지막으로 행정전문가의 역할에서는 인적자원관리자들이 60%의 역할을 하며 정보기술전문가 및 아웃소싱에 의해 행정전문가의 역할을 수행한다.

표 3-5_인적자원관리의 책임분담

	장기적·전략지향적		
	전략적 동반자	변화담당자	
	일선관리자(50%)	일선관리자(50%)	
과정중심적	인적자원관리자(50%)	외부컨설턴트(20%) 인적자원관리자(30%)	인간중심적 (활동)
	인적자원관리자(60%)	일선관리자(50%)	
	정보기술전문가(30%) 아웃소싱(10%)	구성원(20%) 인적자원관리자(30%)	
	행정전문가	구성원옹호자	
	일상·관리지향적		

자료 : 이학종·양혁승(2011), 전략적 인적자원 관리, 박영사, p. 71.

1. 인적자원관리 정보시스템의 개념

인적자원관리 정보시스템은 경영정보시스템을 인적자원관리에 적용하여 만들어낸 시스템을 말한다. 즉 인적자원관리에서 필요로 하는 인적사항, 실적사항, 급여, 후생복지 등의 파일이 기본적으로 연결되며, 교육훈련, 직무기술목록, 모집, 연구조사 등의 내용을 포괄할 수 있다. 또한 외부의 시스템과 연결시킴으로써 인력시장파일, 인적자원파일, 경영시스템파일 등과 연계되며 output으로 전 사원의 급여, 인적자원통계, 인사기록출력 및 조회, 인력개발계획, 인력계획, 인사전략 및 정책, 시뮬레이션 등의 결과물을 통해 효율적인 인적자원관리를 수행할 수 있다.

2. 인적자원 의사결정 지원시스템

1) 급여관리

인적자원관리에서 정보시스템이 가장 많이 활용되는 분야가 급여관리이다. 직급별, 부서별, 연차별 급여통계 및 정보를 산출할 수 있도록 한다.

2) 인사기록

전체 종사원들의 인사기록을 보관하며 현재의 상태를 update하여 관리할 수 있는 시스템이다. 즉 현재 근무자의 재직증명서, 근로소득명세서 등을 관리하며 출력 및 조회가 가능하도록 도움을 줄 수 있다.

3) 인사행정 정보자료

인사기록 외에 실적평가, 직위-기술목록, 모집, 연구조사자료 등의 파일을 개발하여 데이터베이스화하여 고용, 승진, 전직 등의 자료로 활용할 수 있다.

4) 인력개발계획 및 인력수급계획 정보자료

데이터베이스화된 자료를 통하여 인력개발계획, 즉 교육훈련의 직급별, 부서별 사항 등을 기록관리하여 향후 인력개발계획을 작성할 수 있으며 또한 인력수급계획을 작성할 수 있도록 현재의 최적 인원과 최대 매출 시 필요인력에 대한 정보를 산출할 수 있다.

5) 인적자원관리전략 시뮬레이션

인적자원관리에 관련된 모든 데이터베이스를 기준으로 향후 전개될 경영전략의 미래와 현재의 인적자원을 기준으로 여러 가지 모형을 제작한 후 그러한 모형에 적합한 인력계획, 교육계획, 채용 및 모집, 적정인원의 산정 등을 시행할 수 있다.

환대산업 조직체 환경과 인적자원관리

환대산업 조직체 환경과 인적자원관리

환대산업 조직체를 둘러싼 환경 중에서 사회문화적 환경은 인적자원관리에 많은 영향을 미치고 있다. 특히 Hofstede의 연구는 시사하는 바가 크다. 또한 고령화·저성장 시대의 특징, 소비트렌드의 변화, 워킹맘 등은 사회적 환경의 변화추세이다. 한편 윤리경영과 경영이념은 인적자원관리에 중요한 영향을 미치고 있다.

제1절 ● 사회문화와 인적자원관리

1. 사회문화적 환경

1) Hofstede의 사회문화 연구

1965년 Hofstede는 국제사무기기회사(IBM)의 유럽 지사에 인적연구부서를 설치하여 1971년까지 해당 부서를 관할했다. 1967~1973년, Hofstede는 다국적 기업인 IBM의 전 세계 자회사 간의 국가적 가치관의 차이에 관한 대규모 조사연구를 수행하였다. 그는 서로 다른 국가의 IBM 직원 117,000명을 표본으로 한 답변을 동일한 방식으로 비교 대조하였는데, 우선은 표본이 가장 큰 40개 국가에 연구 초점을 맞추었고, 이후 50개 국가와 3개

지역으로 확장하였다.

최초 분석에서 국가적 문화의 체계적 차이에 있어 네 가지 1차적 차원이 발견되었는데, 이는 다음과 같다. 권력거리(PDI : power distance index), 개인주의(IDV : individualism), 불확실성회피(UAI : uncertainty avoidance index), 남성성(MAS : masculinity)이 그것이다. 1980년, Hofstede는 조사 연구의 통계분석 결과와 본인의 개인적 경험을 조합하여『문화의 결과』(Culture's Consequences)라는 책을 출간한다.

IBM에서의 연구 결과를 확증하고 다양한 모집단에 확장 적용하기 위하여 1990~2002년에 걸쳐 6회의 국가 간 연구가 추후 수행되었으며, 모두 성공적으로 완료되었다. 각 실험별로 14~28개국에서 민간항공사 파일럿, 학생, 관리자급 공무원, '고급시장' 소비자, '엘리트' 등 다양한 표본에서 조사가 수행되었다. 각 연구 결과를 조합하여 총 76개 국가 및 지역에서 4개 차원의 가치 값을 설정할 수 있었다.

1991년, Michael Harris Bond와 그 동료들이 보다 발전한 조사 기구를 사용하여 중국계 고용인과 관리자에 대한 조사를 수행하였다. 이 연구의 결과로 Hofstede는 자기 이론에 다섯 번째 차원을 추가하였다. 이 차원은 처음에 유교적 역동성(Confucian dynamism)이라 불렀다가, 나중에 장기지향성으로 명명했다. 2010년에는 세계 가치관 조사 결과를 이용한 미카엘 민코프의 연구에 의해 93개 국가에 대한 제5차원 점수를 구할 수 있었다. 또한 민코프의 세계 가치관 조사 결과 분석은 제5차원의 표본 값을 구했을 뿐 아니라, Hofstede가 여섯 번째 차원인 응석-절제(indulgence versus restraint)를 설정하게 하였다 (위키백과 참고).

가. 권력거리지수(power distance index) : 권력거리란 조직이나 단체에서 권력이 작은 구성원들이 권력의 불평등한 분배를 수용하고 기대하는 정도로 정의된다. 즉 권력거리가 작은 문화에서는 권력의 사용이 합법적이며 선과 악의 기준이 되는 데 반하여 권력거리가 큰 문화에서 권력은 선과 악에 앞서 사회의 기본적인 근거이며 그 합법성은 관련이 없다. 즉 권력거리가 작은 문화는 조직체계란 역할의 비동질성을 의미하며 편리에 의해 조직되지만, 권력거리가 큰 문화에서 조직체계란 존재하는 비동질성을 의미한다. 즉 부패하고 스캔들이 덮어지는 사회일수록 권력거리

지수는 크다.

권력거리지수는 라틴아메리카, 아시아, 아프리카, 아랍 지역에서 매우 높은 점수를 나타내며, 앵글로와 게르만 지역에서는 낮은 점수를 나타내고 있다. 예컨대 미국은 Hofstede의 문화분석에서 40점을 얻었다. 권력거리가 매우 큰 과테말라(95점)와 매우 작은 이스라엘(13점)을 비교했을 때, 미국은 중간에 있다고 할 수 있다. 유럽의 경우 북유럽 국가들에서 권력거리가 작고 남유럽과 동유럽에서는 권력거리가 크게 나타난다. 폴란드가 68점, 스페인이 57점인 데 비해 스웨덴은 31점, 영국은 35점이다.

나. 개인주의와 집단주의(individualism vs. collectivism) : 개인들이 단체에 통합되는 정도로 개인주의적 사회에서는 개인적 성취와 개인의 권리를 강조한다. 사람들이 자기 자신과 자기 직계 가족을 스스로 책임질 것을 요구받고 자신의 소속을 스스로 결정한다. 이에 비해 집단주의적 사회에서는 개인들이 대부분 평생 동안 소속되는 집단이나 조직의 구성원으로서 행동한다. 개인주의지수를 살피면 서방 선진국과 개발도상국 사이에 명확한 간극이 존재함을 알 수 있다. 북아메리카와 유럽은 상대적으로 높은 점수를 얻어 개인주의적 사회라고 생각할 수 있다. 예컨대 캐나다와 헝가리가 각각 80점을 얻었다. 이에 비해 아시아, 아프리카, 라틴아메리카는 매우 강력한 집단주의 가치관을 가지고 있다. 콜롬비아는 13점에 불과하고, 인도네시아가 14점이다. 양극단을 대조해 보면, 가장 낮은 과테말라가 6점, 가장 높은 영국이 91점이다. 일본과 아랍권은 중간 정도 값을 얻었다.

다. 불확실성회피지수(uncertainty avoidance index) : 불확실성과 애매성에 대한 사회적 저항력으로 사회구성원이 불확실성을 최소화함으로써 불안에 대처하려는 정도를 반영한다. UAI가 높은 문화의 사람들은 보다 감정적인 경향이 있으며, 알 수 없거나 이례적인 환경의 발생을 최소화하고, 사회변화에 있어 계획과 규범, 법과 규제를 이용한 신중하고 점진적인 태도를 취한다. 이와 대조적으로 UAI가 낮은 문화에서는 비체계적인 상황이나 가변적인 환경을 편안히 받아들이고, 규칙은 되도록 적게 만들려고 한다. 이런 문화의 사람들은 보다 실용적인 경향이 있으며, 변화에 관용적이다. 불확실성 회피지수는 라틴아메리카와 남유럽, 독일어권 국가를 포함한 서유럽, 일본에서 가장 높다. 한편 앵글로, 노르딕, 중국 문화권에서는 낮은 수치를 보인다. 불확실성 회피지수가 매우 낮은 국가는 상당히 적다. 독일의 UAI 는 95점이고 벨기에는 그보다 더 낮은 94점이다. 이 두 국가와 인접해 있지만 스웨덴은 29점, 덴마크는 23점이다.

라. 남성성과 여성성(masculinity vs. femininity) : 성별 간 감정적 역할의 분화로서 남성적 문화의 가치관은 경쟁력, 자기주장, 유물론, 야망, 권력과 같은 것을 중시한다. 반면에 여성적 문화에서는 대인관계나 삶의 질 같은 것을 보다 높게 평가한다. 남성적인 문화에서는 성역할의 차이가 크고 유동성이 작다. 이에 비해 여성적인 문화에서는 정숙이나 헌신 같은 개념을 남녀 양성이 똑같이 강조받는다. 남성성 지수는 노르딕 문화권에서 극단적으로 낮은 수치를 나타낸다. 노르웨이가 8점이고 스웨덴은 5점에 불과하다. 이에 비해 일본(95점)과 헝가리, 오스트리아, 스위스 등 독일문화권 유럽국가에서는 남성성 지수가 매우 높게 나타난다. 앵글로계인 영국은 66점으로 상대적으로 높은 편이다. 라틴 국가들은 제각기 들쑥날쑥하다. 베네수엘라는 73점이지만, 칠레는 28점에 불과하다.

마. 장기지향성-단기지향성(LTO : long term orientation vs. short term orientation) : 단기지향성은 과거와 현재에 집착하지만 장기지향성은 미래에 집착하고 있다. 단기지향성은 선과 악에 대한 보편타당한 지침이 있지만, 장기지향성은 선과 악이 환경에 달려 있다고 믿는다. 단기지향성은 타인을 위한 봉사가 중요한 목표이지만, 장기지향성은 절약과 인내가 중요한 목표이다. 장기지향성은 대체로 동아시아에서 높게 나타나는데, 중국이 118점이고 홍콩이 96점, 일본이 88점이다. 동유럽과 서유럽은 중간 정도이고 앵글로, 이슬람권, 아프리카와 라틴아메리카에서는 낮다. 다만 이 차원은 데이터 자체가 적다.

바. 응석-절제(indulgence vs. restraint) : 응석지수는 자신이 행복하다고 하는 인구가 많고 레저를 매우 중요시하며 교육받은 인구층에서 높은 출산율을 보이는 반면, 절제지수는 그 반대의 경우를 나타낸다. 특히 비만인구는 응석지수가 높은 국가들에

서 나타난다. 여섯 번째 차원은 다섯 번째 차원보다 정보가 더 적다. 응석지수는 라틴아메리카와 아프리카 일부, 앵글로와 노르딕 유럽에서 가장 높다. 절제지수가 높은 국가들은 대부분 동아시아와 동유럽, 이슬람권에서 발견된다.

2) Hofstede의 사회문화 연구에 따른 시사점

Hofstede의 각 차원에 따라 시사점을 정리하면 다음과 같다. 즉 개인중심이면서 권력 중심이 약한 경우에는 민주적·부하중심적 리더십이, 집단중심이면서 권력중심이 높을 경우에는 온정적 리더십이 더 효과적이라고 할 수 있다.

또한 권력중심이 높고 불확실성회피성이 높을 경우에는 상위계층에게 공식적 권한이 많으며, 권력중심이 낮고, 불확실성회피성이 낮은 경우에는 참여토의에 의한 의사결정이 대체로 많이 이루어지고 있다.

권력중심이 높고 불확실성회피성이 강한 문화에서는 연공서열 및 종신고용 추세이며, 남성중심사회이면서 장기지향적인 사회에서는 근면성과 인내심, 근검절약의 규범이 대 세이고, 여성중심적이고 단기지향적인 사회에서는 직장생활의 질을 통한 직원들의 동기 부여가 주를 이루게 된다(노르딕 문화권 : 직장생활의 질이 가장 중요한 요인).

특히 Taras, Steel, & Kirkman(2012)의 연구에서 보면 Hofstede의 연구에 대한 종단적 메타분석을 통해 지수의 변화를 지적하고 있다. 그들은 1980년대부터 2000년대까지 5대 륙으로부터 8개의 언어로 된 약 451개의 저널을 분석한 결과 1980년대는 Hofstede와 비 슷한 결과를 나타내지만 2000년대로 갈수록 변화를 갖는다고 하였다. 예를 들어 한국의 경우 권력지향성에 대해서는 0.19에서 0.69로 상승한 반면, 개인주의성향에서는 −1.25에 서 −0.12로 상승하여 개인주의화되고 있으며, 남성성에서도 −0.57에서 0.45로 남성위주의 사회로 변모되고 있다고 하였다. 또한 불확실성회피성에서는 0.95에서 0.46으로 저하되 었다고 하였다. 또한 동유럽과 남미의 국가들은 높은 권력지향성, 집단중심성에서 낮은 권력지향싱과 개인주의성향으로 변화되고 있으며, 반면에 미국과 서유럽국가들은 개인 주의성향에서 집단중심으로, 높은 권력지향성으로 변화하고 있다고 했다.

표 4-1_Hofstede의 사회문화특성 비교(2001)

Dimensions Hofstede	Masculinity / Femininity	Long term orientation	Individualism /Collectivism	Power Dist:
Australia	**61**	**31**	**90**	**36**
Netherlands	**14**	**44**	**80**	**38**
World avg	**50**	**45**	**43**	**55**
Arab countries	53		38	80
Argentina	56		46	49
Austria	79		55	11
Belgium	54		75	65
Brazil	49	65	38	69
Canada	52	23	80	39
Chile	28		23	63
China, Mainland		118		
Colombia	64		13	67
Costa Rica	21		15	35
Denmark	16		74	18
East Africa	41		27	64
Equador	63		8	78
Finland	26		63	33
France	43		71	68
Germany FR	66	31	67	35
Great Britain	66	25	89	35
Greece	57		35	60
Guatemala	37		6	95
Hong Kong	57	96	25	68
India	56	61	48	77
Indonesia	46		14	78
Iran	43		41	58
Ireland	68		70	28
Israel	47		54	13
Italy	70		76	50
Jamaica	68		39	45
Japan	95	80	46	54
Malaysia	50		26	104
Mexico	69		30	81
New Zealand	58	30	79	22
Norway	8		69	31
Pakistan	50		14	55
Panama	44		11	95
Peru	42		16	64
Philippines	64	19	32	94
Poland		32		
Portugal	31		27	63
Salvador	40		19	66
Singapore	48	48	20	74
South Africa	63		65	49

자료 : Hofstede, G.(2001), *Culture's Consequences: Comparing Values, Behaviors, Institutions, and Organizations Across Nations(2nd ed.),* Thousand Oaks, CA: Sage Publishing.

2. 사회문화적 환경의 진화

1) 고령화와 저성장시대의 인적자원관리[1)

인적자본(human capital)이란 교육, 직업훈련 등으로 그 경제가치나 생산력을 높일 수 있는 자본을 뜻한다. 인적자본이란 용어는 1950년대 말 미국의 노동경제학자인 슐츠와 베커 등에 의해 본격적으로 사용되기 시작했다. 이들은 인간을 투자를 통해 경제가치나 생산력의 크기를 증가시킬 수 있는 자본으로 보았다.

신종 코로나바이러스 감염증(코로나19) 확산으로 이탈리아, 스페인 등의 유럽에서는 많은 사망자가 발생했다. 사망자의 연령대를 살펴보면 고령자가 높은 비율을 차지하고 있다. 고령자는 면역력이 약하여 질병에 취약하기 때문에 전염병의 확산은 치명적이다. 이에 따라 이탈리아, 스페인 등 고령화율이 높은 유럽은 저성장 국면에서 추후 경제활동이 더욱 위축되면서 불황이 심화될 것으로 전망된다. 인류 역사에서 인구 규모는 국가의 흥망성쇠와 그 흐름을 함께했다. 세금, 국방, 생산 등 경제활동과 국가 유지를 위해서는 적정한 인구가 필수적이다.

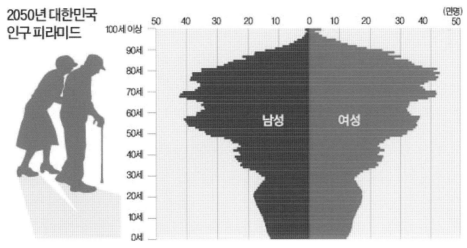

그림 4-1_2050년 대한민국 인구피라미드
자료: 통계청(전망)

---

1) 한국경제(2020.5.4), 저출산·고령화 심화되는 한국… 대응책은?

가. 맬서스 함정: 산업혁명 전까지 세계 인구는 전염병과 전쟁, 기근, 영양결핍 등으로 획기적으로 늘어나지는 않았다. 하지만 산업혁명이 발생하면서 인구가 폭발적으로 늘어나게 되었다. 이를 지켜본 경제학자 맬서스는『인구론』에서 자신의 견해를 밝혔다. '맬서스 함정'으로도 알려진 주요 내용은 식량은 산술급수적으로 증가하는데 반해 인구는 기하급수적으로 증가해 인구과잉, 식량부족 문제가 발생한다는 것이다. 그리고 이는 실질임금을 감소시키면서 인류를 빈곤에 빠뜨릴 것이라고 했다. 하지만 맬서스는 인류의 기술진보를 간과했다. 기술진보는 인류의 생산성을 끌어올려 실질임금을 상승시켰고, 이에 따라 삶의 질이 개선됐다. 의료기술의 발전으로 사망률은 감소하고, 기대수명은 점차 늘어나 인구는 폭발적으로 늘어났다.

나. 저출산과 고령화: 인류는 삶이 안정되자 건강 · 환경 등 삶의 질에 관해 관심을 기울이게 됐다. 이에 따라 나타난 현상이 저출산과 고령화다. 이전과 달리 여성의 경제활동 참가가 활발해졌다. 또한 결혼에 대한 인식이 달라지고, 1인 가구가 급증하면서 출산율이 낮아지는 '저출산'이 세계적으로 심화됐다. 한국은 가임 여성(15~49세) 1명이 평생 낳을 것으로 기대되는 출생아 수를 의미하는 합계출산율이 2019년 기준 0.92명으로 저출산이 심각한 상태다. 또한 건강에 대한 관심과 의료기술이 발전하면서 기대수명이 증가했다. 이에 따라 전체 인구에서 65세 이상의 고령인구 비율이 증가하는 현상인 '고령화'가 심화됐다. 65세 이상 인구가 7% 이상이면 '고령화 사회', 14% 이상이면 '고령 사회', 20% 이상이면 '초고령 사회'라고 한다. 2019년 기준으로 한국은 전체 인구 중 65세 이상 고령자 비율이 14.9%로 고령 사회에 진입했다.

다. 인적자본의 중요성: 저출산과 고령화가 심화되면 전체 인구에서 '생산가능인구'가 줄어들어 경제활동이 위축된다. 15~64세에 해당하는 생산가능인구는 경제활동을 활발히 할 수 있는 인구다. 특히 우리나라는 저출산으로 15세 이상에 진입하는 인구는 줄어들고 베이비붐 세대(1955~1963년생)의 은퇴로 생산가능인구가 장기적으로 감소할 것으로 예상된다. 이는 소비 · 생산 · 투자의 위축을 불러와 장기적인 경기침체를 가져온다. 따라서 인구의 적절한 유지는 경제성장을 위해서도 중요하다. 특히 한국은 석유 한 방울 나지 않을 정도로 지하자원이 없는 상태에서 우수한 '인적자본'을 통해 한강의 기적을 이뤘다. 수준 높은 교육을 통해 우수한 인재를 축적하는 것이 경제성장에서 중요한 요소라는 점을 한국이 증명했다. 따라서 우리나라는 생산가능인구 감소에 대한 대응책 마련과 우수한 인적자본 축적에 힘써야 한다. 정책당국이 이민을 통해 우수한 인재를 끌어들이는 것도 방법이다. 고령화에 맞춰 바이오·헬스케어 등의 산업 육성에 힘쓰고, 아이 기르기 좋은 환경을 만들어 저출산을 개선해 장기적인 성장을 추구해야 한다.

특히 기업들도 이제 고령화 문제의 심각성을 인식하고 적극적으로 대응해야 할 시점이다. 우선 근로자의 노후불안감 해소를 위해 근로자의 능력 및 경력개발을 위한 제2의 인생설계 프로그램들이 도입되어야 한다. 진로선택제 도입을 통해 능력과 경험이 풍부한 중고령 근로자들이 본인의 희망과 기업의 수요에 부응하여 직장생활을 계속하거나 퇴직 이후에 대비할 수 있는 다양한 코스를 개발할 필요가 있다. 또한 정년과 상관없이 근로자가 원하는 시기에 조기퇴직이 가능한 퇴직예고제도의 도입도 적극 검토할 시점이다.

2) 소비트렌드의 변화와 인적자원관리

소비트렌드의 변화들은 향후 인적자원관리에서 사회문화적인 영향력으로 행사될 것이므로 사례들을 통해 미래에 대비하는 자세가 중요하다.

가. 2021년 9대 글로벌 소비트렌드[2]

신종 코로나바이러스 감염증(코로나19) 대유행은 기존의 소비 개념을 완전히 바꿔놨다. 단순히 오프라인에서 온라인으로의 플랫폼 전환을 말하는 게 아니다. 소비자들의 기준이 까다로워졌다는 소리다. 소비자들은 상품을 구매할 때 더 이상 가격과 이미지만을 고려하지 않는다. 기업의 사회적 기여도에 주목하고, 환경오염·불평등·질병 등 모두가 직면한 문제를 해결하기 위해 기업이 나아가야 할 방향을 제시한다.

소비의 거점이 밖에서 안으로 이동하면서 첨단기술을 이용한 온·오프라인 접목을 기대하는 소비자도 느는 추세다. 쉽게 말해, 집에서도 쇼핑몰에서 보고 느끼는 것을 경험하

---

2) 조선비즈(2021.1.19), 2021년 9대 글로벌 소비트렌드.

고 싶어 한다는 것이다. 이러한 경향은 인공지능(AI), 가상·증강현실(VR·AR) 기술에 익숙한 젊은 세대에서 더욱 두드러진다.

안전과 건강에 대한 소비자들의 관심도 그 어느 때보다 높다. 감염 우려 없는 공간과 결제 방식에 대한 수요가 늘고, 집에서 할 수 있는 운동과 취미 활동을 둘러싼 소비 활동이 이를 방증한다. 지난해 소비행태 전반을 추려, 글로벌 시장조사기관 유로모니터가 발표한 올해 주요 소비 트렌드를 정리하면 다음과 같다.

① 브랜드 액티비즘(brand activism)

오늘날 소비자들은 기업들이 회사 정체성을 언어나 문장으로 정의하는 대신 '적극적인' 행동으로써 보여주는 걸 선호한다. 노동자의 인권을 보호하고 지역사회에 공헌하는 등 자신과 동일한 가치를 공유하는 기업에 그에 따른 보상을 주는 것이다. 최근 인터넷에서 유행하는 '돈으로 혼쭐을 내주겠다'는 표현이 이러한 움직임을 가장 잘 표현해 준다.

전 세계 많은 기업들이 지난해 돌연 플라스틱 빨대 사용을 줄인 것도 같은 맥락이다. 기후변화에 민감해진 소비자들이 반(反)플라스틱 연대를 꾸리고, 일종의 화이트리스트를 만들어 소셜미디어에 공유하자 발빠르게 대처한 것이다. 이와 관련, 유로모니터는 "소비자들은 방역을 위한 이동제한 조치 이후 공기의 질이 개선되는 등 지구가 스스로 회복하는 모습을 보고 고무됐다"며 "더욱 깨끗한 지구를 위한 소비는 계속해서 늘어날 것"이라고 내다봤다.

② 즉흥적 소확행(小確幸·작지만 확실한 행복)

코로나19 이전에는 계획에 없던 소소한 지출이 많았다. 야구 경기장에서 과자를 사먹거나, 눈에 보이는 식당 아무 곳에나 들어가 저녁을 먹는 식으로 말이다. 하지만 사회적 거리두기 등으로 제한적 이동이 생활화되면서 소비자들은 '그때 그 시절'을 회상할 수 있는 무언가를 찾기 시작했다. 지난해 소셜미디어에서 화제가 됐던 이탈리아 할아버지 영상이 대표적인 예다. 이 할아버지는 '매일 아침 카페에 간다'는 일상이 무너지자 가족들과 카페에서 음료를 주문하는 상황극을 펼치며 보는 이들의 웃음을 자아냈다. 이를 두고 유로모니터는 소비자들이 원하는 건 그냥 과자나 커피가 아닌 '즉흥성'이라고 짚었다. 과자와 커피는 집에서도 주문할 수 있지만, 경기를 보다 입이 심심해서 사먹는 것이나 약속

시간을 기다리다 카페에서 커피를 사먹는 건 전혀 다른 시나리오란 지적이다. 유로모니터는 "특히 60세 이상의 소비자들은 직원과 소통하는 과정 자체를 그리워한다"며 "기업들은 온라인에서도 비슷한 유의 즉흥성을 제공하는 방법을 찾아내야 한다"고 강조했다.

③ 개방된 공간

코로나19 바이러스가 종식된 이후에도 소비자들은 안보다 밖을 더 선호할 것이란 게 전문가들의 예측이다. 감염 우려를 떠나 바깥 공기를 쐬는 것 자체에 향수를 느끼는 이들이 많기 때문이다. 유로모니터는 "기업들은 '야외 오아시스' 하나씩은 꼭 만들어야 한다"며 "모든 날씨에도 개방할 수 있어야 한다는 조건을 충족하는 건 조금 까다로울 수 있지만, 소비자들이 안전하고 탁 트인 공간에서 시간을 보내고 싶어 한다는 점을 고려하면 투자한 값어치를 톡톡히 해낼 것"이라고 했다.

④ 온·오프라인의 융합

기술발전 덕분에 신체적 거리는 멀어졌어도 마음의 거리는 전보다 가까운 요즘이다. 하지만 소비자들이 여기에 익숙해지면서 기업들의 고민은 더욱 깊어질 전망이다. 소비자들은 이제 매끄러운 온·오프라인의 융합을 요구하고 있기 때문이다. 이른바 '피지털(physical+digital)' 경험의 시대가 열린 것이다. 오프라인 매장에서 픽업 서비스를 제공하는 '커브사이드 픽업(curbside pickup)'이 잘 알려진 예다. 유로모니터는 "같은 곰인형을 봐도 성인들은 솜뭉치를 연상하는 반면 지금 크는 아이들은 어떤 인터랙티브 기술이 심어져 있을까를 생각한다"며 "소비자들은 코로나19 확산 이후 피지털에 빠르게 적응했다. 현 사태가 마무리되더라도 이러한 추세는 오래도록 지속될 것"이라고 했다.

⑤ 유연한 영업시간

재택근무가 근무형태의 표준으로 자리하게 되면서 기업들의 영업시간 확대도 불가피할 전망이다. 개인 사정에 맞게 하루 일과를 조율하는 소비자들이 느는 상황에서 기존의 영업시간을 유지하는 건 비효율적이기 때문이다. 유로모니터는 부모들은 일과 육아를 병행하다 장볼 시간을 놓치는 경우도 많다며 "소비자들은 자연히 24시간 영업하는 곳을 찾게 될 것"이라고 했다.

⑥ '지름신' 소비

지난해 일부 국가에서는 봉쇄령 해제 직후 고급 상품의 소비가 급증하는 현상이 벌어졌다. 많은 이들이 그동안 '갇혀' 지내면서 쌓인 스트레스를 소비로 해소한 것이다. 유로모니터는 "정부와 체제에 대한 반항심으로 온라인 도박을 하거나 불법 파티를 열기도 한다. 실제로 지난해 주류 소비도 많이 늘었다"며 "이는 순전히 스스로를 위로하기 위한 소비 형태로, 평소 같으면 다른 곳에 썼을 돈이 쌓이자 사치품에 한꺼번에 쓰는 것"이라고 설명했다.

⑦ 청결에 대한 강박

앞으로는 마스크와 손 소독제뿐 아니라 청결을 강조한 온갖 상품들이 소비자들의 눈길을 끌 것이란 분석이다. 직접 지폐에 손을 댈 필요가 없는 결제방식에 대한 선호도도 높아질 것으로 보인다. 유로모니터는 "소비자들은 이제 뭘하더라도 건강을 제일 먼저 생각하게 될 것"이라며 "안전은 제2의 '웰빙' 열풍과 같다. 오래도록 시장을 주도하는 흐름이 될 것"이라고 했다.

⑧ 자기계발

코로나19는 소비자들에게 살아가는 방식을 되돌아보게 만들었다. 자연히 신체적·정신적 건강에 대한 관심이 높아졌고, 업무보다는 여가활동에 더 많은 시간을 투자하는 이들이 늘어났다. 유로모니터는 "기업들은 이러한 추세를 겨냥해 일과 삶의 균형에 초점을 맞춘 상품과 서비스를 제공해야 한다"며 "악기나 스포츠용품, 취미용품의 전 세계 판매는 꾸준히 늘 것"이라고 했다.

⑨ 재택근무의 심화

유로모니터는 재택근무가 소비자들이 의복을 선택하는 기준도 바꿀 것으로 내다봤다. 회사로 출근하는 일이 없어지면서 소비자들이 정장보다는 활동하기 편한 의상을 고를 것이란 설명이다. 유로모니터는 같은 이유로 화장품도 색조 제품보다는 기초 제품이 더 많이 팔릴 것이라고 했다. 다만 식비는 더욱 늘어날 것으로 봤다. 외식하는 분위기를 내기 위해 소비자들이 고급진 재료와 요리법을 찾을 것이란 관측이다. 유로모니터는 "코로나

19 이후에도 기업들이 적어도 일정 기간은 재택근무를 유지할 것으로 보인다"며 "이러한 변화는 기술은 물론 식습관 등 일상생활 전면에 영향을 미칠 것"이라고 했다.

나. 2021년 국내 외식소비트렌드[3]

농림축산식품부가 내년 외식 경향 키워드 다섯 가지를 공개했다. '홀로 만찬', '진화하는 그린슈머', '취향소비', '안심 푸드테크', '동네상권의 재발견' 등이다. 농식품부는 2017년 시작된 '나홀로 열풍'이 내년에는 '홀로 만찬'으로 진화할 것으로 봤다. 단순히 혼자 먹는 것을 넘어, 혼자 먹더라도 제대로 잘 먹는 트렌드가 확산할 것이란 전망이다. 진화하는 그린슈머는 윤리적 가치에 따라 소비를 결정하는 트렌드다. 친환경 포장재 사용, 대체육 소비, 채식주의 등이 늘어날 것이란 전망이다. 소비자의 개별적 취향에 따른 외식 소비도 늘 것으로 예측됐다. 구독서비스 이용, 복고풍의 재유행, 이색 식재료 조합과 음식 및 패션 브랜드 간 조합 등이 해당된다. 안심푸드테크는 위생과 안전에 대한 관심이 높아지면서 정보통신기술을 활용한 비대면 예약·주문·배달·결제 등의 서비스 이용이 증가하는 경향을 의미한다. 코로나19 확산으로 거주지 인근의 배달 음식점 이용이 늘어나는 동네 상권의 재발견도 트렌드로 제시됐다.

2017	2018	2019	2020	2021
나홀로 열풍	가심비	뉴트로 감성	그린오션	홀로 만찬
반(半)외식 다양화	빅블러	비대면 서비스화	Buy me Forme	진화하는 그린슈머
패스트 프리미엄	반(半)외식의 확산	편도적 확산	멀티 스트리밍 소비	취향 소비
한식 리부팅	한식단품의 진화		편리미엄 외식	안심 푸드테크
				동네상권의 재발견

그림 4-2_최근 5년간 외식경향의 핵심어 변화
자료: 농림축산식품부

---

3) 식품외식경영(2020.11.25), 2021년 외식트렌드는 '홀로 만찬', '동네상권 재발견'.

농식품부는 2014년부터 외식경향 정보를 제공해 왔다.

외식업 경영자의 합리적 의사결정을 돕고, 소비자와의 소통을 꾸준히 추진하기 위해서다. 2019년에는 편도(편의점도시락)족의 확산, 뉴트로 감성을, 2020년에는 편리미엄(편리한 프리미엄) 외식 등을 예측했다.

올해(2021년)는 외식문화 · 소비성향 · 영업전략 등과 관련된 단어 1,423개를 수집하고, 빅데이터 분석을 통해 도출된 20개 단어에 대해 소비자(2,000명)와 전문가 대상 설문조사를 거쳐 5개 키워드를 최종 선정했다. 이러한 결과들은 외식사업관계자들에게 많은 시사점을 제공할 것이며 특히 인적자원관리 차원의 운영에도 영향을 미칠 것이다.

제2절 ● 윤리경영과 인적자원관리

1. 유한양행의 사례

"아들은 대학까지 졸업시켰으니 앞으로는 자립해서 살아가거라." 유한양행은 우리나라에서 대표적으로 존경받는 명문가 기업으로 꼽힌다. 유한양행 창업주 고(故) 유일한 박사는 생전에 "조직에 친척이 있으면 회사발전에 지장을 받는다. 내가 살아 있는 동안 우리 친척을 다 내보내야 한다"며 부사장을 지낸 아들, 조카를 회사에서 해고했다. 유 박사는 과거 정치자금 요구 압박에 굴하지 않아 혹독한 세무감찰의 표적이 되기도 했지만 국민들을 위한 예산으로 쓰일 귀한 돈이라며 세금을 원칙대로 모두 납부해 세무감찰을 탈 없이 넘길 수 있었다. 당시 유한양행 세무조사를 맡은 감찰팀장은 "20일간 세무조사를 했지만 한국에 이런 업체가 있나 싶은 생각이 들 정도였다. 털어도 먼지 한 톨 안 나오더라"고 말해 눈길을 끌었다. 유 박사가 남긴 여섯 장의 유언장 내용 일화도 유명하다. 유 박사는 아들은 대학까지 졸업시켰으니 앞으로는 자립해서 살아가거라. 내 소유 주식 14만 941주는 전부 한국사회 및 교육 원조에 쓰이길 원한다는 등의 내용이 유언장에 담겼다. 이 같은 유 박사의 정도경영에 유한양행 직원들도 화답했다. 1997년 외환위기 당시 유한양행 직원 전원은 고통을 분담할 뜻을 먼저 제안했다. 유한양행 직원들은 매년 600% 이상 지급되던 상여금을 자발적으로 반납하는 한편 '30분 더 일하기 운동'을 전개했다. 2009년 금융위기 시에도 직원들이 자발적으로 임금동결을 제안한 것으로 알려졌다(이투데이뉴스, 2015년 2월 16일자).

이처럼 기업의 윤리환경은 인적자원관리에 지대한 영향을 미친다. 이러한 윤리적 기업과 2014년 12월에 발생했던 대한항공의 땅콩회항사건은 기업가의 윤리의식이 얼마나 중요한지를 말해준다. 이러한 사례와 더불어 한국의 국가경쟁력 중에 윤리수준을 가늠하는 국제부패지수를 살펴보았다.

2. 한국의 윤리수준 국제비교

e-나라지표에 의하면 부패인식지수(CPI: Corruption Perceptions Index)는 다음과 같다. 발표기관은 국제투명성기구(TI: Transparency International)로서 부패인식지수 개념은 공공부문 및 정치부문에 존재하는 것으로 인식되는 부패의 정도를 측정하는 지표로서 TI에서 '95년부터 매년 발표하고 있으며, 점수는 0~100점으로 점수가 높을수록 청렴하다. 조사대상국은 180개국(2020년도)이며, 조사방법은 기업경영자를 대상으로 실시한 부패 관련 인식조사 결과와 애널리스트의 평가 결과를 집계(11개 기관의 12개 지표)한다. 부패인식지수는 국제기준에 부합하는 반부패정책 강화 등 사회 전 분야에 대한 지속적이고 강력한 반부패정책 추진으로 우리나라 부패인식수준 제고가 목적이다. 또한 반부패정책 홍보 및 기술협력 강화를 통한 국가이미지 개선에 있다.

우리나라의 부패인식지수 현황에서 2020년도 CPI는 61점으로 180개국 중에서 33위로 나타났다.

평가점수는 전년대비 2점 상승했고 국가별 순위는 6단계 상승했다. 지난 2016년 52위(53점)에 이어, 2017년 51위(54점), 2018년 45위(57점), 2019년 39위(59점)를 기록, 4년 연속 상승한 것이다.

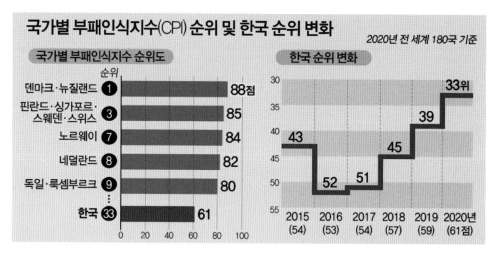

그림 4-3_2020년도 한국의 부패인식지수

평가결과 상승요인은 공정사회 반부패정책협의회, 청렴사회민관협의회 운영 등 범국가 반부패 대응체계 구축과 '코로나바이러스 감염증-19(코로나19)'의 K방역 성과, 제19차 IACC(국제반부패회의)의 성공적 개최 등이 영향을 미친 것으로 보인다. 또한 고위공직자범죄수사처 설립,「청탁금지법」의 정착 등 반부패 법·제도 기반 강화, 채용비리근절, 공공재정 누수방지, 유치원 3법 개정 등 국민체감형 부패현안에 대한 범정부적 대응 등 반부패 개혁 노력들도 영향을 미쳤다(뉴스핌, 2021.1.28; 한국국제투명성기구 부패인식지수 33위, 6단계 상승).

3. 윤리경영의 개념 및 시스템[4]

윤리경영의 관점에서 보면 조직구성원들은 윤리강령에 의해 조직의 책무를 다해야 한다. 또한 공식적 계약에 의해 보장된 환경에 의해 조직을 위해 일하고 있다. 따라서 조직구성원들은 기본적인 책무를 이행하면서 그들에게 보장된 권리를 향유할 권한이 있다.

---

4) 삼성경제연구소(2002.6.5), 윤리경영이 선진사례와 도입방안, 제351호.

1) 윤리경영의 개념

엔론(Enron)사태[5] 이후 기업의 준법정신을 높일 수 있는 근본 처방으로서 기업의 윤리가 강조되고 있다. 따라서 비윤리적인 의사결정은 단 한 번의 실수로 기업이 도산할 수도 있는 치명적인 위험영역에 속한다. 일본의 식료품업체인 유키지루시(雪印)는 사용 금지된 식자재를 원료로 사용하다가 사회적 지탄의 대상이 되었고 결국 2001년에 도산하였다. 국내에서도 1997년 외환위기 이후 기업에 대한 국민들의 기대심리가 더욱 높아졌고, 사회통념에 어긋나지 않는 경영을 강하게 요구하고 있다. 즉 분식회계 등 기업의 불법행위뿐 아니라 정리해고, 소득격차 확대 등에 따라 기업에 대한 반감이 심화되었으며, 법적으로 하자가 없는 경영활동조차 국민정서와 충돌할 경우 사회적 물의를 일으키고 지탄의 대상이 되는 경우가 발생하고 있다.

현대사회에서 기업의 사회적 책임은 경제적 책임, 법적 책임, 윤리적 책임, 자선적 책임으로 구분된다고 한다. 이윤창출을 통해 기업의 영속성을 유지하는 경제적 책임과 제반 법규를 준수하는 법적 책임은 기업이 당연히 수행해야 하는 의무이며, 윤리적 책임은 법적으로 강요되지 않아도 사회통념에 의해 형성된 윤리적 기준을 기업이 자발적으로 따르는 것을 말한다. 윤리(ethics)는 행위의 옳고 그름과 선악을 구분하는 원칙이면서 행동의 기준이 되는 가치체계를 말한다. 자선적 책임은 경영활동과는 직접 관련이 없는 문화활동, 기부, 자원봉사 등을 의미한다. 따라서 윤리경영이란 법적 책임의 준수는 물론이고 사회가 요구하는 윤리적 기대를 기업의 의사결정 및 행동에 반영하는 것을 의미한다. 예를 들면 법적 책임이 없는 경우에도 사회통념에 어긋나면 사회가 요구하는 윤리기준을

---

5) 엔론(Enron Corporation)은 미국 텍사스주 휴스턴에 본사를 둔 미국의 에너지, 물류 및 서비스 회사였다. 2001년 12월 2일 파산 전까지 엔론은 약 2만 명의 직원을 보유하고 2000년 매출 1,110억 달러를 달성한 세계 주요 전기, 천연가스, 통신 및 제지기업의 하나였다. 『포춘』지는 엔론을 6년 연속 '미국에서 가장 혁신적인 기업'으로 선정했다. 2001년 말, 엔론의 부실한 재정상태가 일상적이며 체계적이고도 치밀하게 계획된 방식의 회계부정으로 은폐되어 왔다는 사실이 밝혀졌으며, 이것이 잘 알려진 엔론사태이다. 이때부터 엔론은 계획적인 기업 사기 및 비리의 대표적인 사례로 꼽히게 되었다. 이 사태는 미국 내 여러 회사들의 회계상태와 관련 활동들에 대한 의문이 제기되는 계기가 되었으며, 2002년 기업에 대한 회계 사베인스옥슬리 법안(Sarbanes-Oxley Act)의 제정에 결정적인 영향을 끼쳤다. 또한 엔론의 회계감사를 담당했던 미국의 거대 회계법인이었던 아서앤더슨이 해체되는 결과를 낳으면서 업계 전반에 걸쳐 큰 파장을 낳았다(위키백과사전 참조).

선택하는 경영방식이 윤리경영이다.

결국 윤리경영은 기업이 적극적이고 주체적인 자세로 기업윤리의 준수를 행동원칙으로 삼는 것을 말한다. 즉 기업의 법적·경제적 책임 수행은 물론이고 사회통념상 기대되는 윤리적 책임의 수행을 기업의 의무로 인정하는 것이며, 기업이나 개인의 이익추구 활동과 기업윤리 간에 갈등이 발생하는 경우 윤리적 측면을 우선 고려하는 것이다. 즉 단기적으로는 비윤리적인 행동이 기업에게 이익이 될 수 있으나 비윤리적인 행동은 장기적인 기업의 생존을 위태롭게 한다는 인식이다.

2) 윤리경영 시스템의 구성요소

윤리경영의 실현을 위해서는 가치체계 → 실행조직 가동 → 사원들의 공감대 조성으로 이어지는 일관된 윤리경영 시스템이 필요하다. 즉 기업윤리의 준수를 위해 구체적이고 성문화된 형태로 사원들의 행동지침이 제시되어야 할 것이다(기업행동헌장 : code of conduct). 또한 윤리경영을 실현하기 위한 조직과 제도가 구비되어야 한다는 것이다. 즉 윤리경영 전담부서 및 임원, 내부보고시스템, 감사 및 평가시스템 등을 말한다(compliance of check organization). 마지막으로 기업윤리 준수를 위한 반복적이고 일상적인 교육이 제공되어야 한다는 것이다(consensus by ethic education). 선진기업 중 존슨앤존슨은 기업의 사회적 책임을 1935년에 공표하면서 우리의 신조(our credo)를 제정(1943년)하여 전 세계 지사에 전파하고 있다. 또한 인사부에서 감독조직을 담당하고 있으며, 승진 및 인사고과에 반영하고 2년마다 종업원 대상 설문조사를 실시하고 있다. 한편 임원 대상의 Credo Leadership교육, 윤리적 의사결정기법의 교육 등을 실시하고 있다.

4. 윤리경영의 실천사례[6]

1) 신세계

- 업   종 : 유통
- 설 립 일 : 1930년

---

6) 국민권익위원회·전국경제인연합회(2013), 윤리경영! 그 길을 묻다, 2013 윤리경영 실천사례집.

- 매 출 액 : 17조 1,926억 원(2012년)

- 자　　산 : 22조 4,291억 원(2012년)

- 홈페이지 : www.shinsegae.co.kr

 - 한국윤리경영학회 주관 '제14회 윤리경영대상' 대상 수상(2010년)

 - 한국능률협회 주관 '한국에서 가장 존경받는 기업' 백화점, 할인점 부문 1위(2013년)

 - 한국표준협회 주관 '대한민국 지속가능성 지수(KSI)' 백화점 부문 1위(2013년)

가. 윤리경영 추진현황 및 가치

업계 최초로 윤리경영을 선포한 신세계는 법과 양심에 따른 정직하고 투명한 경영, 사내 전 임직원과 회사가 힘을 합치고 참여하는 자발적인 사회공헌, 기업의 성장과 고용유지를 통해 국가 경제 발전에 기여한다는 근본 철학을 가지고 대한민국 대표 유통기업으로 성장해 왔다. 2013년 1월 경제적 이윤과 사회적 가치를 창출하는 책임경영을 선언함으로써, 기업의 사회적 책임(Corporate Social Responsibility)을 선도하는 초일류 유통기업으로서의 행진을 계속하고 있다.

나. 경영이념

1999년 12월 22일 신세계는 윤리경영을 선포함과 동시에 새로운 경영이념을 발표하였다. 새로운 경영이념은 기업윤리에 바탕을 두고 사회적 책임을 다하며, 모든 경영의 성과와 가치를 공유해 풍요롭고 합리적인 생활문화를 선도하는 초일류 유통 전문기업이 되고자 하는 염원을 담고 있다. 이와 같은 신세계의 경영이념은 기업의 사회적 책임수행을 바탕으로 인간중심의 경영을 통해 고객가치를 제공하고 궁극적으로 고객에게 신뢰와 사랑을 받는 기업이 되고자 하는 의지를 표명한다.

경영이념

신세계는 투명하고 공정한 경영으로
사회발전을 위한 책임을 다하고
임직원의 보람과 고객의 행복을
경영의 최우선 목표로 삼으며
상품과 서비스의 가치를 높여
신뢰와 사랑을 받는 기업이 된다.

다. 윤리헌장(신세계의 길)

신세계는 경영이념 속에 표현된 윤리경영의 가치체계를 보다 세부적이고 실천 지향적으로 나타내기 위해 윤리헌장(신세계의 길)을 제정하였다. 이러한 '신세계의 길'은 '이해관계자에 대한 존중과 배려'를 바탕으로 사원의 보람, 고객의 행복, 협력회사와의 공존공영, 주주의 권익 보장을 위해 노력하며, 국가와 사회 발전에 공헌하는 것을 그 목표로한다.

윤리헌장 제정을 계기로 신세계는 원칙 중심의 업무 수행기준을 정립, 임직원들도 윤리경영 선도기업의 위상에 걸맞은 업무자세를 함께 갖추어가게 되었다.

신세계의 길

- 우리는 신뢰와 존중을 바탕으로
  임직원의 보람과 행복을 중시한다.

- 우리는 법과 원칙을 준수하고
  투명한 경영활동을 실천한다.

- 우리는 투명하고 공정한 거래를 통해
  협력회사와의 동반성장을 실현한다.

- 우리는 환경보호와 사회공헌에 대한
  기업의 사회적 책임을 다한다.

- 우리는 고객을 최우선으로 생각하고
  고객이 원하는 참된 가치를 제공한다.

라. 윤리강령

경영이념, 신세계의 길에 이은 윤리경영 실천 12원칙은 포괄적이고 함축적인 의미에서임직원들의 실천 원칙을 자세히 설명함으로써, 신세계의 윤리경영 의지를 더욱 확고히했다는 데 그 의의가 있다.

마. 윤리경영 실천 12원칙

신세계 임직원 모두는 윤리경영 실천을 위해 다음 사항을 반드시 준수합니다.

① 신세계 임직원은 어떠한 상황에서도 법과 윤리적 원칙을 준수합니다.

② 목표달성을 위해 사실을 왜곡하지 않으며, 모든 업무사항은 적시에 정확하게 보고합니다.

③ 모든 업무활동에서 공과 사를 명확하게 구분하며 회사의 정보와 자산을 소중히 하여 유용하지 않습니다.

④ 사원 상호 간 예절을 준수하고 성희롱, 폭언 등 동료에게 부적절한 언행을 하지 않습니다.

⑤ 윤리적으로 부당한 지시는 해서도 안 되고 그 지시를 따라서도 안 됩니다.

⑥ 건전한 기업문화 조성을 위해 상사에 대한 선물 등 청탁행위를 하지 않으며, 업무실적과 능력에 따라 합리적이며 공정한 평가를 합니다.

⑦ 사내외 이해관계자로부터 어떠한 경우라도 금품, 향응 등 금전적 편익을 취하거나 요구해서는 안 되며 신세계 페이를 적극 실천합니다.

⑧ 고객만족을 경영활동의 최우선 가치로 하며, 고객과의 약속은 고객의 입장에서 합리적인 결정이 이루어지도록 합니다.

⑨ 고객의 재산과 정보는 회사 자산과 동일하게 보호하며 고객의 사전 승인 없이 무단으로 사용하거나 공개하지 않습니다.

⑩ 협력회사 등 외부 이해관계자와 동반성장의 관계를 구축하고, 법과 상도의에 따라 공정하게 경쟁하며 거래합니다.

⑪ 친환경경영, 사회봉사활동에 참여하여 사회공동체에 기여하고 자발적인 기부문화 확산에 적극 동참합니다.

⑫ 윤리강령 및 회사규정을 위반하거나 위반이 의심되는 경우 반드시 보고합니다.

바. 윤리경영 실천사례

(1) 신세계 페이

신세계는 윤리경영 실천을 위해, 글로벌 스탠더드에 부합하는 새로운 조직문화를 정착시켜야 하나, 윤리경영 출범 6년이 지난 때에도 한국적인 비즈니스 관행과 윤리적인 원칙 사이에서 상당수의 임직원들이 갈등을 겪고 있었다. 이를 해결하기 위해서는 임직원 개

개인의 의식 변화는 물론 조직의 변화가 필요하며, 나아가 업계의 변화를 선도할 프로그램의 필요성이 제기되었다.

신세계 페이는 이러한 문제의식에서 시작된 것으로, 사내외의 공식, 비공식 모임이나 업무수행과정에서 일어나는 각종 비용을 어느 한편에서 일방으로 부담하던 기존 관행에서 벗어나, 본인의 몫은 본인이 지불함으로써 수평적이고 투명한 조직문화를 만들고 이를 업계 전반으로 확산시키기 위한 캠페인이다.

이러한 신세계 페이는 개인의 몫은 개인이 내자는 캠페인을 통해 임직원의 윤리의식을 향상시키고, 글로벌 스탠더드에 부합하는 조직문화를 만들고자 하였으며, 협력회사들의 의식개혁과 동참을 통해 업계 전체로의 확산을 도모하였다.

이 캠페인은 제도할 당시 한국적인 정서에서 다소 어렵다는 염려가 있었으나 적극적인 교육과 홍보를 통해 임직원들의 공감도가 날로 높아지고 있다. 거래관계 간의 접대는 을(乙)이 갑(甲)에게 하는 것으로 접대를 해야 관계가 좋아지고 업무협조가 잘된다는 식의 비윤리적인 인식과 불합리한 관행을 타파하고, 신세계와 협력회사 그리고 직장 상사와 부하 직원 간의 수평적이고 대등한 관계 구축을 통한 합리적인 기업문화가 자리 잡을 수 있도록 5대 실천지침을 통해 임직원들이 캠페인의 취지와 방법을 명확하게 이해하도록 하였다.

실제로 임직원들의 캠페인 실천의 모니터링을 위해 사내 인사 시스템 내에 신세계 페이 실천내용을 등록하고, 임직원들이 신세계 페이 실천 후 내용을 바로 등록할 수 있도록 2012년에 모바일 등록 시스템을 구축하여 캠페인의 참여를 독려하였다. 또한 사내 표어나 실천 수기 공모 등을 통해 전 임직원의 공감대가 확산됨으로써 신세계 페이는 신세계의 대표적인 캠페인이자 정신으로 자리 잡았다. 이러한 신세계 페이 캠페인의 성과는 행동의 변화를 기업문화의 변화로 연결하고, 사내뿐만 아닌 협력회사로의 확대로 유통업계 전 방향으로 확대하였으며, 단기성 캠페인에 그치지 않고 장기적으로 꾸준히 성과를 점검하고 조직 전체로 확산시켰다는 점에 있다고 하겠다.

신세계 페이 연간 실천 등록 건수

연도	2005	2006	2007	2008	2009	2010	2011	2012
등록건수	32,000	106,000	139,000	229,000	460,000	489,000	735,000	1,020,000

*신세계 페이 5대 실천지침

① 공사 구분 명확히 하기

② 먼저 제안하고 실천하기

③ 공평하게 부담하기

④ 적은 금액이라도 나누어 계산하기

⑤ 발생시점에서 즉시 지불하기

(2) 클린신고

신세계 임직원은 어떠한 경우라도 이해 관계자로부터 금품, 향응, 편의, 접대를 받을 수 없도록 윤리강령에 규정하고 있다. 그러나 불가피하게 금품, 향응, 접대를 받을 경우도 배제할 수 없어, 임직원의 자발적인 신고로 내부 공유와 사후조치가 즉시 이루어질 수 있도록 클린신고제도가 도입되었다. 시행 초기에는 신고에 대한 불이익을 우려하는 목소리도 있었으나, 제도의 취지가 수수자 색출이나 징계가 아닌, 업무과정의 모든 사항을 공개하여 투명하게 관리하기 위한 것임을 임직원 모두가 공감하게 되었다. 이러한 공감대 형성으로 사내 클린제도에 대한 이해 및 확산이 빠르게 퍼져나갔으며, 이제는 임직원의 의식 개선을 위한 신세계의 대표 제도로 알려지게 되었다.

클린신고의 취지는 금품, 향응을 받지 않는 것도 중요하지만 불가피하거나 판단이 모호한 경우 이를 오픈하여 투명하게 하는 데 있다. 기본적으로 금품은 물론 향응에 해당하는 금액을 돌려주는 것이 원칙이나 돌려줄 경우 지나치게 예의에 벗어나면 클린뱅크에 기부하고, 회사는 이를 바자회를 통해 매각하여 전액을 복지단체에 기부하고 있다.

실제로 클린신고 시행 초기에는 절차가 복잡했으나, 온라인을 통한 체계화된 시스템을 통해 접근이 용이해지자 2001년 32건에 그쳤던 금품향응 수수에 대한 자율신고는 시스템 개발 후 242건으로 신고 건수가 7배 이상 대폭 신장함으로써 윤리경영에 대한 임직원들의 동참 의지가 높아졌음을 보여주었다. 이러한 클린신고제도는 사내 부정부패를 근절하는 동시에, 신세계 윤리경영의 위상을 확고히 하는 기반이 되었다.

(3) 희망배달 캠페인

한국사회는 IMF의 위기극복과정을 통해 긍정적인 변화를 이끌었으나, 한편으로는 실업 및 빈부격차의 확대로 고통받는 개인, 가정이 크게 증가하였다. 소외계층의 고통이 커짐에 따라 기업의 사회적 책임에 대한 논의와 요구 또한 증가하고 있다. 그러나 법인기부가 전체 기부의 70% 이상을 차지하는 현실 속에서 신세계는 자발적인 개인기부의 활성화가 양극화 문제해결의 대안임을 인식하여, 임직원들의 자발적인 기부 촉진방안을 모색하였다.

희망배달 캠페인은 사원부터 CEO까지 신세계 전 임직원의 자율적인 참여로 이루어지는 캠페인으로, 급여의 일부를 본인이 기부하고 싶은 만큼 기부하면 회사는 임직원이 기부한 금액만큼 기부하는 매칭 그랜드 제도로 운영되고 있다. 자율적인 참여에도 불구하고, 희망배달 캠페인은 연평균 전체 임직원의 85.2%라는 높은 참여율을 보이며 매년 모금액이 증가하고 있다. 신세계 희망배달 캠페인은 임직원의 자발적인 참여를 기반으로 하며 임시적인 모금활동이 아니라 장기적이고 지속적으로 기금을 조성하여, 이를 전문가

(어린이재단)와 함께 운용한다는 데 특징이 있다. 매월 임직원 급여의 자율적 기부액을 공제한 뒤, 매칭 그랜드 시스템을 통해 회사는 임직원들이 기부한 금액만큼을 기부한다. 이렇게 모아진 재원은 어린이재단을 통해 운용되며, 사회 각 소외계층을 위해 쓰인다. 강제적 참여가 아닌 자율적인 참여에도 희망배달 캠페인은 해가 갈수록 그 의의를 더해 가고 있으며, 지역사회의 많은 소외계층을 후원하며 업계 전반에 걸친 기부문화를 실현 하고 있다.

*신세계 희망배달 캠페인
- 결연아동 후원사업 : 생활비 및 명절 선물, 교복 지원
- 환아치료비 지원사업 : 저소득계층 어린이 수술비 및 치료비 지원
- 희망 장난감 도서관 사업 : 장난감 대여 및 놀이공간 제공
- 희망 스포츠클럽 사업 : 저소득계층 초등학생 방과후 신체활동 프로그램
- 희망 근로장학금 사업 : 이마트 내 아르바이트 기회 제공 및 추가 장학금 지원
- 희망 자격증 사업 : 미용, 전산, 중장비 등의 자격증 취득 지원
- 희망 아카데미 사업 : 조리사, 파티시에 등 직업훈련 지원

(4) 희망배달 마차

희망배달 캠페인 도입 이후, 사내 임직원뿐 아니라 사회 전반의 자율적 기부문화가 확산되었다. 신세계는 정착기로 접어든 희망배달 캠페인을 기반으로 기부에서 끝나는 것이 아닌, 사회 소외계층에게 보다 적극적인 도움의 손길을 내밀기 위한 방법을 모색했다. 임직원의 봉사활동, 회사의 후원으로 끝나는 것이 아닌, 사회 각 계층이 지역사회를 위해 공헌할 수 있는 방법을 모색했으며, 그것의 일환으로 지역 소외계층에게 직접 찾아가 생 필품을 전달하는 희망배달 마차가 탄생했다.

신세계와 이마트가 함께하는 희망배달 마차는 쪽방촌, 모자보호센터, 비닐하우스촌 등 도움이 필요한 사회 소외계층을 위해 희망배달 마차라는 차량을 이동식 마트로 활용하여 후원지역을 직접 찾아가 생필품 등의 물품을 지원하고 다양한 나눔활동을 하는 프로그램 이다. 지역사회의 관심과 도움이 필요한 소외계층에게 실질적으로 필요한 생필품을 직접

전달하면서 지자체 및 시민들과 함께 보다 진정성 있는 사회공헌활동을 진행하고 있다. 이러한 희망배달 마차 프로그램은 일반적인 기업의 기부행사를 넘어 기업, 지자체, 시민이 함께 참여하여 지역사회 취약계층을 적극적으로 지원하는 프로그램이라는 점에서 그 의의가 있다. 이러한 활동들로 신세계 임직원의 참여뿐 아니라 시민과 지자체의 참여를 이끌어내며 활동 주최의 폭을 넓혔고, 각 지역사회 소외계층들을 다시 한 번 돌아보는 계기를 마련하게 되었다.

2012년 4월 첫 출범한 희망배달 마차는 서울을 시작으로 대구, 광주, 경기까지 그 범위를 넓혔으며, 단기성 행사가 아닌 지속적인 지원을 위해 최근 대구광역시와 3년 연장 협약을 체결했다. 보다 진정성 있는 사회공헌활동을 목표로 하는 신세계 희망배달 마차는

오늘도 지역사회 골목 구석구석을 누비며 소외계층을 위해 달리고 있다.

'윤리'라는 가장 기본적이고도 중요한 기업의 핵심가치를 기본으로, 전 임직원뿐 아니라 우리 사회 전반에 윤리의식을 전파하기 위해, 오늘도 신세계는 기업의 사회적 책임(CSR)을 다하며 초일류 유통기업으로의 행진을 계속하고 있다.

2) 유한킴벌리

유한킴벌리가 '2020 한국의 경영대상' 사회가치 최우수기업에 선정됐다고 밝혔다. 이번 수상으로 유한킴벌리는 사회가치 최우수기업에 5년 연속 선정됐다. 올해로 33회째인 '한국의 경영대상'은 한국능률협회컨설팅이 주관하며 탁월한 경영혁신 성과를 바탕으로 존경과 신뢰를 받는 롤모델 기업을 선정해 매년 시상하고 있다.

유한킴벌리는 1970년 유한양행과 킴벌리클라크의 합작사로 설립돼 기저귀, 생리대, 미용티슈 등을 생활필수품으로 정착시키며 우리 사회의 위생과 생활문화 발전에 큰 변화를 가져왔다고 평가받는다. 유한킴벌리에 따르면, 건실한 경영성과와 더불어 윤리경영, 사회

공헌, 노경화합, 스마트워크 등에서 모범적인 경영사례를 지속적으로 제시해 왔으며 연간 100만 패드의 생리대 기부, 발달장애 청소년을 위한 '처음생리팬티', 기저귀와 마스크 기부 등 소외계층을 배려한 제품들을 제공해 제품의 사회적 책임 수행에도 노력을 기울여 온 점이 높은 평가를 받았다.

유한킴벌리가 1984년부터 36년간 지속하고 있는 '우리 강산 푸르게 푸르게' 캠페인은 올해 엠브레인 리서치 결과 국내 성인 85% 내외가 인지할 정도의 국민캠페인으로 자리 잡고 있는 것으로 나타났다. 유한킴벌리는 이 캠페인을 통해 국·공유림 나무 심기와 숲 가꾸기로 현재까지 총 5,300만 그루의 나무를 심고 가꿔 왔다. 더불어 약 730여 개의 학교에 학교 숲을 조성하고 황사와 미세먼지의 발원지인 몽골에는 여의도의 11배에 이르는 '유한킴벌리 숲'을 조성하는 등 지구 기후변화에도 능동적으로 대응하고 있다.

기후변화 대응 노력은 회사의 환경경영 3.0선언에서도 이어지고 있다. 유한킴벌리는 탄소중립 목표와 함께 2030년까지 지속가능한 원료를 사용한 주력 비즈니스의 매출 비중을 기저귀, 생리대는 95%까지, 미용티슈, 화장지는 100%까지 끌어올려 지구 환경보호에 기여하기로 했다. 이를 위해 지속가능한 산림경영을 통해 생산되는 펄프를 사용하고 원료 저감 및 재생·생분해성 소재 확대에 박차를 가하고 있다. 최근 선보인 스카트 종이 물티슈, 생분해 인증 생리대 '라 네이처 시그니처 맥시슬림' 등의 제품은 이러한 노력들이 결실을 맺은 사례라고 볼 수 있다.

이 밖에 유한킴벌리는 고령화를 위기가 아닌 기회가 될 수 있도록 하자는 목표로 2012년부터 디펜드 매출의 일부를 시니어 일자리 기금으로 기탁, 함께일하는재단 등과 협력해 시니어 일자리 창출과 시니어 비즈니스 기회 확장의 공유가치 창출 활동을 추진해 왔다. 이 과정에서 38개의 시니어 비즈니스 소기업 육성과 함께 700개 이상의 시니어 일자리를 창출하고, 함께일하는재단과 협력해 세 번째 공유가치창출(CSV) 경영모델인 시니어 일자리·비즈니스 플랫폼 소셜벤처기업 '임팩트 피플스'를 출범시키기도 했다(그린포스트코리아, 2020.12.2; 유한킴벌리, 5년 연속 '한국의 경영대상' 사회가치 최우수기업 선정).

제3절 ● 경영이념과 인적자원관리

1. 신라호텔[7]

1) 기업소개

호텔신라(Hotel Shilla)는 대한민국의 관광업체로, 1973년 삼성그룹 초대회장인 고(故) 이병철 회장의 의지에 따라 1973년 2월 14일 삼성그룹 내 호텔사업부를 창설하여 시작되었고, 이후 1973년 5월 9일 주식회사 임페리얼로 회사를 설립하고 1973년 7월 영빈관을 인수한 후 같은 해 11월 호텔기공식을 시작으로 서울시 중구 장충동에 공사를 진행하여 1979년 3월 8일 호텔 전관을 개관하며 천년 역사와 함께 가장 찬란한 문화예술의 꽃을 피웠던 신라 왕조의 이름을 따라 호텔신라의 명칭을 사용하여 현재에 이르고 있다.

그림 4-4_호텔신라의 수영장, 로비, 전관 모습

개관 당시 호텔신라는 일본의 오쿠라호텔과 15만 달러, 총매출액의 1%, 영업 이익의 4.5%선에서 위탁경영계약을 체결하여 호텔사업을 시작하였으며, 2006년부터 중국 쑤저우 신라호텔을 위탁 운영하기 시작했다. 개관 이후 각종 정상회담이 열리고 있다.

2) 연혁

1973년　3월 삼성그룹에서 호텔사업부를 창설

1973년　5월 임페리얼주식회사 설립

---

7) 위키백과, 네이버 지식백과 : 호텔신라㈜, www.hotelshilla.net(호텔신라), http://blog.daum.net/prosvc/ 11489511

1973년 7월 서울특별시 중구 장충동에 있던 영빈관을 인수

1973년 11월 호텔 기공식을 열고 지금의 상호로 변경

1979년 3월 호텔신라 전관을 개관

1986년 7월 신라면세점 서울점 오픈

1988년 3월 제주신라호텔을 기공

1990년 7월 1일 제주신라호텔 개관

1991년 3월 한국증권거래소에 주식 상장

1995년 7월 종업원지주제 도입

1999년 4월 공정거래위원회로부터 삼성 대규모 기업집단 소속회사로 지정

1999년 5월 홍콩 『아시안 비즈니스』지로부터 2년 연속 아시아 최고의 호텔로 선정

2000년 6월 신제주 면세점 개점

2001년 3월 FIFA(국제축구연맹) 선정 월드컵 VIP 투숙호텔로 선정

2003년 한국표준협회가 선정하는 서비스 품질 우수기업에서 호텔부문 1위 수상

2004년 12월 제주신라호텔 세계리딩호텔연맹(LHW) 가입

2010년 11월 미국 *Institutional Investor*誌 선정, 서울지역 1위

서울신라호텔 G20 서울 정상회의 VIP 투숙 호텔

2013년 8월 서울신라호텔 재개관

2014년 12월 국가고객만족도(NCSI) 전체 기업부문 1위 수상

3) 기업 개요

호텔신라는 '최고의 호스피탤리티 기업'을 목표로 오랜 세월 동안 품위와 전통을 유지하며 고객들의 마음을 사로잡아왔다. LHW 가입을 통해 세계 최고의 럭셔리 호텔들과 어깨를 나란히 하는가 하면 전통이라는 지붕 위에 모더니즘적 디자인 요소를 가미, 삶에 여유와 품격을 한층 높여주는 프리미엄 라이프스타일 공간으로 변화를 거듭해 왔다.

또한 서비스 기업으로서의 노하우를 기반으로 면세점 사업을 시작, 최고의 글로벌 유통 회사로서의 이미지를 구축하는가 하면 국내외 특1급 호텔과 피트니스 시설의 위탁운영을 비롯, 외식사업까지 그 범위를 확대하고 있다.

4) 비전 및 미션

❶ 비전(vision)

- 최고의 품격과 신뢰를 바탕으로 고객이 꿈꾸는 라이프스타일을 제공하는 글로벌 선도기업 premium lifestyle leading company

❷ 기업사명(mission)

- 우리는 최고의 라이프스타일 전문가로서 더 많은 인류에게 품격과 자부심을 경험케 한다.

❸ 신라인으로서의 미션

- 우리는 Premium Lifestyle을 선도하는 신라인으로서 각각의 분야에서 최고의 전문가로 성장한다.

❹ 고객에 대한 미션

- 우리는 더 많은 고객이 다양한 생활영역에서 신라만의 품격과 자부심을 경험케 한다.

❺ 사회에 대한 미션

- 우리는 지속적인 혁신과 성장을 통해 인류가 더 나은 삶을 누릴 수 있도록 기여한다.

*신라의 핵심가치(core value pride of the Shilla)

① 모든 사업에 최고를 지향합니다.

② 모든 고객에게 정성을 다합니다.

③ 모든 업무에서 혁신을 추구합니다.

④ 모든 신라인은 서로를 존중합니다.

*인재상

① 서비스지향형 인재(Service-oriented Mind) : 최고의 서비스로 고객을 감동시킬 수

있는 서비스 마인드를 갖춘 인재

② 변화지향형 인재(Change-oriented Mind) : 끊임없는 자기 혁신을 통하여 개인 및 조직의 부가가치를 창출할 수 있는 인재

③ 미래지향형 인재(Future-oriented Mind) : 현실에 안주하기보다는 미래를 준비, 도약할 수 있는 진취적 기상을 가진 인재

5) 인사제도

"호텔신라의 직급체계는 수행하는 역할을 기준으로 5단계(사원 〉 주임 〉 선임 〉 책임 〉 수석)로 구성되어 있으며, 각 역할별 요구되는 기준 및 역량이 다를 뿐 아니라, 호텔, 면세, 생활레저 등 사업에 맞는 다양한 직무 중심의 인사관리를 추구하고 있습니다."

호텔신라는 매년 3월 정기승격을 실시하며, 일정자격 이상이면 누구에게나 상위 직급으로의 승격 기회를 부여하고 능력 및 성과주의 인사 실현을 위하여 과감한 발탁제도를 병행하고 있다.

구분		역할정의	직급
Manager 역할	Level 5	• 팀 단위 이상의 조직을 책임지는 부서장 역할	수석
	Level 4	• 팀內 업장 / 공식 Part 조직을 책임지는 관리자 역할	책임
	Level 3	• 공식조직 직책은 없으나 복수의 리더를 관리	선임
실무역할	Level 2	• Shift Leader 또는 복수의 인력을 관리	주임
	Level 1	• 실무단계의 인력 또는 Entry 인력	사원

6) 교육제도

"호텔신라는 1987년 1월 국내 호텔업계 최초로 교육센터를 개원하여 국제적인 호텔서비스 인력양성을 목표로 호텔 전문직무는 물론 관리자 양성 등 다양한 분야의 교육프로그램 개발과 연구를 진행하고 있으며, 인재제일의 이념을 기반으로 한 인적서비스 차별화에 역점을 두고 지속적으로 교육훈련에 투자하고 있습니다."

호텔신라는 현장 실무중심의 교육으로 각 분야에서 오랜 업무경험을 쌓아온 서비스 장인들이 실무경험과 노하우를 전수하고, 세계적인 유명업체의 벤치마킹과 해외 호텔학교

파견 등을 통하여 전문가를 양성하고 있다. 인간미와 도덕성을 겸비하고 국제적 감각과 해당분야의 풍부한 전문지식을 갖춘 신라인 양성을 위하여, On&Off Line상에서 다양한 교육방법과 첨단의 교육시설을 활용한다.

가. 교육체계

❶ 신입사원 입문교육

- 호텔이해, 서비스인의 기본자세, Shilla Service Standard, 외국어 교육 등 재직사원 직무교육
- 서비스 Excellence(각 직무별 서비스 Level Up)
- 외국어 교육(사내과정, 외국어 생활관 파견 등), 정보화교육, 테마 아카데미(객실전문가, F&B 전문가, 소믈리에, 바리스타 등)

❷ 국제화 교육

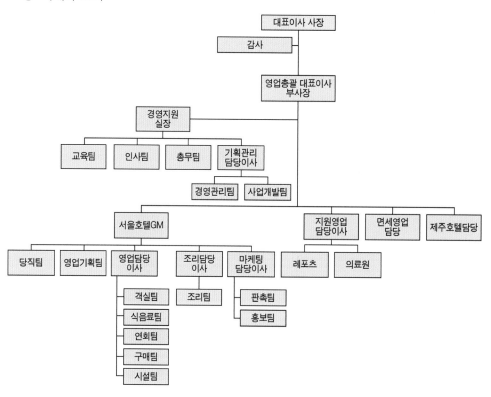

• 해외지역 전문가 파견(1년 이상), 해외 MBA 파견, 선진호텔/레스토랑 연수

❸ 관리능력 함양교육

• 리더십 교육(코칭, 면담 등), 경영관리(업장 손익관리 등)

7) 조직도

① 전반적으로 광범위한 조직도를 구축하고 있다.

② 각 부서의 서브 부서가 많기 때문에 업무의 분업이 잘 이루어지고 있으며, 서울과 제주 간에 네트워크를 구축하여 전사적 관리가 가능하다.

③ 경영지원부의 세분화된 부서들이 많아서 여러 가지 이벤트 및 고객 관리가 끊임없이 이루어지고 있으며, 타 호텔에 존재하기는 하지만 활성화되지 않은 부서까지 운영하여 현재 국내 인지도 1위를 점하고 있다.

*차별화된 부서

① '의료원'이라는 부서를 가지고 있으며 차별화된 '명품 진료 병원'으로서 호텔 내에 병원이 들어서는 것은 국내에서는 최초의 사례로 현재 피부과 등이 논의 대상으로 전해졌다. 현재 고운세상네트워크, 예치과, 서울수면센터, 자생한방병원 등이 신라호텔과 입점 여부를 놓고 논의를 진행 중인 것으로 알려졌다. 이로 인하여 많은 시너지효과를 누리고 있다.

② 호텔 내에 레포츠(테니스, 수영, 볼링 등)를 즐길 수 있는 공간이 마련되어 있으며, 호텔 안에서 생활의 모든 것을 해결할 수 있다는 점을 내세우고 있다.

③ 제주도에도 신라호텔이 있다. 신혼 여행지와 휴양지의 대표적인 곳에 위치를 점하고 있고 이 점을 이용하여 허니문 패키지를 많이 가지고 있다.

④ 감사부의 존재로 인해 언제, 어디에서 고객으로 가장한 감사원이 나타날지 모르기 때문에 직원들의 업무태도에 영향을 주는 실정이다.

8) 영업장 현황

❶ 호텔사업

- 서울신라호텔 개실 463개, 연회장 13개, 식당 6개 27.7천 평
- 제주신라호텔 객실 429개, 연회장 8개, 식당 7개 30.8천 평

❷ 면세유통사업

- 신라면세점 서울점 283개 브랜드 1.2천 평
- 신라면세점 제주점 143개 브랜드 0.6천 평
- 신라면세점 인천공항점 235개 브랜드 2.1천 평
- 신라면세점 김포공항점 영업면적 400.2㎡

❸ 생활레저사업

- VANTT
- 서초레포츠센터

2. 네슬레[8]

1) 기업소개

가. 브랜드의 정의 및 기원

네슬레는 스위스의 식료품 브랜드로, 약사이자 브랜드 설립자였던 앙리 네슬레의 이름에서 유래했다. 앙리 네슬레는 1866년 인공 모유인 '페린락테'를 개발했고 '페린락테 앙리 네슬레'를 설립해 이 제품을 시장에 내놓았다. 이후 페린락테 앙리 네슬레는

그림 4-5_네슬레 로고 및 제품

---

8) 동아일보, 2001년 9월 2일자

모유 부족으로 인한 신생아 사망률을 대폭 감소시키며 큰 성공을 거두었고, 1905년 경쟁업체였던 '앵글로 스위스 연유회사'와 합병해 '네슬레 & 앵글로-스위스 컨덴스드 밀크 컴퍼니'를 설립했다.

네슬레 앵글로 스위스는 제1차 세계대전 동안 정부와 계약을 맺고 시민들에게 우유를 공급하면서 빠르게 성장했고, 이후 적극적인 인수 합병을 통해 식료품 분야에서 영향력을 높여갔다. 현재 네슬레 그룹은 14개 산업분야에서 1만여 개의 제품을 출시하고 있다.

2) 브랜드

가. 네스카페

1938년에 네슬레가 출시한 인스턴트커피 브랜드로, 브랜드 이름은 회사명인 '네슬레(Nestlè)'와 영어 단어 '카페(Cafè)'를 결합해서 만들었다. 1929년 커피 값의 폭락으로 브라질 창고에 남아도는 커피 재고를 처분하기 위해 8년간의 연구 끝에 네슬레가 물에 잘 녹는 인스턴트커피(instant coffee)를 개발하면서 시작되었다. 제1·2차 세계대전 동안 네스카페는 미군의 배급품으로 지정되어 전 세계로 유통된 것을 계기로 성장했고, 현재 전 세계에서 1초에 약 5,500여 잔이 소비될 정도로 인기 있는 커피 브랜드가 되었다.

나. 마일로

마일로는 네슬레가 만든 최초의 초콜릿 파우더 브랜드로, 초콜릿과 맥아, 각종 영양소가 혼합된 마일로 파우더는 우유나 물에 타서 마신다. 마일로는 1934년 호주에서 처음 출시하기 시작했고, 당시 단순한 초콜릿 음료가 아닌 영양강장제로서의 기능을 강조해 좋은 반응을 얻었고, 국제시장에도 널리 알려졌다. 현재 파우더, 캔 음료, 스낵바, 시리얼 형태 등으로 출시되고 있다.

다. 키캣

키캣은 영국의 당과업체인 라운트리사의 초콜릿 브랜드로, 1935년 출시 당시 '초콜릿 크리스프'라는 이름으로 판매하였고, 1937년에 킷캣으로 변경되었다. 킷캣은 '작지만 가장 든든한 식사', '한 잔의 차와 어울리는 최고의 동반자' 등을 광고 슬로건으로 내세워

영국시장에서 좋은 반응을 얻었다. 네슬레가 1988년 라운트리사를 인수하면서 미국을 제외한 전 세계시장에서 판매하기 시작했다(미국시장의 경우 허쉬가 1969년 라운트리사로부터 라이선스를 얻어 제조·판매하기 시작함).

3) 최고경영자 이념

네슬레의 최고경영자 이념은 지속가능한 사업활동과 주주들의 장기적인 성공을 위한 현행 법규 준수, 사회를 위해 귀중한 가치를 창출해야 한다는 것이 기본 원칙으로 네슬레에서는 이를 공동가치 창출이라 한다.

또한 10가지 사업운영 원칙을 제시하여 세부조항 정책, 기준, 가이드라인을 제시한다.

전 세계의 네슬레가 이러한 원칙에 따라 관리되며, 모든 네슬레 직원들에게 이러한 원칙의 준수가 요구된다는 것을 엄숙히 천명한다. 또한 사업원칙을 지속적으로 개선하며 어떤 영역에 관한 외부의 관심에도 열린 자세를 견지할 것을 약속한다.

4) 운영원칙

가. 영양, 건강 그리고 웰니스

네슬레의 주된 목표는 맛있고 건강한 식품과 음료를 개발하고 건강한 라이프스타일을 장려함으로써 언제 어디서나 소비자의 삶의 질을 높이는 것이다. 네슬레는 '좋은 식품, 행복한 생활(Good Food, Good Life)'이라는 슬로건을 통해 이 목표를 구현하고 있다.

나. 품질보증 및 제품안전성

네슬레는 세계 어디에서나 소비자에게 엄격한 품질기준과 안전성을 약속한다.

다. 소비자 커뮤니케이션

네슬레는 소비자가 정확한 판단을 내릴 수 있는 권리를 보장하고 건강한 식습관을 유도하는, 책임과 신뢰에 기초한 소비자 커뮤니케이션을 추구한다. 또한 네슬레는 소비자의 개인정보를 중시한다.

라. 기업경영과 인권

네슬레는 인권 및 노동에 관한 유엔글로벌콤팩트(UNGC) 지침을 전적으로 지지하며 그룹의 기업경영 전반에 걸쳐 모범적인 인권과 노동 관행의 확립을 목표로 삼고 있다.

마. 리더십과 구성원의 책임감

네슬레는 기업의 성공이 구성원들에게 달려 있다고 생각하며, 모든 구성원들이 존중을 바탕으로 서로를 대하고 책임감을 배양할 것을 요구한다. 네슬레는 그룹의 중심가치를 존중하는 유능하고 의욕적인 인재를 채용하고 그들의 발전과 계발을 지원하는 동등한 기회를 제공하며 개인정보를 보호하는 동시에 어떠한 형태의 차별이나 가혹행위도 용인하지 않고 있다.

바. 사업장 내 안전 및 보건

네슬레는 업무와 관련된 사고 · 부상 · 질환을 방지하는 동시에 직원, 협력업체, 그 밖에 밸류체인(value chain)에 관여하는 모든 관계자를 안전하게 보호하기 위해 최선을 다한다.

사. 협력업체 및 고객관계

네슬레는 협력업체 · 대리인 · 하청업체 및 그 직원들에게 정직성 · 청렴성 · 공정성을 발휘하고 네슬레의 엄격한 기준 준수를 요구하며, 네슬레 역시 그와 동일하게 고객에 대한 책임을 다한다.

아. 농업 및 농촌지역 개발

네슬레는 친환경 지속가능성의 제고를 목적으로 농업 생산성, 농가의 사회적 · 경제적 지위, 농촌 공동체, 생산 시스템의 개선에 일조하고 있다.

자. 친환경 지속가능성

네슬레는 친환경 지속가능경영을 추구하고 있다. 네슬레는 제품 수명주기(life cycle) 전반에 걸쳐 천연자원을 효율적으로 이용하고 가능한 한 지속가능 재생자원을 활용하며 폐기물 제로목표를 추진하고 있다.

차. 수자원

네슬레는 지속가능한 수자원의 이용과 수자원 관리방식의 개선을 끊임없이 모색한다. 네슬레는 인류가 갈수록 심화되는 수자원 부족문제에 직면해 있으며 모든 수자원 이용주체가 책임감을 갖고 지구의 수자원을 관리하는 것이 반드시 필요하다는 점을 인식하고 있다.

5) 대표사례

가. 지역 특색을 고려한 제품 개발

네슬레는 글로벌 시장에 공통적으로 출시되는 제품의 수가 극히 적으며, '음식은 지역에 기반한다'라는 개념하에 지역별로 특화된 1만여 개의 제품을 출시하고 있다. 이러한 네슬레의 현지화 전략은 국가단위가 되기도 하지만, 때로는 개별지역이 되기도 한다. 네슬레는 지역의 식성을 발견하기 위해 다양한 노력을 기울이고 있는데 문화, 지형, 식성, 그리고 식습관 등 소비자가 먹고 마시는 것에 모두 영향을 미치는 다양한 요소들을 고려하여 지역을 직접 경험하고 이에 대한 정보를 수집하고 있다.

2008년 네슬레의 연구진은 페루 리마 지역 사람들의 동기 유발, 일상, 구매습관, 의사결정과정 등 그들 삶의 모든 요소를 이해하기 위해 3일간 지역 사람들과 함께 생활했다. 네슬레는 이때 알아낸 것들을 기반으로 뉴드리모빌이라는 새로운 조언 서비스를 만들어냈다. 이 서비스를 통해 영양사들이 밴을 타고 뒷골목 구석구석을 찾아가 영유아의 어머니들과 일대일로 대화를 나누며 영양에 대한 조언을 해줌으로써 이들의 요구를 충족시킬 만한 네슬레의 제품들을 지역시장 등에 유통시키고 있다.

나. 한국의 사례

'한국의 맛을 가미한 세계적인 제품을 생산 · 판매한다.'

올해(2021년)로 한국 진출 42년을 맞은 한국네슬레(대표 데이브 파커)는 '테이스터스 초이스', '네스카페', '네스퀵', '쎄레락' 등 국내 소비자들에게도 친숙한 식음료제품을 다양하게 선보이고 있다.

'식품회사의 생명은 신뢰'라고 강조하는 네슬레는 지난 42년간 철저한 현지화 전략을 구사, 외국기업에 특히 까다로운 국내 식품시장에서 선전하고 있다. 네슬레는 지난 79년 한서식품과의 합작을 통해 국내에 처음으로 진출한 뒤 87년에는 한국네슬레를 설립했다. 한서식품은 88년 네슬레식품으로 사명을 변경한 이래 93년에는 한국네슬레에 흡수·합병돼 100% 외자기업으로 새 출발을 했다. 한국네슬레는 청주공장에서 지난해 약 3만 4,000톤의 다양한 제품을 생산할 정도로 한국화에 안정된 뿌리를 내렸다.

파커 사장은 "한국인의 입맛과 취향을 맞추기 위한 현지화 과정을 최우선으로 생각한다"며 "지난 42년간 꾸준히 현지실정에 맞는 제품개발과 마케팅전략으로 승부를 걸고 있다"고 밝혔다. 한국네슬레의 현지화 전략을 잘 보여주는 것 가운데 하나가 네슬레가 진출한 전 세계 77개국에서 유례를 찾기 힘든 커피자판기 사업이다. 네슬레 측은 국내 소비자들이 자판기 커피를 선호하는 데 주목, 전국에 3,000여 개의 자체 자판기를 설치, 운영하고 있다. 네슬레의 고유색인 빨간색으로 자판기를 도색하는 한편 부드러운 커피를 선호하는 여성들의 입맛을 잡기 위해 카페라떼, 카푸치노 등 고급커피를 자판기 전용으로 개발, 선보이고 있다.

지하철 3호선을 자주 이용하는 승객이라면 한번쯤 타봤을 '네슬레 기차'도 땅 밑에서 치열한 홍보전을 치르고 있다. 네슬레는 한때 서울지하철공사와 계약, 지하철 1대를 통째로 전세 내어, 첫 칸부터 마지막 칸까지 전체의 벽과 천장은 물론 외벽까지 가능한 모든 공간에 네슬레 제품 광고를 실었었다. 또 지하철 내 시식 및 시음행사도 병행, 제품홍보는 물론 지루한 지하철 탑승시간을 즐겁게 해주었다.

전국 각지에서 펼치고 있는 '네스퀵 바니' 전국투어 프로그램도 이색적이다. 이 행사는 우유 보조식품 네스퀵의 캐릭터인 바니가 매년 하나의 주제를 가지고 각지의 어린이들을 직접 찾아간다. '너무 재밌어, 너무 맛있어'라는 주제로 서울, 부산, 대전, 대구 등의 유치원 및 초등학교에서 올바른 식습관 교육, 교통지도, 색칠공부 등의 프로그램을 펼치고 있다.

북한의 기근이 국제문제로 등장했던 지난 97년에는 북한 어린이 돕기 차원에서 80톤의 이유식제품을 북한에 기증했다. 또 98년과 99년에는 식량지원, 수재민 돕기 행사에 제품을 제공하기도 했다.

한편 네슬레는 최근 급성장하는 유아용 조제분유시장에 본격 진출한다고 선언했다. 국내에서는 커피회사로 더 알려져 있지만 네슬레는 130여 년 전 유아용 영양식으로 그 첫발을 내디뎠을 정도로 세계적인 유아영양 전문회사. 이유식 '쎄레락'을 20년간 판매하며 쌓아온 브랜드 인지도와 영업력을 바탕으로 신생아용 조제분유 '네슬레 난', 유아전용 영양간식 '네슬레 주니어 영양분유' 등을 선보이기 시작했다. 마이클 쿠르츠 한국네슬레 마케팅 부장은 "꾸준한 인기를 모으고 있는 커피, 유아식 외에 아직 국내에 선보이지 않은 냉장, 냉동식품, 아이스크림 등의 제품도 새롭게 선보일 계획"이라고 밝혔다.

3. 맥도날드(McDonald's)[9]

전 세계 패스트푸드점을 대표하는 맥도날드는 현재 미국인의 96%가 이용하고 있고, 세계인의 절반 이상이 이용하고 있다. 'QSC&V'라는 맥도날드의 기업정신은 최고의 품질과 서비스를 가장 실속 있는 가격에 제공하는 것을 목표로 삼고 있으며, 이는 이후 생겨난 다른 패스트푸드 업체들의 모델이 되고 있다.

그림 4-6_한국 맥도날드

1) 기업정신

가. 품질(Quality)

최상의 원재료로 정확하게 조리되며, 맥도날드의 원재료는 철저한 품질기준에 의해 선정된다. 또한 대부분의 맥도날드 제품은 10년 정도의 제품 개발과정을 거쳐서 탄생하며 지역별로 설치된 품질관리센터(Quality Assurance Center)에서 완벽한 품질을 보장한다. 맥도날드에서 공급받는 모든 제품은 맛과 크기, 색깔, 모양, 함유량 등을 수치로 규정하여 생산할 때마다 이것을 체크하고 있으며, 일례로 최상의 원재료로 만들어지는 햄버거는

---

9) http://www.medonalds.co.kr/; http://www.naver.com/; http://www.google.co.kr

항상 같은 맛을 제공하기 위해 같은 시간과 온도로 조리되며, 프렌치프라이는 길이별 비율까지 체크하고 있다.

나. 서비스(Service)

맥도날드의 서비스는 빠르고, 정확하고, 친절한 서비스 제공을 목표로 삼고 있다. 따라서 맥도날드는 고유의 맛을 항상 일정하게 유지하기 위해 햄버거는 만든 지 10분, 프렌치프라이는 튀긴 후 7분이 지나면 모두 폐기하고 있다. 주문 후 30초 이내에는 모든 서비스를 끝내며, 친절한 서비스를 위해 고객 서비스 담당 직원을 상시 배치하여 고객에게 편의를 제공하고자 한다. 또 빨간 조끼를 입은 도우미들은 고객의 불편사항을 살피고, 어린이 고객들에게 즐거움을 제공하려 노력한다. 이는 맥도날드가 생각하는 서비스가 음식을 제공하는 데 그치지 않고 고객의 작은 즐거움과 행복을 선사하기 위해 노력하는 것임을 알 수 있다.

다. 청결(Cleanliness)

맥도날드에서 강조되는 청결에 대한 교육은 맥도날드의 직원 모두가 습관적으로 실천해 나가려 한다. 그 예로, 종업원의 음식 조리 시는 물론 주방에 들어서기 전 손을 세척하게 되어 있으며, AMH(Anti-Microbial Handwash)라는 소독 전용 비누를 사용하기도 한다. 또 조리 기자재는 영업시간이 끝난 후 전부 분해하여 세척하고, 작은 나사 하나까지도 깨끗하게 닦아 완전히 건조시키는 작업을 매일 거친다고 한다.

라. 가치(Value)

맥도날드는 끊임없는 원가절감 노력으로 지속적인 가격인하를 단행하고 있다. 맥도날드의 40년 이상의 노하우는 전문적인 매장 관리와 효율적인 경영 관리로 비용을 최소화하고 있으며, '만족은 최대로 가격은 최소로'라는 이념하에 맥도날드의 모든 제품은 품질, 영양, 그리고 만족스런 가격을 자랑하고 있다. 맥도날드는 가장 좋은 음식을 가장 좋은 가격에, 그리고 가격 그 이상의 가치를 고객에게 제공하고자 한다.

마. 안전시스템(Food Safety System)

맥도날드는 이상의 QSC&V 외에 고유의 품질과 위생관리를 보장하기 위해 철저한 품질 안전도 유지 시스템(Food Safety System)을 운영하고 있다. 즉 맥도날드의 각 제품은 해당 국가의 식품안전 위생기준을 모두 통과하는 것은 물론이며, 어떠한 원재료라도 엄격한 자체 품질검사를 통과해야만 매장에서 사용할 수 있다. 고기는 매장에 배달되기 전까지 최소한 40가지 이상의 품질검사를 거치며 냉동배송절차를 통해 가장 안전하게 관리되며, 매장에서도 항상 영하 18도 이하에서 냉동 저장되는지 시간별로 확인하고 있으며, 냉장보관제품들도 1차, 2차 유효기간으로 나누어 유효기간을 철저히 지키고 있다고 한다.

2) 맥도날드의 People Promise 5가지 행동원칙

가. Respect and Recognition(존중과 인정)

- 모든 매니저들은 자신이 존중받기를 원하는 것과 마찬가지로 모든 직원들을 대한다.

나. Values and Leadership Behaviors(가치와 리더십)

- 우리 모두는 회사 최대의 이익을 위해 노력한다.
- 우리는 타인과 늘 개방적으로 대화하며, 남의 의견에 귀를 기울인다.
- 우리는 개인적으로 책임감을 가진다.
- 우리는 늘 가르치고 배운다.

다. Competitive Pay and Benefits(경쟁력 있는 보상체계와 복리후생제도)

- 맥도날드가 종업원들에게 지불하는 보상은 시장의 평균 또는 그 이상을 추구한다.
- 종업원들은 그들이 받는 보상과 혜택을 가치 있게 여긴다.

라. Learning, Development and Personal Growth(학습, 개발, 그리고 개인적인 성장)

- 종업원들에게는 개인적으로 또는 업무적으로 자신을 개발할 수 있는 기회가 제공되어야 한다.
- 종업원들은 항상 업무능력을 배양하기 위해 노력한다.

마. Resources to Get the Job Done(최상의 서비스 실현을 위한 자원)

- 종업원들은 고객들에게 최상의 서비스를 제공하는 데 필요한 도구 및 자원을 갖추어야 한다.
- 모든 매장은 고객에게 최상의 서비스를 제공할 수 있도록 적합한 종업원들이 준비되어 있어야 한다.

3) 맥도날드의 인사체계현황

가. 정규직 : 약 1,500명(15%)

- 본사(약 110명) : 총무, 인사, 마케팅, 경리, 건설, 시설, 전산, 교육, 구매
- 각 매장(약 1,300명) : 영업-내부 승진자(50%), 공채(50%)

나. 비정규직(파트타이머)

- 약 8,500명(85%) : 각 매장의 크루, 크루 트레이너, 스윙매니저

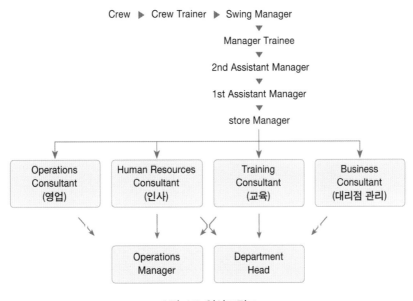

그림 4-7_인사조직도

다. 맥도날드의 인적자원관리

(1) 직무분석 및 설계

❶ Crew

배의 선원과 같이 잘 훈련된 매장 직원을 이르는 말로 점원과는 다른 개념. 맥도날드 매장의 Part Time 근무자를 Crew라고 부른다. 또한 맥도날드가 제공하는 다양한 프로그램에도 참여할 수 있다.

❷ C.L(Crew Leader)

말 그대로 모든 Crew의 리더 역할을 하며, 통솔력과 책임감이 강한 사람을 Store Manager가 직접 관리한다. Crew Leader에게는 A/A와 카운터, 그릴, 클로징 등의 모든 능력이 요구된다.

❸ Main(maintenance)

남자들에게만 있는 직책으로 Del(물건배달, 물건보관) 등의 일. 매장 특성상 튀기는 음식이 많기 때문에 튀기는 기름에 대한 관리. 유리창이나 간판 등과 같은 Cleans에 대한 관리를 맡고 있다.

❹ Tess(hostess)

매장의 꽃이라고 할 수 있는 Tess는 여자들에게만 있는 직책으로 매장 내 손님에 대한 관리(ex : 로비의 청결, 손님에 대한 사항 체크 및 관리), 매장 내 생일파티의 관리를 맡고 있다. 이런 업무를 맡는 남자를 Host라고 한다.

❺ Crew Trainer(C.T)

새로 입사한 Crew에게 업무에 대해 알려주고 그에 따른 트레이닝을 담당하고 있다.

❻ Swing Manager(S.W Mgr)

시급 매니저. 1st, 2nd, M.T를 도와주는 역할을 하며, Crew와 기존 매니저의 중간 다리 역할을 한다.

❼ Salary Manager(Salary Mgr)

맥도날드에서는 각 매장에서 근무하는 정규 사원을 Salary Manager라고 부른다. 전문 대 또는 정규대학을 졸업하고 공채로 입사, 1st, 2nd, M.T가 있다. Salary Mgr는 Crew에 대한 인사 관리 권한이 있다.

❽ S.M(Store Manager)

지점장이라고 하며, 한 매장 전체에 대한 모든 권한과 책임을 가지고 있으며 매장 내에 서는 가장 높은 위치이다. Main, Tess, Crew Leader, S.W Mgr는 Store Manager의 고유인 사 권한이다.

❾ O.C(Operation Consultant)

지역 내 몇 개의 지점을 관리한다. S.M 관리와 인사 평가 등의 역할을 한다.

❿ O.M(Operation Management)

어느 지역의 전체 패치(지점)관리와 O.C들을 관리하는 중역급. O.C와 S.M의 인사 반 영 및 평가를 하며, 추후 인사발령에 큰 영향을 끼친다.

(2) 비금전적 보상

맥도날드의 경우 열심히 일하고, 동료들에게 모범이 되는 Crew를 매달 1명씩 '이달의 Crew'로 선정하여 사진과 이름을 카운터에 걸어 놓는다. 이렇게 하면서 일하는 Crew에게 비록 아르바이트이지만 책임감을 고취시키고 일을 더욱 능률적으로 할 수 있는 기회를 제공하게 한다.

(3) 장학금 혜택

1년에 2번 학기가 시작되기 전 맥도날드에서는 근무태도도 좋고, 열심히 일하면서 학 교 성적 또한 좋은 Crew에게 장학금 주는 제도를 운영하고 있다. 일과 학업이라는 두 마리 토끼를 잡기는 매우 어렵다. 그런 점에서 맥도날드의 이런 제도는 아르바이트생이 거의 학생이고 이 학생들이 손님들과 직접 만나면서 기업의 이미지가 정해지므로, 오랫

동안 일할 수 있게 하기 위해 마련한 제도라고 할 수 있다. 매장 내에서 운영하는 500시간 700시간제도 또한 아르바이트생이 오랫동안 일할 수 있게 하기 위해 만든 제도이다. 이 제도를 통하여 새롭게 입사해서 가르치는 시간과 비용을 줄일 수 있도록 하고 있다.

❶ Crew 장학금

1년에 2번 2월과 8월에 열심히 일도 하면서 학교성적도 좋은 Crew에게 장학금을 준다.

❷ 500시간 700시간제도

500시간이나 700시간 이상 일한 Crew에게 혜택을 준다. 일하는 데 목표를 가질 수 있게 해주는 제도이다.

(4) 노사관계 관리

함께 일하면서 생기는 문제점이나 임금에 대한 불만사항 등은 3, 6, 9, 12월에 이루어지는 'Crew 미팅', '렙세션'을 통한 Mgr, S.M과의 대화를 통해 서로에 대한 문제점을 이야기하고 고칠 수 있는 기회를 갖게 해준다. 그러면서 상급자와 하급자 사이의 벽을 허물 수 있는 기회 또한 만들어준다. 불만사항의 해결은 일의 능률을 향상시키고 기업(매장)의 발전에 도움을 준다. 그리고 손님에게는 최상의 서비스를 제공할 수 있게 한다. 서비스 업종에서 최상의 서비스를 제공한다는 것은 기업 이미지에 긍정적인 효과를 준다는 것을 뜻한다.

(5) 맥도날드의 동기유발을 위한 비정규직 교육훈련

❶ 트레이너교육(햄버거대학)의 체계성

트레이너교육은 매년 15회에 걸쳐 3,000명의 학생을 대상으로 매장운영, 인사관리, 품질관리, 장비관리, 고객서비스 및 경영기술 등 햄버거와 관련된 모든 것에 대한 전문교육이 이루어지는 종업원의 훈련/개발 교육의 산실이다. 또한 맥도날드 교육훈련 중 마지막 관문인 레스토랑 경영에서부터 경영개발 프로그램에 이르기까지 모두 9개의 교과과정이 개설되어 있다. 매 기당 200명 내외의 맥도날드 레스토랑 경영자들이 6~8명씩 한 조가

되어 2주일간 합숙훈련을 받는다. 해마다 14차례에 걸쳐 약 3,000명이 AOC(고급 경영자 코스)를 이수한다. AOC과정을 이수하면 햄버거대학 학위증을 받는다.

❷ Contest에 따른 보상

*핫 햄버거 게임대회

- 대상 : 경험 많은 크루
- 목적 : 사원들의 의욕 향상 고취
- 내용 : 맥도날드에서 이뤄온 교육훈련을 바탕으로 문제를 내어 참가한 팀들이 이를 맞추는 형식으로 이루어짐. 지역별 대회를 거쳐 한 매장의 팀이 다시 전국대회에 출전하게 된다. 해외여행의 기회부여, 팀워크의 중요성을 알게 됨. 매장 안에서 서로 간의 호흡이나 단결이 이루어짐. 팀워크는 이윤창출과 직결됨

*슈퍼크루 선발대회

- 대상 : crew trainer
- 내용 : 이론과 더불어 실기까지 겸한 대회 참가자가 카운터, 그릴, 로비, FF, 실전 테스트를 거쳐 최고의 크루 트레이너를 선발
- 효과 : 대회에 참가하기 위해 트레이너 각자가 준비하는 노력이 있으므로 이러한 기회를 통해 사원들 간에 동기유발이 이루어짐

맥도날드의 경우 비정규직이 정규직보다 많은 전체의 85%를 차지하고 있지만 비정규직 문제를 잘 해결하고 있다고 생각한다. 비정규직과 정규직 간의 차별을 해결하기 위해 매장 내에서 차별 없이 동일한 근로조건이 보장되고 있으며, Crew를 해고하거나 자발적으로 퇴사하는 경우 그 사유서를 본사에 제출하도록 함으로써 매장 내에서 임의로 Crew를 해고시킬 수 없게 하고 있다. 또한 보통 비정규직에게 인정되지 않는 4대 보험(국민연금, 건강보험, 고용보험, 산재보험)을 보장하고 있는데 이의 절반을 회사가, 나머지 절반을 본인이 부담하게 함으로써 해결하고 있다.

맥도날드의 비정규직과 정규직을 차별하지 않는 분위기로는 첫째, 햄버거대학과 같이 잘 갖추어진 교육 시스템 둘째, 각종 Contest를 통한 보상과 동기부여 셋째, 비정규직 근

로자에게 매니저로의 진급기회부여, 마지막으로 각종 복지혜택을 제공함으로써 비정규직이 가지고 있는 주인의식 결여라는 문제를 해결하고 있다. 즉 효과적인 동기부여를 위한 제도와 분위기가 잘 갖추어진 것이다.

맥도날드는 비정규직을 많이 고용함으로써 비정규직과 정규직 간의 차별, 비정규직의 주인의식 결여에 따른 생산성 저하라는 문제를 효과적인 인적자원관리 시스템을 통해 해결하고 있다. 이러한 맥도날드의 인적자원관리 시스템은 비정규직문제를 해결하는 하나의 대안일 수 있다.

4. 아마존의 경영이념[10]

상식을 깬 아마존의 성공법칙을 알아보고 그에 따른 인적자원관리의 대처방안을 고찰해 본다.

(1) "이익보다 시장을 지배하라"

(2) 손해 봐도 싸게 팔아라. 박리다매로 시장 선점

(3) 제품 아닌 경험을 판다. 회원엔 영화 · 음악 무료

(4) 사업을 무한 확장하라. 방대한 고객 데이터 확보

"기업은 이익을 추구하는 집단이다." 전문가가 아니라 일반인도 대부분 알고 있는 기업의 정의다. 기업 경쟁력의 척도가 이익이며 모든 기업이 이익을 극대화하기 위해 최선을 다한다는 의미가 담겨 있다. 세계 유통산업의 역사를 새로 쓰고 있는 아마존은 예외다. 경영학에서 말하는 '기업'의 범주에 포함시키는 게 쉽지 않다. 이익에 관심이 없는 것처럼 보이기 때문이다. 지난해 전년 대비 27% 증가한 1,359억 달러(약 154조 원)의 매출을 기록했지만 당기순이익은 24억 달러에 불과했다. 지난 5년간 영업이익률은 평균 1% 안팎이다.

---

10) 한국경제, 2017. 10. 17; 세상을 집어삼키는 아마존 성공이 4원칙.

그림 4-8_아마존 직원이 물류창고에서 고객에게 배송할 물품을 점검하고 있다.

① 성공하려면 이익을 늘려야 한다?

손해를 안 보는 수준 정도로 이익을 제한해 온 결과다. 이런 전략을 3~4년 정도 이어왔다면 경쟁자들을 따돌리려는 고육지책으로 해석할 수 있다. 아마존은 1994년 창업 후 20여 년째 '낮은 이익' 전략을 유지하고 있다. 기존 경영학 이론을 무너뜨리고 있다는 평가가 나오는 배경이다.

제프 베저스 아마존 창업자 겸 최고경영자(CEO)는 당장 눈에 보이는 이익보다 시장의 지배적 사업자가 되는 게 훨씬 더 중요하다고 주장한다. 이익을 낼 수 있는 재원을 전산망이나 물류 등에 투입해 2위권 업체와의 격차를 벌리면 이익은 자연스럽게 따라온다는 전략이다. 꾸준한 후방 인프라 투자의 결과물 중 하나가 2015년 선보인 '프라임 나우' 서비스다. 최첨단 물류창고와 설비 등을 통해 주문 후 2시간 내에 집 앞까지 상품을 배달하는 서비스를 세계 최초로 구현했다.

이익을 낼 수 있는 재원을 투자로 돌리면 기업의 순이익

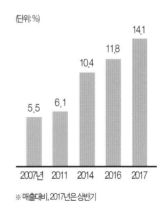

그림 4-9_급증하는 아마존의
R&D 지출

자료: S&P캐피털Q

에 비례해 정해지는 법인세가 낮아지는 효과가 있다. 2008년 이후 아마존이 미국 정부에 납부한 법인세는 1억 4,000만 달러다. 경쟁사인 월마트가 같은 기간에 낸 세금(64억 달러)의 45분의 1 수준이다. 아마존은 이 비용을 고스란히 연구개발(R&D) 등에 활용했다. 시장에서는 아마존이 '낮은 이익' 전략을 오래 유지할 수 있는 이유를 오너 경영에서 찾고 있다. 강력한 리더십을 내세워 성공의 과실을 나누자는 목소리를 원천적으로 차단하고 있다는 해석이다.

② 비싸게 팔릴 제품을 만들어야 한다?

아마존의 이익이 신통찮은 원인 중 하나는 가격에 있다. 더 비싼 가격을 매길 수 있는 상품이나 서비스를 싼 가격에 시장에 풀어버리기 일쑤다. 때로는 손해를 보기도 한다. 아마존은 2000년 베스트셀러인 해리포터 4권『해리포터와 불의 잔』을 40% 싼 가격에 판매해 화제를 모았다. 권당 5달러 안팎의 손해를 보면서 25만 권이 넘는 책을 판 것이다. 낮은 가격이 고객의 만족도와 시장점유율을 높이는 가장 좋은 방법이라고 판단했다. 전문가들은 전자상거래 시장에서 아마존의 적수가 거의 없는 이유로 이 회사의 저가정책을 꼽는다. 상당수 업체가 아마존만큼 가격을 낮추는 게 불가능하다고 보고 사업을 포기했다는 설명이다.

새로운 시장을 개척할 때도 아마존의 전략은 '충분히 싸게'다. 베저스 CEO는 2006년 자회사인 아마존웹서비스(AWS)를 통해 클라우드 서비스 사업을 시작하면서 "클라우드 서비스가 수도나 전기 같은 공공재 성격을 띠어야 한다"고 강조했다. 가격을 비싸게 받으면 구글이나 마이크로소프트 같은 경쟁사가 뛰어든다는 이유에서였다.

아마존은 경쟁사의 무관심 속에 2년여간 클라우드 시장을 개척해 현재까지 세계 시장 1위(2분기 점유율 30.3%)를 유지하고 있다. 최초의 인공지능(AI) 스피커인 에코도 박리다매 전략을 통해 시장 선점에 성공한 사례로 꼽힌다.

③ 유통은 제품을 파는 것이다?

2007년 선보인 전자책 단말기 킨들은 아마존의 대표작 중 하나다. 아마존은 킨들로 전자책을 구독하는 서비스를 내놓은 뒤 미국 내 전자책 1위를 고수하고 있다. 2011년부터는 아마존에서 팔려나간 전자책이 종이책을 뛰어넘었다. 킨들은 '제품이 아니라 경험을 판다'는 철학을 기반으로 한 서비스다. 제품을 팔 때는 내세울 게 가격밖에 없지만 경험을 팔게 되면 다양한 차별화 포인트를 만들 수 있다는 게 아마존의 전략이었다.

온라인 상점인 아마존에서 음악이나 영화와 같은 콘텐츠를 제공하는 것도 같은 맥락이다. 유료 회원에게 제공하는 프라임 서비스에 가입하면 음악과 드라마, 영화 등이 공짜다. 아마존 뮤직이 제공하는 무료 음원은 100만 곡에 달한다. 아마존 유료 회원이라면 굳이 애플 아이튠즈(음악)나 넷플릭스(영화)에 가욋돈을 낼 이유가 없다.

아마존은 유료 회원을 받아들이고 이들에게 아낌없이 서비스를 제공하는 사업모델로 유명하다. 이틀 내 무료 배송과 음악 무한 청취 등 50여 가지 혜택을 누릴 수 있는 아마존 프라임, 매월 9달러99센트로 아마존이 보유한 모든 전자책을 읽을 수 있는 킨들 언리미티드 등이 대표적이다. 경쟁력을 갖춘 '경험 상품'이 다양하기 때문에 할 수 있는 시도들이다.

④ 한우물을 파야 실패하지 않는다?

아마존은 '문어발 기업'이다. 아마존의 경쟁자들은 하나같이 쟁쟁하다. 유통시장에선 월마트와 이베이, 정보통신기술(ICT) 시장에선 IBM 마이크로소프트와 싸운다. AI 기기 분야에서는 구글과 애플이 경쟁사다. 동시다발적으로 세계와 싸운다고 해도 과언이 아닐 정도다. 몇 년 전까지 전문가들은 아마존의 무한확장에 우려를 나타냈다. 핵심 역량이 없는 분야로 사업을 확장하는 것은 기업의 위험 신호라는 견해가 많았다. 최근 이 같은 목소리가 쏙 들어갔다. 아마존이 보유하고 있는 방대한 고객 데이터가 업종에 관계없이 위력을 발휘한다는 사실이 증명되고 있기 때문이다.

여러 업종의 서비스가 한꺼번에 이뤄졌을 때의 장점도 무시할 수 없다. 일단 소비자 만족도가 올라간다. 아마존 유료 회원이 되면 상품 할인(유통), 무료 배송(물류), 무제한 저장공간(클라우드), 무료 음악과 영화(콘텐츠) 등을 한꺼번에 누릴 수 있다. 현재 온·오프라인과 정보기술(IT) 물류 등을 아우르는 서비스를 제공할 수 있는 글로벌 기업은 아마존이 유일하다.

제**5**장

노사관계와
인적자원관리

노사관계와 인적자원관리

노사관계와 인적자원관리에서는 먼저 한국노사관계의 역사를 인식하고 노사관계의 동향을 파악한다. 또한 노조가 경영에 미치는 영향력을 알아보고 단체교섭과 노사분규, 협력적 노사관계에 대해 알아본다.

제1절 ● 한국노사관계의 발전과정

1. 노동운동과 노사관계의 발전(고용노동부, 2012 : 노동법 60년사 연구)

우리나라 노동운동의 역사를 간략해 보면 다음과 같다.

우리나라의 경우 1945년 광복 후 미군정시기부터 출발한 근로기준제도 및 행정은 1953년 「근로기준법」이 제정되어 제도적인 기반이 구축되었다. 1953년 저임금·생산직 근로자를 상정하고 만들어진 「근로기준법」은 수차의 개정과 해석론이 발전을 통하여 근로자 보호기능과 함께 노동시장 및 근로환경의 변화에 대응하여 왔다. 근로시간은 주 48시간에서 주 40시간으로, 적용범위는 상시 근로자 16인 이상에서 상시 근로자 5인 이상의 사업장을 원칙으로 하는 근로기준제도로 발전하였다. 근로관계법의 발전은 1945년 광복 후

미군정시기로부터 출발한 근로기준제도 및 행정이 1953년 「근로기준법」의 제정과 함께 제도적인 기반을 구축하였다.

1) 제1 · 2공화국(1950년대)

가. 사회경제적 여건

1945년 8월 15일 일제가 물러가고 미 군정청이 설치되면서 일제통치하에서 일방적 지배상태에 있었던 근로자들에 대하여 민주적 입법을 마련하는 것이 노동정책의 과제로 제기되었다. 경제적으로는 8 · 15광복과 더불어 식민지 종주국이었던 일본경제가 갑자기 분리되자 많은 사업장이 조업을 중단하거나 중단이 불가피해지면서 실업자는 급증하였고 인플레이션의 발생으로 근로자의 생활은 더욱 곤경에 빠지게 되었다. 이러한 경제적 상황은 노동운동의 폭발적인 증가로 이어졌다. 특히 1951년 3월에 일어난 '조선방직 쟁의'는 한국전쟁으로 정지된 노동운동을 부활시키고 노조의 기능을 회복시키는 계기가 되었으며, 근로자를 위한 노동기본권 보장에 대한 사회적 인식을 높여 결과적으로 노동법 제정의 필요성과 중요성을 일깨워주는 중요한 계기가 되었다.

전쟁 이후 1960년까지 전후 복구시기에는 공업화정책이 내수 경공업 위주로 느리게 진행됨에 따라 고용수준의 증대는 기대될 수 없었고 임금수준도 매우 낮아 1957년 보건복지부가 실시한 조사에 의하면 근로자의 월평균 수입은 20,153환인 데 반해 월평균 생활비는 40,509환으로 적자를 보였다.

나. 관계법령의 제 · 개정

미 군정시대의 노동보호 입법은 군정법령 제14호로 「일반노동임금에 관한 법령」(1945. 10. 10 공포), 군정법령 제97호로 「노동문제에 관한 공공정책 및 노동부 설치에 관한 법령」(1946. 7. 23 공포), 군정법령 제102호로 「아동보호 법규」(1946. 9. 18 공포), 군정법령 제121호로 「최고노동시간에 관한 법령」(1946. 11. 7 공포) 등이 제정되었다.

한편 1948년 7월 17일 대한민국 「헌법」이 공포되었고, 「헌법」 제17조는 "근로조건의 기준은 법률로 정하며, 여성과 소년의 근로는 특별한 보호대상으로 한다"고 규정하여, 국가가 근로조건의 최저기준을 법률로 정하는 근거를 마련하였다. 이러한 상황에서 적지 않은 노동문제가 발생하였으나 이를 합법적으로 해결할 수 있는 법안이 없어 「노동법」의 조속한 제정의 중요성과 필요성에 대한 공감대가 형성되었다. 따라서 비록 전쟁 중이었음에도 불구하고 1953년 「노동4법」(「근로기준법」, 「노동조합법」, 「노동쟁의조정법」, 「노동위원회법」)을 제정·공포하였다. 1953년의 「노동관계법」 제정으로 노동관계 기본 법률이 체계적으로 정립되었다.

2) 제3공화국(1960년대)

가. 사회경제적 여건

제3공화국은 경제개발 5개년 계획을 통해 정부 주도의 공업화와 성장제일주의를 채택하여 급격한 사회변화를 맞이하게 된다. 이로 인해 1962~1966년 연평균 8.3%, 1967~1971년은 연평균 10.5%라는 고도성장을 이룩하였다. 이러한 고도성장에도 불구하고 취업상태는 불완전하고 저임금, 과잉노동력을 형성하고 있어 저임금과 장시간 근로 등 근로조건 및 작업환경은 매우 열악한 상황이었다.

나. 관계법령의 제·개정

5·16 직후 1961년 5월 22일, 정부는 포고령 6호에 의하여 「노동4법」의 효력을 일시 정지시켰다. 정부는 1961년 8월 20일에 공포된 「근로자의 단체활동에 관한 임치조치법」에 의하여 노동조합을 가능케 하였다. 같은 해 12월 4일 「근로기준법」이 개정되었는데, 개정법의 특징은 국가의 개입 강화, 공익 중심의 노동행정, 노동보호입법의 강화 등으로 요약될 수 있다.

제3공화국 노동입법의 특징은 정부 주도적이라는 것이다. 따라서 부분적으로는 개별 근로자에 대한 보호를 강화하는 내용도 있지만, 정부의 경제정책이 '선성장 후분배'를 표방하면서 성과배분의 면에 있어서 소득과 부의 편재현상이 심화되어 근로자들의 근로조건은 실질적으로 개선되지 못하였다. 부의 편재현상이 심화되어 근로자들의 근로조건은 실질적으로 개선되지 못하였다.

3) 유신공화국(1970년대)

가. 사회경제적 여건

고도성장을 하던 한국경제는 1960년대 말 위기에 봉착하였다. 수출은 급격하게 둔화되고 경제성장률도 1969년 13.8%에서 1972년 5.8%까지 하락하였다. 이러한 문제를 타개하기 위해 정부는 중화학공업 및 수출중심의 산업정책을 채택하였다. 이러한 산업정책은 임금근로자 수를 급격하게 증가시켰으며 이 중에서 농림어업 종사자는 절대수 및 비중에서 크게 줄어든 반면 광공업 등 2차 산업 종사자는 크게 증가하였다. 그러나 임금근로자 대부분은 장시간 근로 및 저임금에 시달리고 있었다. 1970년대에는 2가지 특징적인 현상이 나타나게 되는데, 하나는 60년대 중반부터 시작된 종교계의 노동운동에 대한 참여 움직임이 공업화의 진전과 함께 확산된 것이고, 다른 하나는 1970년 11월 13일 전태일 분신사건이 노동문제에 대한 사회의 관심을 제고시키는 계기가 된 것이다.

나. 관계법령의 제·개정

1973년 제1차 오일쇼크로 인한 세계적인 경제불황과 국내경제의 경기침체에 따른 사회적 불안을 제거하기 위하여 정부는 1974년 1월 14일 "국민생활의 안정을 위한 대통령 긴급조치"를 공포·시행하였다. 이 조치에는 임금채권의 우선변제, 「근로기준법」상의 벌칙강화 등의 내용이 담겨 있었다. 1974년 12월에 1·14조치의 해제를 앞두고 이 조치 내의 근로자 보호규정들을 해당 법률에 편입하기 위한 법 개정작업이 실시되었다. 이러한 작업의 일환으로 1974년 12월 24일 「근로기준법」이 개정되었다.

4) 제5공화국(1980~1987년)

가. 관계법령의 제·개정

1980년 10월 25일 제5공화국 「헌법」이 공포·시행되었다. 제5공화국 「헌법」은 제30조에서 근로자의 고용 증진과 적정임금의 보장에 노력할 것(제1항), 근로조건의 기준은 인간의 존엄성을 보장하도록 법률로 정할 것(제3항) 등을 규정하고 있었다. 제5공화국 출범이후 1980년 12월 31일에 개정된 「근로기준법」에서는 4주 단위 변형근로시간제도를 신설하여 근로시간규정의 경직성을 완화하였다. 한편 행정인력 부족현상을 완화하고, 사업장 자율노무관리체계를 확립하기 위하여 1984년 12월 31일 「공인노무사법」을 제정하여, 공인노무사제도를 도입하였다. 또한 1986년 12월 31일에는 「최저임금법」을 제정하여 행정지도에만 의존하던 저임금 해소문제를 제도적으로 보장할 수 있게 되었다. 나아가 1987년에는 6·29선언으로 인하여 노사관계제도의 개혁과 임금을 포함한 각종 근로조건의 개선을 위한 노사분규가 폭발적으로 발생하였으며, 이러한 상황을 반영하여 1987년 11월 28일에 개정된 「근로기준법」은 임금채권우선변제규정을 신설하고, 변형근로시간제도를 폐지하였다.

나. 평가

1987년의 「노동법」 개정은 자율적 노사관계 자체를 부인하는 1980년의 비정상적 「노동법」 체계를 바로잡는 수준에 머물렀을 뿐 이후 현실에서 전개되었던 노사관계의 양태를 법적 테두리에서 규율할 수 있는 틀을 제공하지는 못하였다.

5) 노태우정부(1987~1992년)

가. 사회경제적 여건

1980년대 말은 3저 호황이 끝나고 경기가 본격적인 하강국면에 돌입하는 시점이었다. 1991년도에 우리나라가 ILO에 가입함에 따라 ILO협약 비준과 관련한 노동관계법의 개정이 필요하였다. 1990년대 초반은 선진자본주의 국가의 시장개방 요구 등 범세계적인 경제체제 변동의 여파가 우리나라에도 영향을 미치고 있었으며, 우리나라의 ILO 가입으로 한국의 노동기본권 신장을 요구하는 ILO의 압력은 노동시장 유연화를 요구하는 산업구조조정 압력과 함께 「노동법」 개정에 큰 영향을 미쳤다.

나. 관계법령의 제·개정

1988년 제6공화국이 출범하면서 동년 12월 여야 합의로 노동관계법 개정안이 국회를 통과하였으나, 1989년 3월 대통령의 「노동조합법」 및 「노동쟁의조정법」에 대한 거부권 행사로 「근로기준법」만 개정되게 되었다. 1989년 3월 29일 개정된 「근로기준법」에서는

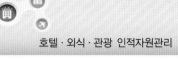

적용범위를 '5인 이상 근로를 사용하는 사업장'으로 확대하였으며, 임금채권에 대한 최우선변제제도를 도입하고 법정근로시간을 주 48시간에서 주 44시간으로 단축하였다.

6) 문민정부(1993~1997년)

가. 사회경제적 여건

1996년 중 우리 경제는 성장이 둔화되는 가운데 경상수지 적자폭이 커지는 등 문제점이 드러나면서 1997년도에는 연초부터 대기업 연쇄부도, 동남아 금융위기 등으로 금융·외환시장의 어려움이 가중되면서 1997년 11월 21일에는 IMF와 주요 선진국 및 국제금융기관에 자금지원을 요청하는 외환위기상황을 맞이하게 되었다.

나. 노사관계개혁위원회

1993년에 출범한 문민정부는 '대립과 갈등의 노사관계를 전제로 마련된 법과 제도를 참여와 협력의 바탕 위에서 새롭게 설계해 나가야 한다'는 구상하에 노동관계법·제도의 개혁을 위하여 노사관계개혁위원회를 구성하였다. 정부는 노사관계개혁위원회에서 노사단체 등의 이해관계자와 시민단체 등의 요구안을 광범위하게 수렴한 후 공개적이고 민주적인 절차를 통하여 다양한 이해관계를 조정하면서 합의에 기초한 법·제도 개혁을 추진하고자 하였다. 근로기준제도 개혁추진의 배경에는 WTO체제의 출범에 따른 불공정무역의 방지를 위하여 경쟁조건의 동일화를 위한 최소한의 국제적인 노동기준 확립에 대한 선진국의 압력이 있었다.

다. 관계법령의 제·개정

정부는 1996년 8월 20일 노사관계개혁추진위원회를 구성하고 노사관계개혁위원회의 논의결과를 근거로 한 노동부 개정안을 정부안으로 국회에 제출하였으나, 국회 논의과정에서 노사 간의 첨예한 의견차를 보이는 사안에 대한 대폭적인 수정이 가해졌으며, 국회는 1996년 12월 26일 여당만의 단독국회를 통하여 변칙적으로 수정안을 통과시켰다. 이와 같은 변칙적 처리는 노동계뿐만 아니라 사회적 반발을 일으켜 결국 1997년 1월 12일 개정법의 폐기에 합의하게 된다. 이에 근거하여 1997년 3월 13일 기존의 「근로기준법」을 폐지하고, 같은 이름의 「근로기준법」을 제정하였다. 1997년 3월 13일 「근로기준법」 개정은 1987년 이후 계속 심화되었던 법과 현실의 괴리현상을 상당부분 시정하였다는 평가를 받았다.

7) 국민정부(1998~2002년)

가. 사회경제적 여건

IMF 경제위기는 실업률 증가로 이어져 1999년 실업률은 8.6%(178만 명)에 달하였다. 대량실업사태를 맞이하여 경제위기 극복을 위한 노사정 대타협을 도출하고, 급증하던 실업문제 해결을 위하여 범정부적인 실업대책을 수립·추진하였다. 이러한 정책의 일환으로 김대중 당시 대통령 당선자는 1998년 1월 15일 노사정위원회를 구성하였고, 노사정위원회는 1998년 2월 7일 '경제위기극복을 위한 사회협약'을 체결하였다.

나. 관계법령의 제·개정

1998년 2월 20일 「근로기준법」 개정은 1997년 12월 3일부터 시작된 'IMF(국제통화기금) 관리체제'에서 당면한 경제위기를 타파하기 위하여 모색된 것이었다. 「근로기준법」에서는 '경영상 이유에 의한 해고'에 관한 규정을 개정하였고, 「파견근로자보호 등에 관한 법률」과 「임금채권보장법」이 제정되게 되었다. 1998년 2월 7일의 '경제위기 극복을 위한 사회협약'에 의거한 1998~1999년의 「노동법」 개정은 1987년 이후 10년에 걸친 「노동법」 개정의 대장정을 마무리짓는 의미가 있다. 특히 1996~1997년 「노동법」 파동의 핵심쟁점이었던 정리해고 관련 규정을 노사합의·여야합의로 처리했다는 것은 매우 중요한 정치적 의미를 갖는다. 2000년에는 IMF 외환위기 이후 변화된 노동시장 여건하에 근로기준제도 개선에 대한 많은 요구가 있었으며, 이에 따라 「근로기준법」 분야에도 많은 개정이 이루어졌다. 노동계로부터 근로시간제도 개선이 삶의 질 향상과 일자리 나누기 차원에서 요구되어, 2000년 5월 17일 노사정위원회에 '근로시간단축특별위원회'가 실치되었으며, 같은 해 10월 23일 "법정 근로시간을 44시간에서 40시간으로 단축하여 주5일 근무제를 정착시키는 한편 휴일·휴가제도를 국제기준에 걸맞게 개선·조정하도록" 하는 노사정 합

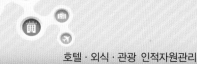
의문을 채택하였다. 이러한 합의를 토대로 2003년 9월 15일 주 40시간제를 골격으로 하는 「근로기준법」 개정이 있게 된다.

8) 참여정부(2003~2007년)

가. 노사관계제도선진화연구위원회

2003년 5월 10일 정부는 변화하는 제반 환경에 대응하고 보편적인 노동기준(Global Standard)에도 부합하는 합리적 규범으로서의 노사관계법 · 제도의 마련을 위하여 '노사관계제도선진화연구위원회'를 구성하였다. 동 위원회의 「근로기준법」 제 분과는 2003년 11월에 고용노동부 장관에게 제출한 "노사관계법 · 제도 선진화 방안"에서 부당해고의 구제방식과 관련하여 부당해고 자체를 형사처벌의 대상으로 하는 규정의 삭제, '해고의 서면통지의무화'의 도입 '금전보상제'의 도입 등을, 그리고 임금체불과 관련하여 처벌조항의 '반의사불벌죄'로의 전환과 '지연이자제도'의 도입을 주장하였다. 이러한 제안들 가운데 체불임금과 관련된 '반의사불벌죄화'와 '미지급 임금에 대한 지연이자제도'의 도입은 2005년 3월 31일 「근로기준법」 개정에 반영되었고, 해고와 관련된 '형사처벌규정' 삭제 및 이행강제금제도와 금전보상제의 도입 그리고 해고의 서면통지제도의 도입은 2007년 1월 26일 「근로기준법」 개정에 반영되었다.

나. 관계법령의 제 · 개정

사회경제적 여건이 변하면서 1961년에 도입된 퇴직금제도가 사용자에게는 큰 부담이나, 사회보장적 기능을 살리지 못하자 노사에 불이익이 없도록 하면서 노후소득 보장이라는 당초의 취지를 구현하기 위한 퇴직금제도 개선에 대한 논의가 1998년부터 노사정위원회에서 이루어졌다. 2004년 정부는 노사정위원회에서의 논의를 토대로 마련한 「근로자퇴직급여보장법」을 국회에 제출하였으며, 2005년 1월 27일 동법이 제정되어 퇴직연금제도가 도입되게 되었다.

표 5-1_시대별 노사관계 주요 내용

구분	연도	주요 사건
반일투쟁기	1920~1945	1922년 조선노동연맹/ 1924년 조선노동총연맹 결성
혼란진통기	1945~1960	1945년 11월 조선노동조합전국평의회(전평 : 좌익) 1946년 3월 대학독립촉성노동총연맹(노총 : 우익) 1953년 「노동조합법」, 「노동쟁의조정법」, 「노동위원회법」, 「근로기준법」 제정 1954년 대한노동조합총연합회(대한노총) 1960년 조합 수 9,14개
발전기	1960~1971	1961년 5월 16일 5·16혁명 : 노사분쟁금지조치 1961년 8월 대한노총 → 한국노동조합총연맹 1961년 12월 「직업안정법」 제정 1963년 「노동쟁의조정법」 개정공포
제약기	1971~1986	1971년 국가보위에 관한 「특별조치법」 1972년 「유신헌법」 → 노동운동 규제 1980년 제5공화국 노동운동 규제
개방기	1987~2003	1987년 6월 29일 6·29선언 : 노동운동 재개 1988년 유니온 숍 제도 인정* 1998년 김대중 정부 : 노사정위원회 1999년 한국민주노동총연맹 합법화 : 한국노총(온건적), 민주노총(전투적) 2003년 참여정부 : 성장 중심에서 분배, 균형 중심으로 노사관계 새 국면

*1988년 근로자의 3분의 2 이상이 노조에 가입할 경우 유니온 숍(union shop) 제도를 인정받을 수 있는 길이 열림(「노조법」 제39조 2항).
자료 : 이학종·양혁승(2011), 전략적 인적자원관리, 박영사, pp. 134-140.

2. 환대산업 노사관계의 동향

1) 국내 노사관계 현황[1]

「2019 전국 노동조합 조직현황」 자료에 따르면, 노동조합 조직률은 12.5%이며, 전체 조합원 수는 2,531천 명이다.

- 노조 조직률 : 전체 조합원 수(2,531천 명)/조직대상 노동자 수(20,314천 명) × 100
- 조직대상 근로자 수 : 임금 근로자 수(경제활동인구조사, 2,069만 명)에서 노조 가입이 금지되는 공무원(5급 이상, 군인·경찰 등) 및 교원(교장, 교감 등) 제외(-376천 명)
- 부문별 조직률은 민간부문 10.0%, 공공부문 70.5%, 공무원 86.2%, 교원 3.1%

---

1) 고용노동부 노사관계법제과(2020.12.30), 2019년 전국 노동조합 조직현황 자료발표(보도자료).

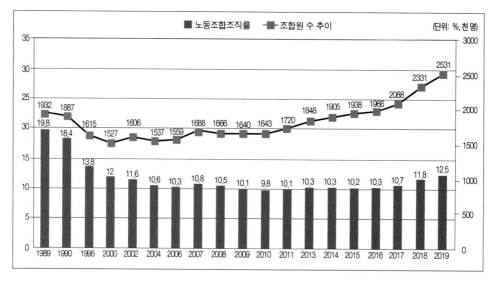

그림 5-1_노조조직률 및 조합원 추이

자료: 고용노동부, 노사관계법제과, 2020.12.30.

- 상급단체별 조직현황 : 민주노총 1,045천 명(41.3%), 한국노총 1,018천 명(40.2%), 공공노총 48천 명(1.9%), 선진노총 19천 명(0.7%), 전국노총 15천 명(0.6%) 순이며, 상급단체에 소속되지 않은 노동조합(미가맹)은 386천 명(15.3%)으로 나타났다.
- 조직 형태별로는 초기업 노조 소속 조합원이 1,473천 명(58.2%)이고, 사업장 규모별 조직률은 300명 이상 54.8%, 100~299명 8.9%, 30~99명 1.7%, 30명 미만 0.1%로 나타났다.

가. 지표 설명

❶ 지표개념

- 노동조합 조직률 : 조합원 수/조직대상 근로자 * 100
- 조직대상 근로자 : 임금근로자(상용, 임시, 일용) − 노조 가입이 금지된 공무원
- 노동조합 수 : 단위노조(기업, 지역 · 업종 · 산별 노조)+연합단체(총연합단체, 산업별 연합단체)

❷ 지표의의 및 활용도

• 노조 조직현황(조직률, 노동조합 수, 조합원 수 등)에 대한 통계를 산출하여 향후 노조조직화 경향 등을 예측하고 각종 노동정책 수립 시 기초자료로 활용

나. 지표 해석

• 노동조합 조직률은 11.8%로 전년 대비 1.1%p 증가
  - 전체 조합원 수는 2,331,632명으로 전년 대비 약 243천 명(11.6%) 증가하고 노조조직대상 근로자는 약 167천 명 증가

표 5-2_전국노동조합 조직현황 연도별 비교 (단위: 천 명, %, %포인트)

구 분	2017년	2018년	증 감
조직대상 근로자	19,565	19,732	167(0.9%)
조합원 수	2,088	2,331	243(11.6%)
조직률	10.7	11.8	1.1%

• 노조 수는 5,868개소로 전년 대비 5.9%(371개소) 감소
  - 한국노총 : 조합 수 2,307개소(39.3%), 조합원 수 932,991명(40.0%)
  - 민주노총 : 조합 수 367개소(6.3%), 조합원 수 968,035명(41.5%)
  - 미가맹노조 : 조합 수 3,121개소(53.2%), 조합원 수 373,844명(16.1%)
  - 공공노총 : 조합 수 61개소(1.0%), 조합원 수 35,202명(1.5%)
  - 전국노총 : 조합 수 12개소(0.2%), 조합원 수 21,560명(0.9%)

다. 노동조합 조직률 변화추이

• 연도별 노조조직률은 1989년을 정점으로 지속적인 하락 추세를 보여 '10년에 최초로 한 자리수인 9.8%를 기록한 이래 '11년에 복수노조제도 시행 능의 영향으로 나시 10% 대로 회복되었고, '18년에는 11.8%로 증가

라. 국제 간 비교

• 2018년 말 노조 조직률은 10.7%

표 5-3_노조 조직률 국제비교 (단위: %, '18년 기준)

국가별	한국	미국	일본	호주	영국
노조 조직률	10.7	10.5	17.0	32.9	23.4

• 유의점

노동조합 수는 노동조합 설립신고 단위를 기준으로 산정한 것이므로 수개 기업 소속
근로자로 구성된 기업노조(산업별·직종별·지역별 노조 등)의 경우에도 '1개소'로
산정되었음을 감안할 때 노동조합이 조직되어 있는 기업 수는 노동조합 수보다 더
많음

마. 관련 용어

• 노동조합 조직률 : 전체 임금근로자 수 대비 노동조합원 수의 비율을 나타내는 지표
• 임금근로자 수 : 상시근로자와 일용근로자를 합한 숫자를 의미-공무원은 제외(공무원
은 2006년 1월부터 노조 설립 가능)
• 작성방법

노동조합 관할 행정관청(47개 지방노동관서 및 272개 지방자치단체)으로부터 노동조
합 조직현황 조사표를 제출받아 분석 후 통계작성 노조 조직률과 국제비교노동조합
조직률 분석

2) 전국 환대산업 관련 노동조합 현황

전국관광·서비스노동조합연맹은 1970년 12월 12일 창립 이래 현재까지 전국 관광·서비스산업 노동자들의 근로조건을 개선하고, 고용안전과 권리를 지키고, 노사관계의 민주화 및 노동운동의 건전한 발전을 촉진케 함으로써 복지국가 건설에 기여함을 목적으로 하는 노동단체이다.

전국관광·서비스노동조합연맹은 관광·서비스산업 즉, ① 호텔업 ② 휴양업 ③ 여행알선업 ④ 관광교통업 ⑤ 토산품판매업 ⑥ 삭도(케이블카)업 ⑦ 요식업 ⑧ 항공운송업 ⑨ 유통업 ⑩ 골프장업 ⑪ 놀이동산 ⑫ 서비스업종의 노동자들을 대표하는 노동조직이다.

한국노총에 가입하고 있으며, 전국 관광·서비스산업 노동자들의 요구를 대변하고, 민주노조 운동에 복무하며, 열악한 임금 및 근로조건 등을 개선하는 사업과 활동을 전개하고 있다. 특히, 관광·서비스산업은 고부가가치산업이고 외화가득률이 높은 산업이며, 양질의 일자리를 창출할 수 있는 용이한 산업이다. 또한, 관광·서비스산업은 노사 안정 없이는 발전할 수 없는 산업이다. 이에 연맹에서는 과거형 대립과 갈등의 노사관계를 청산하고 노사 신뢰를 중시하는 생산적 노사문화 정책으로 과감하게 전진하고 있다(전국관광·서비스노동조합연맹 홈페이지; http://tour.inochong.org/intro/about.asp).

제2절 ● 노사관계와 경영조직

1. 노조의 목적

노동조합을 결성하는 목적은 "자체의 조직을 유지·운영하면서 근로자들의 취업기회를 효율적으로 배분하고 직무조건을 개선하며 근로자 인권을 보호할 수 있는 공정한 시스템을 개발하는 것이며, 노조회원들을 위하여 그들의 전반적인 복지를 향상시키고 경영층에게도 건설적으로 도전하여 조직의 생산성을 높임으로써 일반 사회복지에 기여하는 것"으로 정의할 수 있다(이학종·양혁승, 2011).

2. 노조와 근로자

1) 노조에 가입하는 이유와 가입하지 않는 이유

노조에 가입하는 이유는 단시 임금의 불만이 아니며 다양한 이해관계에 따라 형성된 요인에 의한다. 즉 집단에 소속되어 사회적 동기를 얻기 위해 가입하며(집단에의 소속 감), 노조를 통해 근로자의 직장 안정과 경제적 보상, 근로조건의 개선 등이 이루어지며 또한 단체협약에 의해 자신들의 경제적 안정감을 찾기 위함이다(경제적 안정감). 또한 근로자 자신들의 문제를 스스로 해결해 나가는 자율적인 능력과 독립된 위치 및 주체성을 원하며(자율성과 독립성), 직장환경에 대해 알고 싶어 하고 또한 직장상황에 대해 의사표현하기를 원한다(직장환경에 대한 이해와 단체의사표현). 근로자들은 단순히 생산도구로써만 인정받지 않고 인간적으로 대우받기를 원하여(공정한 인간적 대우), 노조의 압력과 유니온 숍 제도 등으로 노조에 가입하게 되며 또한 노조에 소속되어 자아실현의 기회를 살리기 위해 노조에 가입한다(노조의 압력과 리더십 기회).

한편 노조에 가입하지 않는 이유는 직장생활에 만족하고 있고 임금이나 근로조건에 특별한 개선의 필요성을 느끼지 않을 경우 그 필요성을 느끼지 못하며, 사무직이나 전문기술직에 종사하는 사람들은 자신들을 근로자층과 동일시하기보다는 경영자층과 동일시하는 경향이 있어 노조에 가입하기보다는 전문분야의 직업협회에 가입하기를 희망한다. 또한 노조의 단체행동이나 노조의 사회주의적 이념에 반대하여 가입하지 않으며, 노조 내부의 권력다툼, 폭력, 어용노조, 기금의 횡령 등 불법부당행위는 노조의 공신력을 떨어뜨려 노조가입에 부정적 영향을 미친다.

2) 노사관계 조직

가. 노조의 조직체계

일반적으로 노동조합의 조직은 〈그림 5-2〉와 같다. 즉 노조위원장을 주축으로 사무국장은 스태프의 역할을 하며, 라인조직으로 여성, 후생, 안전, 교육선전, 총무, 조직, 쟁의, 조사통계, 체육 등에 관련된 부서를 두고 있다.

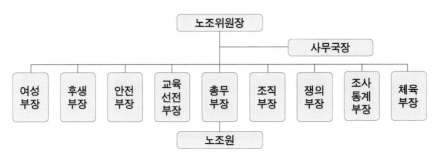

그림 5-2_노조의 조직체계

나. 노사관리 조직체계

인사부서에서 노사관계를 다루는 것을 일반적으로 노무관리라고 한다. 대기업의 경우 인사책임과 노무책임을 분리하여 관리하나, 중소기업의 경우 대부분 인사부서에서 노무부서의 역할을 포괄하여 관리한다.

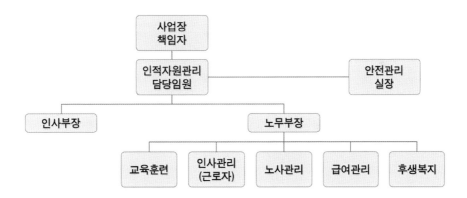

그림 5-3_조직체의 노사관리조직

3. 노동조합의 형태

일반적으로 노동조합의 형태는 조직별로 볼 때 직업별 노동조합, 일반 노동조합, 산업별 노동조합, 기업별 노동조합으로 분류된다.

1) 직업별 노동조합

직업별 노동조합이란 산업이나 기업에 관계없이 동일한 직업 및 직종에 속하는 노동자들이 자기들의 경제적 이익을 확보하기 위해 조직하는 노동조합을 의미하며 역사적으로 가장 일찍이 발달한 조직형태이다.

2) 일반 노동조합

일반 노동조합은 동일지역에 있는 중소기업을 중심으로 조직되는 조합이다. 중공업이 발달되지 못하고 중소기업이 많은 나라에서 나타나는 형태이다.

3) 산업별 노동조합

산업별 노조는 산업직군 곧 하는 일이 같은 노동자들이 노동인권을 존중받기 위해 만든 노조이다. 해당 산업직군에서의 노동을 위해 구직하거나 공부하는 노동자까지도 가입할 수 있는 산업별 노조도 있다. 이해를 돕기 위해 두 가지 산업별 노조를 소개한다.

• 민주노총 금속노조

예를 들어 민주노총 금속노조는 자동차, 기계, 조선업, IT, 전자, 전기 같은 금속노동을 하는 노동자들이 만든 산업별 노조이다. 금속노동자들은 정규직, 사내하청 등의 비정규직, 한국인 노동자, 외국인 노동자 등의 구분 없이 누구나 금속노조 조합원으로 가입할 수 있으며, 산업별 노조이므로 조합원은 다니는 회사에 어용노조나 유령노조가 있더라도 회사와 단체협약 곧 노동조건과 임금에 대한 약속을 체결할 수 있다.

• 민주노총 건설노조

민주노총 건설노조는 건설업에 종사하거나 일하려는 노동자들의 산업별 노조이다. 그렇기 때문에 조합원들은 단체교섭을 다니는 회사와 체결함으로써 노동조건을 개선할 수 있다. 건설노동자는 대부분 일용직으로 일하는 노동자들이라 노동조합을 결성하여 단결하기 어렵기 때문에, 기업별 노조가 아닌 산업별 노조를 결성하여 활동하는 것이다.

4) 기업별 노동조합

기업별 노동조합은 동일기업 내에서 근로자에 의하여 조직되는 노동조합으로 일명 기업 내 조합이라고도 한다. 현대중공업 노동조합과 같이 산업별 노동조합에 가입되어 있지 않은 노동조합은 기업별 노동조합이 된다.

4. 노동조합의 가입방법에 의한 분류

노동조합은 조직형태에 따라 다음과 같이 구분할 수 있다(위키백과 참조).

① 클로즈드 숍(closed shop) : 노동조합 조합원 자격이 고용의 조건이 되는 조직형태이다. 조합원 자격을 상실할 경우 고용계약도 해지된다.

② 유니온 숍(union shop) : 채용된 노동자가 일정 기간 이내에 노동조합에 가입하는 것이 의무적인 형태의 노동조합이다. 노동조합가입 강제제도의 하나로, 근로자가 입사 후 일정기간 내에 노조에 가입해야 하며 조합원 자격을 상실하면 사용자가 해고해야 할 의무를 가지는 규정이다. 이를 감안한 새 법 제81조 제2호에서는 노동조합이 당해 사업장 근로자의 3분의 2 이상을 대표하는 경우에 한하여 유니온 숍 협정체결을 허용하면서 근로자가 노조에서 제명된 경우 이를 이유로 해고 등 불이익한 조치를 할 수 없도록 제한하고 있다.

③ 에이전시 숍(agency shop) : 노동조합의 가입에 대한 강제는 없으나 단체교섭 당사자인 노동조합이 조합원이 아닌 노동자에게서도 조합비를 걷을 수 있는 형태의 노동조합이다.

④ 오픈 숍(open shop) : 노동조합의 가입 여부와 조합비의 납부가 온전히 노동자의 의사에 따라 이루어지는 형태의 노동조합이다.

대부분의 노동조합은 오픈 숍의 형태로 운영된다. 클로즈드 숍의 인정은 각 나라의 법률에 따라 다르다. 영국은 산업의 종류에 관계없이 클로즈드 숍을 인정하는 반면, 미국은 1935년 뉴딜정책의 일환으로 와그너법을 제정하여 클로즈드 숍을 인정하였으나 1947년 새롭게 제정된 노사관계법인 태프트-하틀리법에 의해 금지되었다. 대한민국에서는 항운노조연맹이 클로즈드 숍으로 운영되고 있다.

5. 인적자원관리에 미치는 영향[2]

노조가 인적자원관리에 미치는 영향은 매우 크다고 할 수 있다.

1) 충성심의 분할

일반적으로 근로자가 노조에 가입하면 관리자나 경영층에 대한 충성보다는 노조에 대한 충성으로 인해 충성심의 분할을 야기하게 된다. 따라서 노조에 가입하기 전보다는 경영층에 대한 충성심이 약화될 수밖에 없다.

2) 규제역할

노조원들은 자신들의 이해관계를 위해 경영층의 의사결정과정에 참여하기를 원하며 그러한 영향력은 경영층의 의사결정을 규제하는 역할로 작용하게 된다.

3) 인적자원관리의 개선

노조에 의해 인적자원관리가 개선된다는 것이다. 이는 노조의 견제에 의해 인적자원관리에서 행해지는 선발, 배치, 승진, 전직 등의 절차가 명백해지며 보다 개선되는 것을 의미한다.

4) 공동의사결정과 상호협조

노조의 결성은 단체교섭을 의미하고 이는 노사가 공동의 의견접근에 의해 경영의사결정을 이루어 나간다는 것을 의미한다. 1960년대 이래 일본기업의 놀라운 성장은 노사 간의 협력이 중요 요인이었다는 점을 감안해 보면 조직체 발전에 노조의 역할이 얼마나 중요한지를 입증하는 좋은 예라고 할 수 있다.

---

2) 이학종 · 양혁승(2011), 전략적 인적자원관리, 박영사 pp 153-156

5) 인적자원관리 기능과 조직변화

노조가 생겨남으로 인해 일선관리자는 현장 노조대표와 단체협약사항을 협의해야 하며 이러한 상황은 일선관리자들의 의사결정과 관리행동에 있어서 노조와 현장 노조대표를 의식하게 한다. 또한 인적자원스태프들도 노조와의 단체협약 등을 관리해야 하는 기능이 추가되며, 내부조직도 확대운영되어야 한다.

6) 부정적 영향

노조에 의해 경영상황에 부정적 영향을 미칠 수 있다. 즉 경영상황이 악화되어 구조조정, 새로운 기술의 도입, 정리해고, 작업분위기 쇄신 등의 여러 가지 경영의사결정 시 노조에 의한 저항에 당면함으로써 경영혁신과 조직체 성과에 부정적인 요소로 작용될 수 있다. 또한 노조의 단체행동은 개인의 발전은 물론 조직체의 발전에도 장애요소로 작용할 수 있다. 특히 우리나라의 경우 노사문제는 2014년 세계경제포럼(WEF)에서 평가한 바로는 144개국 가운데 국가경쟁력 26위, 노동시장 효율성 86위, 노사 간 협력 132위로 나타났다(데일리한국, 2015년 7월 31일자).

제3절 ● 단체교섭과 노사분규[3]

1. 단체협약

1) 규범적 효력의 인정

단체협약은 노동조합과 사용자가 임금, 근로시간, 기타의 사항에 대하여 단체교섭과정을 거쳐 합의한 사항을 말하는 것으로, 근로조건 등에 대하여 노사 간에 합의한 사항이지만 그것에 규범적 효력이 인정되어 노사관계에 미치는 영향이 크다.

---

3) 노동OK(http://www.nodong.or.kr/?mid=union&document_srl=402880).

2) 유효기간 중 평화의무

노동조합과 사용자 간에 주장이 서로 다른 문제를 합의하여 일정한 기간 동안 그에 따르기로 결정한 것이므로 그 유효기간 동안에는 노사 간에 단체교섭으로 인한 분쟁을 일으키지 않고 공동의 이익을 증진시키는 데 노력할 수 있는 상태가 되어 노사관계의 안정을 가져오는 데 기여한다. 즉 단체협약에는 그 유효기간 동안 협약으로 결정한 사항의 변경을 요구하는 쟁의행위를 하지 않는다는 평화의무가 내재되어 있다.

그림 5-4_노사분규 사례

3) 유리한 근로조건의 확보

단체협약의 내용 가운데 근로조건, 기타 근로자의 대우에 관한 기준을 위반한 취업규칙이나 근로계약은 무효가 되고, 무효가 된 부분은 개별 근로계약과 관계없이 일률적으로 단체협약에 의해 규율되므로, 근로자에게는 결과적으로 유리한 근로조건을 확보할 수 있는 수단이 된다.

2. 단체교섭의 범위[4]

1) 일반적인 원칙

단체교섭은 크게 1) 노동조합을 위한 사항과 2) 조합원을 위한 사항이 대상에 포함되나 구체적으로 어느 범위의 사항이 단체교섭의 대상이 되는지는 법에서 뚜렷하게 정하고 있지 않다. 다만, 단체교섭 사항이 되기 위해서는 ① 사용자가 처리 또는 처분할 수 있어야 하고, ② 집단적 성격을 가져야 하며, ③ 근로조건과 관련이 있어야 한다는 것이 법원의

4) 노동OK(http://www.nodong.or.kr/?mid=union&document_srl=402001).

일반적인 판례취지이다. 즉 조합원 전체에 관한 임금, 작업시간, 시설, 작업환경, 후생복지설비, 조합활동에 관한 사항이며, 인사권, 관리권, 조직권 등은 사용자의 전권으로 인정한다.

- 노동조합을 위한 사항

  노조조직 승인조항, 조직보호(Shop)조항, 조합비 공제(Check-off)조항, 평화조항, 단체교섭 절차 · 방법에 관한 조항 등과 같이 채무적 효력을 가진 사항

- 조합원을 위한 사항

  근로조건에 관한 임금, 수당, 퇴직금, 근로시간, 휴게, 휴일, 휴가 등과 같이 규범적 효력을 가진 사항

2) 인사 · 경영에 관한 사항

- 단체교섭대상 여부

  인사 · 경영권은 기업경영과 관련하여 사용자에게 귀속되는 일체의 권한을 의미한다.
  - 인사권 : 근로자의 채용, 전보, 배치, 인사고과, 승진, 해고 등 징계, 휴직 등의 사항에 관한 사용자의 권한
  - 경영권 : 회사의 조직변경, 사업확장, 합병 · 분할 · 양도, 공장이전, 하도급 · 용역전환, 휴 · 폐업, 신기술 도입, 생산계획의 결정 등에 관한 사용자의 제반 권한

인사 · 경영권은 헌법상 보장된 재산권의 관리 · 행사를 위하여 사용자의 권한으로 인정되고 있다. 다만, 인사 · 경영권에 속하는 사항이라 하더라도 근로조건과 밀접한 관련을 가지는 경우에는 그 한도 내에서 단체교섭 대상이 된다.

- 인사 · 경영권에 관한 사항 중 단체협약으로 체결할 수 있는 사례
  - 회사 이선 시 이진에 관한 판던은 경영권의 고유한 사항이니 이전으로 인한 근로자의 이사비용, 정착비용 등의 지불을 요구
  - 인사원칙, 배치전환의 기준 등과 같이 전체 근로자의 근로조건과 관련된 '인사기준'의 설정을 요구

- 징계·해고 시 그 최종결정권은 회사가 보유한 채 노동조합의 의견을 듣거나 사전 협의를 거치도록 요구

• 인사·경영사항에 관한 단체협약의 효력

인사·경영권을 침해하는 사항에 대하여 사용자가 교섭을 거부하더라도 부당노동행위가 성립하지 않는다는 것이 일반적인 견해이다. 다만, 사용자가 스스로의 의사에 따라 교섭에 임하여 인사·경영사항에 관한 단체협약을 체결한 경우에는 그 협약의 취지에 따라 성실히 이행하여야 한다(대판 '93.7.13, 92다50263 ; 대판 '92.9.25, 92다18542).

• 관련 법원 판례

1. 사용자의 재량적 판단이 존중되어야 할 기구 통·폐합에 따른 조직변경 및 업무분장 등에 관한 결정권은 사용자의 경영권에 속하는 사항으로서 단체교섭사항이 될 수 없음(대판 '02.1.11, 2001도1687)

2. 정리해고에 관한 노동조합의 요구내용이 사용자는 정리해고를 하여서는 아니된다는 취지라면 이는 사용자의 경영권을 근본적으로 제약하는 것이 되어 원칙적으로 단체교섭의 대상이 될 수 없음(대판 '01.4.24, 99도4893)

   회사가 그 산하 시설관리사업부를 폐지시키기로 결정한 것은 적자가 누적되고 시설관리계약이 감소할 뿐 아니라 계열사와의 재계약조차 인건비 상승으로 인한 경쟁력 약화로 불가능해짐에 따라 불가피하게 취해진 조치로서 이는 경영주체의 경영의사 결정에 의한 경영조직의 변경에 해당하여 그 폐지결정 자체는 단체교섭사항이 될 수 없음(대판 '94.3.25, 93다30242)

3. 단체협약 중 조합원의 차량별 고정승무발령, 배차시간, 대기기사 배차순서 및 일당기사 배차순서에 관하여 노조와 사전합의를 하도록 한 조항은 그 내용이 한편으로는 사용자의 경영권에 속하는 사항이지만 다른 한편으로는 근로자들의 근로조건과도 밀접한 관련이 있는 부분으로 사용자의 경영권을 본질적으로 제약하는 것은 아닌 것으로 보이므로 단체협약의 대상이 될 수 있음(대판 '94.8.26, 93누8993)

3. 고충처리제도

고충처리(grievance procedures)란 단체교섭에서 협약된 사항이 노조와 경영층 양측에 의해 준수해야 하는 것이 원칙이나, 그 처리절차에 있어 구성원들의 고충이 발생하게 되면 불평, 불만이 야기될 수 있다. 이러한 개별적 문제들을 해결하기 위해 단체협약과는 별개로 구성원들의 고충을 해결하기 위해 체계적인 절차를 별도로 설정하게 되는 것을 고충처리라 한다. 〈그림 5-5〉에서 보면 먼저 고충을 느끼는 구성원이 문서화하여 고충을 제기하면 일선관리자와 현장노조위원이 고충자와 함께 문제를 해결해 보고, 1단계에서 해결을 보지 못하면, 2단계로서 인사부장이나 공장장, 고충처리위원회 대표들이 해결책

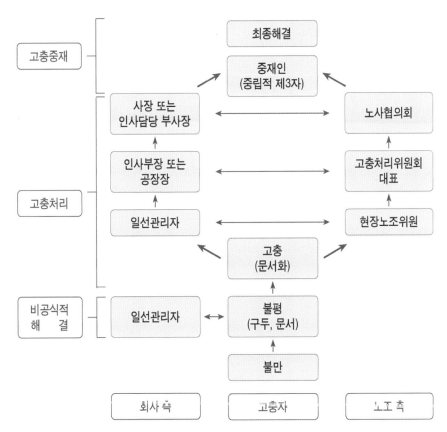

그림 5-5_고충처리기구와 절차

자료 : 이학종 · 양혁승(2011), 전략적 인적자원관리, 박영사, p. 160.

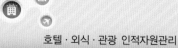
을 모색한다. 2단계에서도 해결을 보지 못하게 되면 3단계로 사장이나 인사담당 부사장과 노조위원장이 해결을 모색해 보고 이것도 실패하게 되면 제3자인 외부의 개입에 의해 해결을 모색하게 된다. 그러나 대부분의 고충은 일선관리자들이 신속하게 해결하여 구성원들의 만족을 유도하는 것이 가장 바람직하다고 볼 수 있다.

4. 노사분규

노사분규와 관련하여 〈표 5-4〉와 같이 임금인상이 전체 노사분규의 51%(1988년)를 차지하고 있으며 그 다음이 단체협약에 의한 노사분규이다. 행동유형별 분석에 따르면 1988년 농성 63%, 작업거부 36%로 나타나고 있다. 또한 쟁의 냉각기간 중 시위, 농성, 파업, 태업, 위장폐업, 구사대동원 등으로 노사 양측의 불법행위도 많이 발생하고 있다. 이러한 분석결과를 보면 아직도 노사교섭을 위한 제도나 관행이 정착되어 있지 않고, 노사 양측의 준법정신이 결여되어 있음을 알 수 있다.

분규범위의 변화내용을 보면 과거 생산직 근로자 중심에서 사무직(white collar)으로 확대되어 가고 있으며, 노사분규의 쟁점도 단체교섭의 대상과 범위, 파업기간 중의 임금지불문제, 직장폐쇄의 정당성 여부, 공공부문에서의 노동권문제, 복수노조의 허용, 노조전임자 임금지불, 정리해고, 비정규직 등의 문제로 확대되고 있다.

표 5-4_원인별 노사분규와 근로손실일수

구분	1980	1987	1993	1997	1999	2001	2003
발생건수	206	3,749	144	78	198	235	320
체불임금	68	45	11	3	22	6	5
임금인상	58	2,629	66	18	40	559	43
해고, 휴·폐업 및 조업단속	22	32	2	-	-	-	-
단체협약	-	-	52	51	83	149	249
근로조건개선	16	566	-	-	-	-	-
부당노동행위	18	65	-	-	-	-	-
구조조정	-	-	-	-	31	15	3
기 타	24	382	13	6	16	6	20
근로손실일 수	-	-	1,308	444	1,366	1,083	1,298

* 1991년 이전의 단체협약관련 노사분규는 기타 항목에 분류.
자료 : 노동부(1980, 1987, 1989, 2003).

제4절 ● 협력적 노사관계

1. 노사관계유형[5]

1) 노조부정형(Fight the Union)

노조부정형은 사측이 노조를 근본적으로 인정하려 하지 않고, 노조결성을 의도적으로 방해하거나 기회가 있으면 노조를 약화시켜 축출시키기 위한 모든 노력을 아끼지 않는 노사관계유형이다. 우리나라의 경우 대표적 기업으로는 삼성을 들 수 있으며, 미국의 경우 IBM, Kodak, Texas Instrument 등이 좋은 예이다. 이들 기업들은 우수한 경영이념과 방침으로 노조의 결성을 의도적으로 예방하고 있다.

2) 결탁형(Collusion)

임금인상 및 단체교섭에 있어서 사용자와 노조 지도층 간에 거래나 부조리 또는 결탁에 의하여 노사 간의 문제를 해결하는 노사관계유형이다. 우리나라의 경우 1970년대와 80년대 초반까지 이러한 노사관계가 많았으며 어용노조의 문제로 대두되어 노사관계는 더욱 악화되어갔다.

3) 무장휴전형(Armed Truce)

사측은 노조를 인정하지만 상호 간의 갈등관계를 인지하고 서로 불신적인 관계에서 언제라도 전투할 수 있는 무장태세를 갖춘 노사관계의 유형이다. 미국의 경우 철강산업이 대표적인 예이며 우리나라의 경우도 대부분 이러한 노사관계유형이라고 볼 수 있다.

4) 현실형(Power Relation)

현실형은 노사 양측이 서로를 인정하며 사회경제적 여건과 조직체의 여건에 따라 현실

---

5) 이학종 · 양혁승(2011), 전략적 인적자원관리, 박영사, pp. 164-167.

에 맞는 노사 상호 간의 관계를 맺어 나가는 유형이다. 예를 들어 탄광업의 경우 노조 지도층들은 인원감소를 받아들이면서 탄광작업의 자동화를 위한 기술도입을 받아들이는 것이 좋은 예이다.

5) 협력형(Cooperation)

노사 양측이 서로의 세력을 인정하면서 상호 의존관계에 따라 서로 타협하고 협조하여 노사 간의 문제를 해결해 나가는 유형이다. 일본기업에서 많은 예를 찾아볼 수 있으며, 국내의 경우는 매우 드물다. 앞으로 우리나라의 기업도 현실적인 기업의 유지·발전을 위해 이러한 노사관계의 유형이 바람직하다고 볼 수 있다.

2. 인적자원관리자의 역할

협력적 노사관계를 위해서는 인적자원관리자의 역할이 매우 중요하다. 특히 노조문제와 경영전략과의 연계를 통해 전략적 동반자로서의 역할을 수행해 나가야 할 것이다. 이는 급변하는 환경하에서 새로운 전략의 수행을 통해 기업의 변화를 모색함으로써 보다 발전적인 미래를 설계하는 데 매우 중요하다고 볼 수 있다. 또한 이러한 변화를 노사 양측에게 전달하기 위해 변화담당자로서 새로운 전략의 수행을 위한 교육, 인사체제의 개편 등을 수행해 나가야 할 것이다. 특히 인적자원관리자들은 단체협약이나 임금협상 등의 문제에 있어 그러한 체계가 노사 양측의 문제점으로 대두될 소지를 없앰으로써 행정 전문가로서의 역할에 충실해야 하며, 구성원 옹호자로서 구성원들의 고충문제를 갈등 없이 처리할 수 있는 역할이 필요할 것이다.

제 2 부

환대산업
인적자원의 확보

제**6**장

직무분석 및 직무설계

제6장

직무분석 및 직무설계

인적자원관리 담당자의 역할 중에서 가장 중요한 직무분석은 모든 인사업무의 기본적인 역할을 함으로써 향후 인적자원 개척 및 모집, 선발, 교육훈련 등에 각각 영향을 미치며 보상 및 인사고과 등에서도 중요한 역할을 한다. 또한 직무설계란 일을 하는 방법으로 종사원의 동기부여 측면에서 이해되어야 하는 것이다. 또한 생산성 표준 및 성과를 위한 분석의 틀을 연구한다.

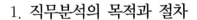

제1절 ● 직무분석

1. 직무분석의 목적과 절차

직무분석(job analysis)이란 직무를 구성하는 모든 과업을 구체화하고 지식, 기술, 능력 등 직무수행에 요구되는 기본사항에 대한 정보자료를 수집, 분석, 정리하는 과정이다. 이를 위해 직무를 수행하기 위한 절차에 관련된 사항을 정리한 것이 직무기술서(job description)이며, 이러한 직무들을 수행하기 위해 필요한 요건(지식, 기술, 능력)을 정리한 것이 직무명세서(job specification)이다.

1) 직무분석의 목적

직무분석은 구성원들이 수행해야 하는 업무를 체계적으로 정리하는 것이며 전략목적과의 연계가 중요하다. 또한 조직변화, 임금불균형, 인적자원관리시스템의 체계화 등을 위해 직무분석은 중요한 과업이다. 따라서 직무분석을 수행할 경우 그에 관한 목적을 명확하게 설정할 필요가 있다.

2) 직무분석의 절차

가. 분석대상 직무의 선정

신규 호텔이나 레스토랑들은 아마도 전체 직무에 대한 분석이 필요할 것이다. 그러나 기존의 호텔이나 레스토랑들은 직무분석의 대상을 선별해야 할 것이다. 직무분석은 일반적으로 1년에 한 번 정도 정규적으로 실시하는 회사가 있는가 하면 3년에 한 번 정도 실시하는 곳도 있다. 또한 전략적 변화에 따라 직무분석을 실시하는 기업도 있다. 가장 중요한 것은 그 대상 직무에 대한 변화의 정도가 직무분석의 빈도에 적용되어야 한다는 것이다.

기업 내부 및 외부의 요인들은 직무분석의 빈도에 영향을 미칠 수 있는데 예를 들면 메뉴의 변화는 그 조리부서 조리사들의 직무에 영향을 미칠 수 있다. 따라서 새로운 직무분석이 시도되어야 한다. 또한 프런트 시스템의 변화는 프런트 클럭들의 직무에 영향을 미칠 것이므로 새롭게 직무를 분석해 내야만 한다. 또한 새롭게 입사한 나이트오디터에 대한 직무도 그 직원의 능력에 따라 변화될 수 있다. 즉 경험이 풍부한 경우는 또 다른 임무를 부여할 수 있지만 처음 나이트오디터를 경험하는 직원이라면 새로운 직무분석이 필요할 수 있다. 이처럼 기업 내부의 요인에 따라 직무분석이 필요할 것이다.

기업 외부의 요인으로는 경기침체에 따른 매출의 하락일 수 있다. 예를 들어 우리나라의 1997년 IMF는 국내 경기를 위축시킴은 물론 대부분의 기업들을 도산으로 몰고 감에 따라 대량 정리해고 및 감원으로 이어졌다. 이에 따라 관련 직무들은 재분석이 필요했다. 그와 반대되는 경우도 생각할 수 있을 것이다. 또는 경쟁업체의 출현으로 경쟁력을 향상시키고 생산성을 높이기 위해 새롭게 직무분석을 시도하는 경우도 있을 것이다.

나. 필요한 정보자료

직무분석을 위해 필요한 자료들은 다음과 같다.

실제 작업행동의 내용, 도구 및 장비 운영방법, 직무내용, 직무수행 시에 필요한 개인특성, 직무수행에 필요한 행동요령, 성과기준 등이다.

표 6-1_직무분석정보 수집방법

방법	직무기술서	직무명세서	인터뷰방법	성과평가	교육훈련
관찰법	●	●	●		
인터뷰	●	●	●	●	●
설문지	●	●	●	●	●
중요사건법	●	●	●	●	●
성과평가(상사)		●	●		
자기성과평가		●	●		
사건기록	●	●	●		

자료 : R. H. Woods, M. M. Johanson, & M. P. Sciarini(2012), *Managing Hospitality Human Resources* (5th ed.), Lansing, Michigan : American Hotel & Lodging Educational Institute, p. 59.

(1) 사전정보활용

직무정보의 수집은 기존에 분석된 직무의 내용이 정리된 자료를 찾는 것이다. 미국 노동부(U.S. Department of Labor)에서 제공하는 O*NET(Occupational Information Network) 등은 사전정보의 활용을 통해 직무의 내용을 참고할 수 있다. 또는 경쟁업체 및 국내 문헌자료를 통해 정보를 사전에 파악할 수 있다.

(2) 관찰법(observation method)

관찰법이란 직무와 관련된 종사원들의 직무수행 내용을 보다 자세하게 관찰해 봄으로써 직무의 내용을 파악하는 것이다. 이를 위해 지속적인 종사원의 행동내용에 대한 관찰이 중요하다.

(3) 면접방법(interview method)

면접방법은 직속상사 또는 부서의 책임자가 종사원들과의 면담을 통해 직무의 내용, 난이도, 필요한 기구 및 기계류, 업무수행의 시간 등에 대해 조사하며 특히 종사원들의 내면적 문제를 해결함으로써 직무의 내용을 개선해 나가려는 시도이다.

(4) 설문방법(questionnaire method)

설문방법은 직무의 내용, 난이도, 필요한 장비 및 기구류, 업무수행의 시간 등에 대해 설문하고 특히 직무의 속성에 대한 평가를 통해 직무의 내용을 보다 구체화해 나가는 과정이다. 이러한 설문조사를 통해 종사원들의 만족도도 고려할 수 있으며 그 결과에 따라 해당 직무가 아닌 새로운 직무를 개발하는 것도 관리자의 몫이다.

(5) 중요사건방법(critical incidents)

직무수행과 관련하여 일어났던 종사원들의 행동을 기록하고 유지함으로써 그 직무에 대한 내용을 변경해 나가는 노력이다. 예를 들어 도어맨이 비가 오는 날 주차장까지 고객들을 안내하며 도왔다면 그 직무는 도어맨의 직무에 포함될 수 있을 것이다.

(6) 성과평가(performance evaluations)

인사고과 등 종사원들의 성과에 대한 평가를 통해 직무분석과 관련된 정보를 획득할 수 있다. 종사원들의 성과가 떨어지는 이유를 파악해 보면 직무분석의 잘못된 부분을 발견할 수 있으며 이에 대한 보충의 의미로 직무분석을 개선할 수 있다.

(7) 자기 성과평가(self-evaluation)

상사의 직무성과평가뿐만 아니라 직무를 수행하는 본인이 자신의 성과에 대해 평가해 봄으로써 잘못된 부분에 대한 교육의 필요성을 발견할 수 있다. 이는 직무의 개선과 직결되어 직무분석 자료로 활용될 수 있다.

(8) 사건 기록방법(diaries)

종사원들과 관련된 여러 가지 사건을 기록보관함으로써 이에 대한 종합평가를 직무분석에 반영하는 경우이다. 예를 들어 갑작스런 화재가 발생할 경우 종사원들의 행동요령이 직무분석에 없었다면 이를 직무의 한 부분으로 반영하는 것도 좋은 방법에 속할 것이다.

다. 정보자료의 수집주최 결정

직무분석 정보자료의 수집주최는 인사부서의 교육분야 담당자가 될 수 있다. 또한 현업에서의 관리자 및 고참사원들이 될 수 있을 것이다. 가장 바람직한 것은 담당직무에 대해 숙련된 직원들이 필요에 의해 수집한 자료들일 것이다. 이러한 차원에서 보면 인사부서의 지원은 그들에게 최신 정보를 제공함으로써 전략적·변화적 담당자의 역할을 하게 될 것이다.

라. 정보자료의 분석

수집된 자료들은 현재 수행되는 직무 내용과의 비교분석을 통해 장단점을 파악해 보고 본사의 현황과 맞는 체계로 재구성함으로써 자료를 정보화할 수 있을 것이다. 그러한 분석능력은 인사부서의 인적자원스태프뿐만 아니라 현업부서의 숙련된 고참사원에 의해 분석이 시도되며 최종적으로는 현업부서의 관리자들에 의해 확인되고 승인됨으로써 최종적으로 분석이 이루어진다.

마. 직무기술서·직무명세서 및 직무평가

직무기술서는 직무목적, 직무에 포함된 주요 과업과 업무, 책임, 조직관계 등의 직무내용이 명시되며, 표준성과의 제시, 구성원으로부터 기대되는 업무수행을 명시하는 공식문서이다. 이러한 직무기술서는 담당부서 신입사원교육자료, OJT, 업적평가 등에 기본 자료로 활용될 수 있으며, 조직 구조분석과 설계, 경영관리자의 승계와 대체 등에도 활용될 수 있다.

직무명세서란 직무를 만족하게 수행하는 데 필요한 지식과 기술, 능력, 자질을 명세한 공식문서이며, 이는 모집과 선발, 직무개선, 직무재설계, 경력계획, 경력상담 등에 활용할 수 있다.

한편 직무평가(job evaluation)는 직무가치를 평가하여 공정한 임금 결정에 반영하도록 하기 위함이다. 직무가치를 측정하는 중요요소는 지식, 경험, 노력(정신적·육체적), 책임, 직무조건 등이다.

직무와 관련된 용어는 다음과 같다.

① 과업(Task) : 동작요소들로 구성된 일의 한 부분(예 : 문서 수발, 문서 분류, 문서 보관)

② 직위(Position) : 한 작업자가 수행하는 과업의 집합(예 : 기획실 교육담당, 구매팀 창고담당 등)

③ 직무(Job) : 과업내용이 비슷한 직위들로 구성된 집합으로서 직무분석에서 한 개의 단위로 묶어 그 내용을 분석할 수 있는 직위들의 일반적 개념(예 : 교육담당, 일반자재 구매담당, 나이트오디터, 메인주방 콜키친 담당 등)

④ 직무군(Job Family) : 조직 내 유사한 직무들의 집합(예 : 비서직, 프런트부서, 조리부서, 식음료부서 등)

⑤ 직종(Occupation) : 모든 조직체에 걸쳐서 공통적으로 적용되는 직무군의 일반적 분류(예 : 프런트오피스 직원, 경리회계 직원, 보일러 담당, 메인주방 사원 등)

⑥ 직종군(Occupational Group) : 사무직, 기술직, 관리직 등 여러 직종으로 구성된 가장 넓은 직무개념

2. 직무분석 시 유의사항

1) 직무내용의 모호성

직무내용은 모호한 표현보다는 명확하게 처리하는 것이 보다 적절하다. 즉 식당종사원들은 고객을 만족시킬 것이라는 애매한 표현보다는 '식당종사원들은 용모를 단정히 하고 고객맞이, 주문, 서브, 계산, 서비스관리에 있어 보다 철저하게 서비스할 수 있어야 한다'와 같이 구체적인 요소가 있어야 한다. 이를 위해서는 끊임없이 직무의 내용을 개선·보강해 나갈 수 있어야 한다(〈표 6-2〉 참조).

표 6-2_호텔종사원 서비스평가리스트

용모	관찰요점	1	2	3	4	5
가. 두 발	짧은 머리로 청결한가?					
	착유한 머리로 단아(端雅)하게 하고 있는가?					
	뚜렷이 눈에 띄는 머리핀, 액세서리를 부착하고 있는가?					
나. 표 정	밝은 표정으로 항상 미소가 있는가?					
	말끔한 면도, 진하지 않은 밝은 화장인가?					
	부드러운 말씨로 편안하게 말하는가?					
다. 복 장	유니폼이 청결, 다림질이 잘된 착용인가?					
	가슴에 명찰을 바르게 패용하고 있는가?					
	잘 손질된 통일된 색의 구두를 신고 있는가?					
라. 몸가짐	바른 걸음으로 활기차게 걷는가?					
	고객을 방해하지 않고 잘 피해 걷는 몸가짐인가?					
	몸가짐이 자연스럽고 안정감이 있는가?					
고객맞이/안내/대기/전송	관찰요점	1	2	3	4	5
가. 예약	신속하고 친절하게 예약전화를 잘 받는가?					
	고객이 원하는 예약상황을 잘 권유하는가?					
	예약내용을 완벽히 확인 후 고객보다 늦게 수화기를 놓는가?					
나. 고객맞이	예약객, 고객을 먼저 알아보고 반갑게 맞이하는가?					
	상냥하고 친절하게 인사하는가?					
	간단명료한 인사말을 하는가?					
다. 안내/대기	좌석까지 잘 안내하고 상석을 뽑아 편하게 앉도록 도와주는가?					
	감사한 마음을 표한 후 바른 자세로 고객에게 세심한 배려를 하는가?					
	동료끼리도 친절하고 존중하는가?					
라. 고객전송	계산할 사전 준비를 잘 하는가?					
	고객의 옷, 소지품을 잘 챙겨주는가?					
	감사한 마음으로 전송인사를 하는가?					
상품판매	관찰요점	1	2	3	4	5
가. 주문	고객의 기분에 맞게 신속히 주문을 받는가?					
	고객취향을 알고 메뉴를 잘 권유하는가?					
	주문내용에 바뀜 없이 복창하며 정확을 기하는가?					
나. 서브	물, 차, 물수건 등을 적절히 잘 서브하는가?					
	주문한 메뉴를 정확, 신속한 흐름으로 서브하는가?					
	음식을 잘 들도록 기대하는 마음의 말을 하는가?					

용모	관찰요점	1	2	3	4	5
다. 서비스 마감	고객이 원하는 시간에 기물을 안전하게 잘 치우는가?					
	디저트 후에 고객편리를 잘 도모하는가?					
	고객이 떠날 때까지 완벽하게 서비스를 확인하는가?					
라. 서비스 감독	지배인은 서비스 조화를 잘 이루는가?					
	종업원의 서비스 태도에 주의를 기울이는가?					
	고객의 서비스 만족에 주의를 기울이는가?					
계산	관찰요점	1	2	3	4	5
가. cashier 자세	밝은 표정으로 용모는 단정한가?					
	일어서서 고객을 맞이하는 태도가 좋은가?					
	고객이 데스크 가까이 가면 인사를 잘 하는가?					
나. 계산속도와 고객 기다림	고객이 기다리지 않게 신속히 계산하는가?					
	계산금액을 정확히 똑똑하게 고객에게 말하는가?					
	현금을 내면 "얼마 받았습니다"라고 명료하게 말하는가?					
다. 영수증, 카드, 수표 등의 처리	고객이 무안하지 않게 수수료, 카드 등을 대조하는가?					
	영수증을 공손하게 고객에게 드리는가?					
	잔돈은 신권, 헌 돈은 잘 펴서 캐셔 트레이에 주는가?					
라. 계산 후 인사	계산을 기다렸던 고객에게 미안한 마음을 표하는가?					
	분리계산, 지불방법 변경에도 친절히 잘 하는가?					
	계산이 끝난 후 감사하다는 인사를 하는가?					
서비스관리	관찰요점	1	2	3	4	5
가. No tipping	팁을 주면 무안하지 않게 끝내 사양하는가?					
	잔돈받기를 거부, 무시해도 적극적으로 주는가?					
	팁을 주지 않아도 되는 느낌과 분위기인가?					
나. 고객관리	단골고객의 얼굴, 성명, 직위, 취향을 잘 알고 있는가?					
	혜택을 주어야 할 고객에게 잘해 주고 있는가?					
	처음 온 고객에게도 차별하지 않고 잘해 주는가?					
다. 외국어구사	영어가 잘 구사되고 있는가?					
	일어가 잘 구사되고 있는가?					
	메뉴 bill의 표기가 잘 쓰여 있는가?					
라. 컴플레인 처리	고객의 불편내용을 잘 경청하는가?					
	잘못을 변명치 않고 솔직히 시인하는가?					
	불편내용을 즉각적으로 개선해 주는가?					

2) 직무내용의 실제성

직무분석 시 현재의 직무와 근접할 수 있도록 지속적인 수정이 이루어져야 한다. 예를 들면 프런트오피스 프로그램의 개선에 따라 업무에 변화가 생겼다면 그것이 현재의 직무내용과 연계되도록 수정되어야 한다. 주방에서의 메뉴개선도 같은 상황이다.

3) 실무층의 협조

직무분석을 실시할 경우 실무진에서의 협조가 매우 중요하다. 실무진은 부서의 팀장을 비롯하여 고참사원, 사원, 신입사원들로 구성되는 경우가 많은데 특히 고참사원들의 협조가 매우 중요하다. 부서의 팀장들은 직무분석의 내용을 최종적으로 확인하고 인사부서와의 협조에 충실해야 한다.

3. 직무분석의 전략적 접근과 인적자원관리자의 역할

1) 직무분석의 전략적 접근

직무분석은 과거에는 무시되었으나 현재는 조직효율성을 높이기 위한 기본 기능으로 중요시되고 있다. 따라서 지속적인 개선·보강의 노력이 필요하다. 또한 직무분석의 내용을 얼마나 자세하게 다룰 것인가도 경영전략의 목적에 따라 변경되어야 한다. 예를 들어 신규호텔 프로젝트를 수행할 경우 기존 호텔에서의 직무분석 내용을 참고하여 충분한 검토가 이루어진 후 새로운 직무분석에 임해야 할 것이다.

한편 직무분석과정에 관련 구성원을 얼마나 참여시킬 것인가에 대한 결정도 중요하다. 왜냐하면 기존 직무에서 벗어나 직무분석을 실시할 경우 너무 많은 구성원들이 참여하게 되면 기존 직무에 영향을 미칠 수 있고 또한 구성원들의 정보 정확성에도 문제가 발생할 수 있기 때문이다. 따라서 전략적으로 각 부서의 고참 사원들 중 회사에 열정을 갖고 개선에 참여할 수 있는 중시인들로 구성하는 것이 바람직할 것이다.

직무분석의 실시시기는 매년 실시하는 것보다는 관련부서의 문제가 심각할 경우 집중적으로 그 부서에 대한 직무분석을 실시하며 변화가 많을 경우 직무분석의 시기는 보통 비수기에 실시하는 것이 바람직하다.

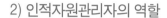

2) 인적자원관리자의 역할

인적자원관리자는 직무분석 시 가장 중요한 역할을 하게 되는데 먼저 직무분석의 중요성을 인식시키고, 분석대상 직무를 선정하며, 직무분석을 실시하게 된다. 특히 직무기술서와 직무명세서를 작성하며, 표준성과에 대한 협의도 하게 된다.

고참 사원들로 구성된 직무분석참여 구성원들은 직무분석의 목적과 중요성을 이해하고, 부서장에게 직무변경사항을 보고하며 직무분석을 요청하게 된다. 특히 정보자료를 조사하여 제공하고 협조하는 것이 가장 중요하다. 또한 인적자원스태프에 의해 작성된 직무기술서나 직무명세서를 확인하며 표준성과에 대한 의견을 제시하고 협조를 구한다.

부서 팀장들은 직무분석의 필요성을 인식하고 분석대상 직무를 협의하며, 참여 구성원을 선정하여 직무분석에 협조하도록 한다. 분석결과에 대한 협의를 통해 직무기술서 및 직무명세서를 검토하고 확인하는 역할을 한다. 가장 중요한 것은 표준성과를 설정하는 일이다. 예를 들면 '정해진 출근시간에 룸메이트가 몇 개의 객실을 청소할 것인가?', '좌석당 몇 명의 서비스요원을 배치할 것인가?' 등이다.

표 6-3_직무기술서 사례(창원 풀만호텔)

JOB DESCRIPTION

JOB TITLE : SALES MANAGER
DIVISION : SALES & MARKETING
DEPARTMENT : SALES
REPORTS TO : DIRECTOR OF SALES & MARKETING

GENERAL MISSION

- The Sales Manager's mission is to primarily promote the hotel and where possible, hotels belonging to the chain in his/her area/region. To achieve optimal sales at the best possible conditions for the company.
- To ensure the smooth running operation of the commercial section in consultation with the Director of Sales & Marketing on all matters.
- The performance of the Sales Manager will be determined solely by the productivities of the corporate section as well as the overall results of the hotel.

RESPONSIBILITIES AND MEANS

- The Sales manager performs his/her duties within the framework defined by the chain and hotel norms and by internal regulations as specified by the Director of Sales & Marketing. The Sales Manager will also be responsible to the Director of Sales & Marketing for the Corporate Section and all Sales Personnel within the section.

ADMINISTRATION RESPONSIBILITIES

The Sales Manager :
- Assist in drawing up the marketing plan annually with the Director of Sales and Marketing (including section on Corporate Accounts).
- Keeps a record on former, existing, potential clients and a profile of each of them.
- Organizes regular visits in accordance to a predetermined plan.
- Prepares a tentative monthly schedule to record all sales and other related actives for the preceding month.
- Presents a summary of his/her visits to the Sales manager on a weekly basis (Weekly Sales Plan) prior to and after the week is completed.
- Ensures that the invoicing effectively corresponds to all services agreed upon and rendered.
- Ensures that all new clients have no negative credit references.
- Records all daily sales calls.
- Records the statistics of his/her accounts.
- Submits production reports on his/her list of accounts on a monthly basis.
- Conducts group briefing to other staff within the corporate section when required.

TECHNICAL RESPONSIBILITIES

- The Sales Manager is familiar with the operation and application of the hotel's computer/data processing system.

COMMERCIAL RESPONSIBILITIES

The Sales Manager :
- Keeps himself/herself well informed about the operations especially in key departments. (Front Office, Housekeeping, F&B, Banqueting etc.)
- Sets, in conjunction with the Director of Sales & Marketing and Sales Manager, currents rates as charged by the hotel.
- Closely observes matters pertaining to competition (sites, prices, services offered on a regular basis – quarterly or more often if need to be).
- Promotes the hotel as often as possible through entertaining, conduction, site inspections, presentation etc. of the hotel.

SALES RESPONSIBILITIES

The Sales Manager :
- Pays visits to former, existing and potential clients in view of entering into contracts with them, especially commercial accounts.
- Defines precisely guest requirements and ensures that the guest services offered corresponds effectively to their requests.
- Provides after-sales service and in particular to ensure all guests complaints are taken seriously and discussed with the respective departments if necessary.
- Receives in the hotel any important guests whom he has approached.
- Negotiates prices with the clients.
- Confirms verbal proposals in writing.
- Ensures that all complaints have initiated follow-up action.

PUBLIC RELATIONS RESPONSIBILITIES

- The Sales Manager organizes meetings with professional people especially clients & people in a position to publicize the hotel.

DIRECT LIAISONS

- The Sales Manager is responsible to the Director of Sales & Marketing.

FUNCTIONAL LIAISONS

- The Sales Manager maintains contacts with all the other departments of the hotel and may have contact with managements at the regional level.
- The Sales Manager maintains and ensures the smooth running operation of the Commercial Section.

REPLACEMENT AND TEMPORARY MISSION

- In his/her absence, the Sales Manager may be replaced first by the Senior Sales Manager appointed by the Director of Sales & Marketing.
- The Sales Manager may be called upon the undertake -
- Activities outside his/her own area and to publicize hotels other than his/her own for specific projects and/or programs.
- To assist another Director of Sales & Marketing in the opening or general sales effort of any other of the chain's hotels.

제2절 ● 직무설계

직무설계(job design)란 기존 직무를 대상으로 동기부여적 관점에서 직무내용을 개선하고 직무의 효율성을 높이기 위한 직무재설계에 초점을 맞추는데 과업을 수행하기 위해 종사원들에게 어떻게 일을 시킬 것인가에 관련된 문제이다. 이는 조직의 효율성 및 성과 측면에서 매우 중요한 전략적 의미를 갖는다.

1. 직무설계와 자아실현

1900년대 초 개인의 직무는 경제적 관점이었으나 1930년대 인간관계론의 대두 이후 개인의 직무는 환경관점으로 변모하였다. 특히 Argyris(1957)는 개인은 미성숙에서 성숙의 단계로 발전한다는 이론을 발표하였다. 이는 조직에서 개인이 직무와 갈등관계에 있게 되는 원인을 파악하는 데 중요한 단서를 제공하였다. 즉 조직에서 바라는 직무전문화, 명령계통의 강화, 지휘의 통일 등을 원하지만 개인은 그에 못 미칠 경우 갈등관계를 형성하게 된다는 것이다. 따라서 종사원에게 직무설계를 할 경우 성숙도를 고려해야 한다는 것이다.

2. 직무설계방법

1) 직무단순화(job simplification)

직무단순화란 직무분석을 실시하여 직무를 작은 단위들로 분석한 후 전체 직무에서 단위직무들이 어떻게 작용하는지를 평가한다. 보통 시간과 동작연구(time & motion study)를 통해 단위직무를 분석한다.

2) 직무확대(job enlargement)

직무확대란 동일한 기술과 직무내용으로 주어진 직무에 직무를 추가하는 것을 말한다(수평적 직무확대 : horizontal job expansion). 예를 들면 프런트 종사원들이 체크인 업무

를 수행하고 있었는데 컴퓨터의 프로그램 발전 및 회사의 업무통합으로 수납업무까지 책임진다면 이것은 하나의 직무확대로 볼 수 있다. 일반적으로 직무확대는 종사원들에게 동기를 부여하기 위한 방법으로 수행되나 보상문제에 있어 추가업무에 대한 추가보상이 없는 경우 불만족을 초래하는 경우가 있다.

3) 직무충실화(job enrichment)

직무확대가 비슷한 기술과 지식을 요구하는 직무를 추가하는 것에 반해 직무충실화는 전혀 다른 기술과 지식을 요구하는 것을 말한다(수직적 직무확대 : vertical job expansion). 예를 들면 조리사에게 조리기술 이외에 구매업무도 수행토록 하는 것을 말한다. 종사원들의 동기를 자극하는 면에서 직무확대보다는 직무충실화가 보다 더 강하게 작용하는 경향이 있다. 이는 자기개발과 연계되어 종사원들의 동기를 제고시킬 수 있다.

4) 직무순환(job rotation)

직무순환은 직무설계에 있어 매우 자주 일어나는 방법으로 같은 부서 내에서도 직무순환을 통해 종사원들을 동기부여하며 또한 타 부서로 전배되어 보다 넓은 분야의 직무도 접하게 만드는 시스템이다. 예를 들어 메인주방의 cold kitchen에서 근무하는 직원이 hot kitchen, butcher 등으로 직무순환을 할 수 있으며, 또한 메인주방에서 연회주방 및 각 업장의 주방으로 직무순환될 수 있다. 이러한 직무순환을 통해 종사원들은 교차훈련(cross-training)을 받게 되어 경력개발에도 많은 도움이 되며 경력관리에 매우 중요한 역할을 한다.

5) 작업팀(team building)

작업팀의 개념은 개인단위가 아닌 팀단위로 업무를 진행하게 하는 것이다. 예를 들어 자동차조립에 있어서 라인별로 분리되어 단순화된 작업을 실시하는 것이 아니라 자율작업팀으로 처음부터 끝까지 모든 공정을 팀단위로 책임지고 업무를 수행하게 되는 것이다. 따라서 이러한 작업팀의 설계는 그에 필요한 교육시스템이 필요하며, 또한 팀단위의 경쟁이 치열할 경우에는 매우 비생산적일 수 있다.

3. 현대조직의 직무설계방향과 인적자원관리자의 역할

1) 전략적 직무설계

현대조직에서는 직무의 수평적 측면보다는 직무의 수직적 측면을 강조하며, 작업팀으로 동기를 부여하는 것이 매우 중요하다. 이를 위해서는 직무를 수행할 때 필요로 하는 교육시스템, 정보기술의 활용, 신축적 근무스케줄이 필요하다.

2) 인적자원관리자의 역할

직무설계 시 인적자원관리자는 전략적 동반자로서 경영전략과 기업의 가치를 직무설계에 반영하려는 노력이 필요하다. 특히 직무설계와 관련된 교육훈련내용, 보상시스템의 개발이 우선시되어야 할 것이다. 또한 변화담당자로서 직무설계를 통해 나타난 조직의 현황을 파악하고 조직효율성에 필요하다면 그러한 직무설계를 확대해 나갈 수 있는 변화담당자의 역할이 중요하다.

제3절 ● 생산성 관리(managing productivity)

직원들을 배치하기 위한 기준을 알고 관리하는 것은 관리자로서 매우 중요한 과업이다. 직원배치를 위한 기준으로는 생산성, 생산성 표준, 성과표준, 필요인력예측 등이 있다.

여기서 생산성(productivity)이란 특정기간에 종사원들에 의해 생산된 일의 양을 의미한다. 예를 들면 객실을 청소하는 인력(room attendant)들이 하루에 청소하는 객실 수는 생산성에 해당된다. 또한 1명의 식당인력이 몇 개의 테이블을 담당할 수 있는가 등이다.

그림 6-1_식음료 및 조리 종사원의 모습

생산성표준(productivity standard)이란 종사원들에 의해 생산된 일의 양을 정하는 기준이다. 가령 우리 호텔에서는 1명의 객실청소 인력이 하루 15개의 객실을 담당한다면 생산성표준은 15개가 된다.

성과표준(performance standard)이란 업무수행에서 요구되는 품질의 수준을 정하는 것이다. 즉 품질에 해당된다. 생산성표준이란 일의 양을 의미하지만 성과표준은 그 일을 수행할 때 요구되는 품질 수준을 의미한다.

필요인력예측(labor forecasting)이란 특정기간에 필요로 하는 일의 양을 의미하며 그에 따른 인력의 예측을 의미한다.

그림 6-2_Room Attendant의 업무들

1. 생산성표준의 설정

직원배치를 위한 기준으로서 생산성표준을 결정하는 일은 매우 중요하다.

〈표 6-4〉는 생산성표준을 위한 어느 레스토랑의 사례를 보여주고 있다. 즉 저녁시간 근무에 필요한 인력의 근무시간에 근거하여 작성된 것이다. 예를 들어 server는 21.1시간이 필요하므로 보통 4시간의 영업시간을 고려할 경우 5.3명의 인력이 필요하게 된다. 그러나 실제 근무시간과 비교할 경우 발생되는 초과근무시간은 overpay가 된다. 따라서 관리자들은 인력을 어떻게 효율적으로 운영할 것인가를 고민해야 한다.

레스토랑 근무자의 생산성표준을 결정하는 또 다른 사례는 〈표 6-5〉와 같다. 홍길동 사원의 경우 시간당 10명의 고객에게 서비스하는 것이 가장 적정하다는 결론을 내림. 이러한 경우 홍길동 사원의 생산성표준은 10명의 고객이다.

표 6-4_생산성표준을 위한 평가표

Shift	Dinner							
Dates	2016년 1월 1일 ~ 1월 7일							
고객 수	월	화	수	목	금	토	일	평균
	250	250	250	350	400	350	250	300
직위	근무시간							
servers	18	18	18	24	28	24	18	21.1
greeters	4	4	4	6	6	6	4	4.9
bartenders	6	6	6	6	6	6	6	6.0
busperson	3	3	3	4	5	4	3	3.6
prep cook	6	6	6	6	6	6	6	6.0
broiler cook	6	6	6	6	6	6	6	6.0
saute cook	5	5	5	5	6	5	5	5.1
dishwasher	5	5	5	5	6	5	5	5.1

표 6-5_직위에 따른 성과분석(레스토랑의 사례)

직위 성과분석					
직무	서비스			직원명	홍길동
근무시간	오전조(06 : 00 ~ 15 : 00)				
월/일	1/1	1/2	1/3	1/4	1/5
고객 수	38	60	25	45	50
근무시간	4	4	4	4	3.5
고객 수/근무시간	9.5	15	6.3	11.3	14.3
조사결과	서비스에 문제 없음	매우 분주함 적절한 서비스 제공 불가	매우 한가함 매우 비효율적임	서비스에 문제 없음	매우 바쁨 적절한 서비스 제공 불가
결론	결론적으로 홍길동 사원의 시간당 고객핸들링 표준은 10명으로 설정함				

표 6-6_생산성표준의 설정사례(room attendants의 사례)

단계	설정방법
1단계	일반 직원들의 1개 객실의 청소시간을 설정한다. 예 : 대략 30분으로 설정
2단계	1일 근무시간을 분으로 설정하면 8시간 × 60분 = 480분
3단계	객실청소시간에서 출근 후 준비시간(15분), 점심시간(30분), 퇴근 전 회의(15분) 따라서 480분 - 60분 = 420분
4단계	420분 ÷ 30분 = 14(8시간 근무 시 청소 가능한 객실 따라서 이 경우 생산성표준은 14개의 객실이 된다.

〈표 6-6〉의 경우 객실청소직원(room attendant)의 경우이다. 사례에서 보듯 1개의 객실을 청소할 때 30분이 소요될 경우 생산성표준은 14개가 된다.

2. 매출예측 및 인건비 산출

관리자들은 매출예측에 따라 필요한 인력수요를 설정하게 되므로 매출예측은 중요하다. 예를 들어 A라는 레스토랑은 좌석 수가 150석인데 금요일 매출이 6,000,000원이고 객단가가 50,000원이면 6,000,000원 ÷ 50,000원 = 120명(고객 수)이 된다. 따라서 120명의 고객에게 서비스하기 위한 인력이 필요하게 된다. 위 사례의 경우 10명의 고객에게 시간당 서비스하는 것이 적절할 경우 12명의 직원이 필요한데 이는 시간대별 고객 수에 따라 달라질 수 있다. 가령 개점 직후 준비시간에는 50명의 고객이 있을 수 있고 가장 붐비는 시간대에 120명의 고객이 있을 경우 시간대별 근무스케줄을 고려해야 할 것이다.

객실의 경우도 300객실을 운영하는 B라는 호텔의 경우 점유율이 100%일 경우를 예측하면 300개의 객실을 청소해야 하므로 필요인력을 계산해야 한다. 위의 사례에서 객실당 청소시간을 30분으로 설정하면 1명의 직원이 14개의 객실을 청소할 수 있으므로 300 ÷ 14 = 21,428 명의 직원이 필요하므로 보통 22명의 직원이 필요하게 된다.

따라서 정확한 매출을 예측할 수 있어야 필요한 직원 수를 뽑을 수 있고 이에 따라 직원스케줄을 작성할 수 있을 것이다.

한편 직원 1명당 인건비의 계산은 시간별로 계산할 경우 A레스토랑은 시간당 인건비를 7,000원으로 예상할 경우 12명 × 7,000원 × 4시간 = 336,000원이 되며, B호텔의 경우 만실로 예상하면 22명 × 7,000원 × 8시간 = 1,232,000원이 된다.

3. 매출예측

매출을 예측한다는 것은 직원들의 스케줄과 인건비를 고려해야 하는 서비스기업에게 매우 중요한 일일 것이다. 따라서 매출예측기법에 대해 심도 있는 조사가 필요하다.

매출예측의 특성(nature of forecasting)은 첫째, 매출예측은 미래의 일을 다루는 것이므로 불확실성이 항상 존재하게 되는데 우선 오늘, 내일의 매출을 예측하는 것은 쉬우나 내년도의 매출을 예측하는 것은 매우 어려울 것이다. 따라서 관리자들은 매출예측에 있어 경쟁상황, 고객의 욕구변화, 객실가격의 변화, 식음료가격의 변화 등 모든 변화의 측면을 고려하면서 매출예측을 작성해야만 한다.

둘째, 매출예측은 흔히 과거의 영업자료를 참고하여 예측하게 된다. 과거의 영업자료로는 점유율, 객단가, 단체의 이용실적, 날씨, 기념일, 휴일 등이 있다. 특히 객실의 경우는 과거 점유율, walk-in, no-show, cancellation, pick up(당일 예약) 등의 자료를 고려하여 예측하게 되며, 식음료의 경우는 과거의 매출, 단체고객 이용실적 등을 고려하게 된다.

셋째, 따라서 매출예측이란 일반적으로 부정확할 수밖에 없다. 이러한 부정확한 매출예측을 보다 정확하게 예측하여 낭비 없는 스케줄을 작성하는 것이 중요하다. 일반적으로 호텔의 경우 식음료부서보다는 객실의 매출예측에 의해 전 부서의 스케줄이 영향을 받게 되므로 객실예약부서의 객실 confirmation업무는 매우 중요하다.

4. 생산성향상 방법

관리자들에게 가장 어렵고 도전을 요하는 과업은 부서 내에서 새롭게 직무수행 방법을 창조해 내는 일이다. 일상의 업무들을 개선하여 새롭게 직무수행하는 방법을 고안해 내기란 쉽지 않은 일이다. 생산성을 향상시키기 위한 최고의 방법은 지속적으로 성과표준(performance standards)을 고찰하고 개선해 내는 일이다.

다음은 5단계를 통해 생산성을 향상하는 방법을 소개하고 있다.

1) 현재의 성과표준에 대한 정보를 모으고 분석하라(Collect and analyze information about current performance standards)

이러한 과업은 단순하게 현재의 일의 내용을 관찰하면 된다. 즉 현재의 성과표준을 충족하는 과업을 하려면 어떤 과업들이 행해져야 하는지를 관찰하면 된다. 따라서 이러한 관찰 시에 관리자들이 할 수 있는 질문들은 다음과 같다.

- 특정 직무들은 제거할 수 있는가? 즉 과업수행을 변경하기 전에 그 직무들이 처음에 수행될 필요가 있는지를 물어야 한다.

191

- 특정 직무들이 다른 근무자들에게 배당될 수 있는가? 예를 들면 객실청소원들이 사용하는 카트에 비품들을 적재하는 일들은 야간 근무자(야간 객실청소원)들이 대신할 수 있다면 아침에 출근하는 근무자들의 생산성이 오를 수 있다.

- 타 부서의 성과표준들이 우리 부서의 생산성을 감소시키고 있지는 않은지 질문해 봐야 한다. 예를 들면 객실청소원들이나 식당의 종사원들이 세탁소의 문제로 자주 세탁소를 방문해서 리넨을 불출한다면 생산성을 떨어뜨리는 효과를 가져올 것이다.

2) 과업을 수행하기 위한 새로운 방법을 고안해 보라(Generate ideas for new ways to get the job done)

일반적으로 과업문제에 있어서 일의 수행을 위해서는 한 가지 이상의 방법이 있다. 성과표준들은 매우 복잡하며, 또한 현재의 문제점들을 똑바로 지적하기란 쉬운 일이 아니다. 따라서 관리자들도 노력을 해야겠지만 종사원들(매일 과업을 수행하는 종사원들은 새로운 아이디어를 갖고 있을 수 있다), 타 부서의 관리자들(우리 부서의 문제점을 더욱 잘 알고 있을 수 있다), 또한 고객들(고객카드나 고객의 불평, 인터뷰 등에서 초점을 찾을 수 있다)로부터 아이디어를 얻어야 한다.

3) 각각의 아이디어를 평가하고 최선의 방법을 선택하라(Evaluate each idea and select the best approach)

현재의 성과표준을 개선하기 위한 최고의 방법을 선택할 경우에는 그 과업들이 허락된 시간 내에 수행될 수 있는지를 확인해야 한다. 부서 내에서 가장 숙달된 직원들이 특정 시간 내에 수행할 수 있는 과업들은 일반 직원들이 수행할 수 없을 수도 있기 때문이다. 따라서 성과표준들을 유용하기 위해서는 모든 직원들에게 적용할 수 있어야 한다.

4) 개선된 성과표준을 평가해 보라(Test the revised performance standard)

개선된 성과표준은 몇몇 직원들만이 정해진 시간 내에 행할 수 있기 때문에 새로운 일의 방법이 과연 생산성을 향상시킬 수 있는가를 자세히 관찰해야만 한다. 오래된 습관들은 없애기 어렵다는 것을 명심하라. 따라서 개선된 성과표준에 대한 공식적인 평가를 수행하기 전에 종사원들은 새로운 과업에 숙달될 수 있는 시간이 필요할 것이다.

5) 개선된 성과표준으로 과업을 수행하라(Implement the revised performance standard)

새로운 성과표준으로 생산성을 향상시킬 수 있다면, 종사원들은 새로운 과업수행 방법으로 훈련받아야만 한다. 새로운 과업에 적응하는 시간 동안에 지속적인 관리감독(supervision), 재인(reinforcement), 코칭(coaching) 등이 필요할 것이다. 생산성 향상이 중요하다면 부서 내 인력의 변화, 새로운 생산성표준에 근거한 스케줄이 필요할 것이다. 바로 이러한 노력이 낮은 인건비로 생산성 향상을 통한 이익을 보장할 수 있을 것이다.

제 **7** 장

인적자원계획 및 모집

제**7**장
인적자원계획 및 모집

환대산업의 관리자들이 인적자원계획을 철저하게 세우지 못할 경우 높은 모집비용, 높은 교육비용, 낮은 생산성에 직면하게 된다. 따라서 환대산업 관리자들은 인적자원계획을 위하여 채용가능한 종사원들을 확인하고 그들에게 동기를 부여하여 올바른 직원들을 모집하고 선발해야 한다. 물론 모집 및 선발에 매우 많은 비용이 들어가지만 올바른 직원을 선발하지 못하여 나타나는 비효율, 낮은 생산성 등에 비하면 그러한 비용은 매우 저렴한 것이다.

제1절 ● 인적자원계획의 수요와 공급

인적자원계획은 2가지의 중요한 요인으로 구성되는데 그것은 인적자원의 공급측면과 수요측면이다. 여기서 공급이란 환대산업에서 일할 수 있는 잠재적 종사원들의 수를 말하며, 수요란 환대산업에서 필요로 하는 인력의 수를 말한다. 인력의 공급과 수요 측면은 환대산업의 내·외적 요인에 의해 영향을 받는데 모집을 위해서는 이러한 영향요인에 대한 조사가 선행되어야 한다.

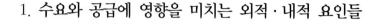

1. 수요와 공급에 영향을 미치는 외적 · 내적 요인들

1) 외적 요인

경기후퇴 등 경기가 나빠지고 실업률이 오를 경우 인적자원의 수요는 감소하고 공급은 늘어나는 추세로 나타난다. 최근 청년실업률의 증가는 바로 이러한 내용을 반영하고 있다. 특히 경기후퇴 등 불경기는 많은 일자리를 잃게 하여 실업자가 양산되며, 베이비부머들이 퇴직하게 된 후 일자리를 잡지 못하고 있으며, 젊은 세대(Y세대 : 1980~1990년대 중반에 탄생한 세대)들은 단기적인 일자리에 근무하면서 장기적인 경력개발을 위해 노력하고, 3D(dirty, dangerous, difficult)에 해당되는 일자리는 지양하는 추세로 나타나 인력의 수요와 공급은 mismatch현상이 뚜렷하게 나타나고 있다. 따라서 인적자원관리자들은 이러한 공급의 초과추세에 따라 경제 · 사회적 측면을 고려한 인적자원계획을 세워나가야 할 것이다.

2) 내적 요인

경기후퇴는 기존의 일자리를 지속하려는 추세로 나타나고 있다. 따라서 인력에 대한 수요가 줄어들고 공급은 지속적으로 증가하는 추세이다. 기업들은 이러한 추세에 따라 새로운 인력을 선발하기보다는 기존의 인력에 대한 교육을 통해 변화하는 환경에 적응하려 할 것이다.

또한 내부적인 인력의 공급과 수요는 내부 구성원들이 승진하려 하는 욕구에 영향을 받는다. 즉 조리보조원들은 조리사로, 조리사들은 Chef로, server들은 supervisor로 승진하려 하는데 경기후퇴는 상위 종사원들을 움직이지 않게 하여 하위 구성원들이 회사를 떠나게 된다. 따라서 이 경우 인적자원관리자들은 하위직 구성원들을 지속적으로 선발해야 하는 문제에 직면하게 된다. 결론적으로 내적 요인 중 가장 중요한 것은 기업체의 명성이다. 기업에 만족하는 종사원들은 좋은 소문을 낼 것이며, 불만족한 종사원들은 기업에 대한 나쁜 소문을 내기 때문이다. 따라서 종사원들의 만족이 잠재적 종사원들의 공급에 영향을 미치게 된다. 모집활동을 하기 전 관리자들은 다음과 같은 점을 고려해야 한다.

- 어떠한 능력을 가진 자들이 필요한가?

- 능력의 gap을 어떻게 메울 것인가?
- 승계전략을 어떻게 짤 것인가?
- 어떠한 성과목표를 세워야 하며, 어떻게 측정할 것인가?
- 종사원들은 어떻게 보상해야 하는가?
- 종사원들의 성공을 위해 그들과의 커뮤니케이션은 어떻게 실현할 것인가?

제2절 ● 수요와 공급 예측

1. 수요예측

인적자원의 수요에 대한 예측은 두 가지 방법으로 대변할 수 있다. 하나는 상향식 접근방법(bottom-up forecasting)이다. 이는 관리자들의 직관에 의한 예측방법으로, 관리자들의 경험에 의한 방법이다. 따라서 이러한 예측방법은 때론 과다한 예측을 할 수 있으며, 경험이 없는 관리자들은 오히려 부족한 수요를 예측함으로써 인력자원의 예측에 실패할수 있다. 또 다른 방법은 하향식 접근방법(top-down forecasting)인데, 이는 정량적·통계적 접근방법이다. 따라서 상향식 접근방법에 의한 과오를 범하지 않을 수 있다.

1) 추세분석(trend analysis)

경쟁상황, 인구통계적 특성, 정부의 정책변화 등은 인적자원의 수요에 영향을 미칠 수있다. 추세분석은 이러한 환경변화에 대한 최근 추세를 반영하여 인적자원에 대한 수요를 예측할 수 있는 방법이다.

단계별 추세분석을 보면 먼저 1단계로 인적자원과 관련된 적정한 경영요인을 확인하는 것이다. 예늘 늘번 객실섬유율의 변동후이는 아주 좋은 예기 될 것이다. 2단게는 인적자원의 크기와 관련된 역사적 자료를 밝혀내는 것이다. 즉 연도별 객실점유율과 인적자원의 크기를 조사하는 것이다. 3단계는 객실점유율에 대한 추세를 밝히는 것이다. 과거의 자료에 의해 추세를 밝히고 이어 미래에 대한 추세는 조정된 추세분석에 의해 인력수요를 예측한다. 〈표 7-1〉에서 보면 과거의 추세에 따라 2012년도 이후 객실점유율은 67%로 예측되며 과거 5개년의 평균치는 63%이다. 따라서 조정된 추세는 65%가 된다. 이에 따라 관리자들은 65%를 예측하게 된다. 4단계는 평균 노동생산성의 계산이다. 〈표 7-1〉에서 보면 종사원 수 ÷ 판매객실 수 = 노동생산성비율이다. 5단계는 과거자료에 의해 미래의 인력수요를 예측한다. 〈표 7-1〉의 사례에서는 1.5를 예측하였다. 6단계는 과거와 현재의 자료에 의해 인력수요에 대한 예측을 조정하는 것이다. 예를 들면 부서의 이직률이 높을 경우 노동생산성비율을 더 높일 수 있다.

위의 사례는 단지 객실점유율로써 인력수요를 예측한 사례이다. 이외의 자료들로 인력수요를 예측할 수 있을 것이다. 그러나 반드시 고려해야 할 것은 정확한 데이터를 통해 추세를 분석해야 한다는 것이다.

표 7-1_호텔 수요예측 사례

연도	occupancy rate %	rooms sold	number of employees	labor productivity ratio
2007	60	600[a]	900[b]	1.5(b/a)
2008	61	610	824	1.35
2009	64	640	1,024	1.6
2010	65	650	943	1.45
2011	65	650	975	1.5
2012	65	650	975	1.5
2013	65	650	975	1.5
2014	65	650	975	1.5

자료 : 논자 작성.

2. 공급예측

인력 공급 측면에서의 예측은 사내 공급예측과 외부 공급인력의 예측으로 구성된다. 당연히 사내 공급예측이 더 쉽다.

1) 사내 공급

사내 공급예측은 사내에서 현재의 직원들과 그들의 기술목록으로 시작된다. 관리자들은 현재 직원들의 능력을 알고 있어야 한다. 또한 교육훈련을 통해 습득되는 능력에 대한 기술목록도 매우 중요하다.

2) 기술목록(skills inventories)

기술목록은 각 종사원들의 현재의 기술, 새로운 기술습득능력, 자격증, 경력목표 등에 관한 목록이다. 대부분의 기업들은 이러한 전 사원의 기술목록을 컴퓨터시스템(human resource information systems)에 저장하게 된다. 또는 수기로 작성된 기술목록을 유지하는 경우도 있다. 효과적인 기술목록은 정기적으로 update되어야 하며, 관리자와 종사원들이 각 기술목록에 대해 동의해야만 한다는 것이다. 관리자들에 관한 목록은 흔히 관리자목록(management inventories)이라고 칭한다. 이러한 관리자 목록은 문제해결기술을 강조하며, 각 개인들의 관리자교육기록을 파악하고 있어야 한다.

3) 승진, 휴직, 퇴직

전 구성원들에 대한 기술목록은 승진, 휴직, 퇴직에 관한 정책이 세워져 있을 경우 구성원들의 공급예측이 더 쉬워진다. 특히 노조가 있는 조직에는 이러한 정책이 세워져 있다. 그러나 노조가 없는 조직은 관련 정책의 개발이 필요할 것이다.

4) 대체도 및 승계도

대체도(replacement chart)나 승계도(succession chart)가 있는 경우 사내에서의 인력공급예측을 쉽게 할 수 있다. 이러한 대체도나 승계도는 일반 부서 직원뿐만 아니라 관리자들에게도 적용되어 높은 이직률에 의한 이직에 쉽고 빠르게 대비할 수 있다(〈표 7-2~7-3〉 참조).

표 7-2_대체도 사례

분류 : room attendant(객실청소직원)				
모집근거	종사원 수	현재 수	감소 인원	종사원 수
전직	3	25	사직	6
승진	2		해고	2
신입직원	5		강등	1
			퇴직	0
			전직	4
			승진	2
계	10		계	15
현재인원	25			
모집	+10			
감원	-15			
계	20	필요인원 5명		

표 7-3_승계도 사례

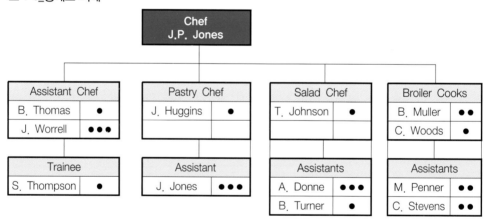

승진가능성

충분한 교육필요●

약간의 교육필요●●

현재 준비됨●●●

제3절 ● 모집

SAMSUNG 호텔신라

2015년 하반기 3급 신입사원 채용

Premium Lifestyle Leading Company

모집분야

부문	직군	모집 전공
면세유통	영업/마케팅	전공무관
	물류	전공무관
	인테리어공사관리	디자인 (실내/인테리어/공간디자인)
		건축 (실내건축)
호텔	서비스	전공무관
생활레저	영업/마케팅	전공무관
공통	경영지원직(재무)	상경 (부전공자 포함)
	법무	전공무관
	정보보안	전산/컴퓨터
	IT기획	전산/컴퓨터
	전기사공관리	전기전자(HW)
	산업안전관리	환경/안전

지원자격

- 2016년 2월 이전 졸업 또는 졸업 예정인 분
  2016년 1월 ~ 2월 입사 가능한 분
  군복무 중인 경우 2015년 12월 31일까지 전역 예정인 분
- 병역필 또는 면제자로 해외여행에 결격사유가 없는 분
- 영어회화자격을 보유하신 분 (OPic 및 토익 스피킹에 한림)

지원직군	지원가능 최소등급
全직군	I+(OPic)　　7급(토익 스피킹)

청각장애인을 위한 별도 어학 평가기준:
청각장애인용 TEPS 성적 380점 이상 응시 가능(직군무관)

지원방법

- 삼성그룹홈페이지(http://www.samsung.co.kr)에 로그인하여 지원서를 작성하시면 됩니다.
- 지원서는 9월 14일(월) 오후 5시까지 제출하셔야 합니다.
  마감일은 홈페이지 접속 인원이 급증할 것으로 예상되오니, 마감일 이전에 충분히 여유를 가지고 등록하여 주시기 바랍니다.

전형절차

인테리어공사관리 : 디자인 포트폴리오 심사

전형일정

- 지원서 접수 : 2015년 9월 7일(월) ~ 9월 14일(월) 오후 5시
- 삼성직무적성검사 : 2015년 10월 18일(일)
  국내 5개 지역 : 서울, 부산, 대구, 대전, 광주
  해외 2개 지역 : 미국 Newark(NJ), 미국 LA(CA)
- 면접 : 2015년 10 ~ 11월 중
- 면접 합격자 발표 및 건강검진 : 2015년 11월말 이후

기타안내

- 국가등록장애인 및 국가보훈 대상자는 관련법 및 내부규정에 의거하여 우대합니다.
- 다음 사항에 해당되는 분은 내부규정에 의거하여 우대합니다.
  1. 중국어자격 보유자 : 필기 BCT (620점 이상), FLEX 중국어 (620점 이상), 新 HSK (新 5級 195점 이상),
     회화 TSC (Level 4 이상), OPic 중국어 (IM1 이상)
  2. 공인한자능력자격 보유자 : 한국어문회 (3급 이상), 한자교육진흥회 (3급 이상), 한국외국어평가원 (3급 이상), 대한검정회 (2급 이상)
  3. 한국공학교육인증원이 인증한 공학교육 프로그램 이수자
- 지원서 내용이 사실과 다르거나, 허위 서류를 제출하신 경우 채용이 취소됩니다.
- 전형단계별 결과는 삼성그룹홈페이지 (http://www.samsung.co.kr)에서 확인하실 수 있습니다.

문의사항

- 호텔신라 인재개발그룹
  이메일 : recruit.shilla@samsung.com / 전화 : 02-2230-3093

그림 7-1_호텔신라의 모집광고 사례

환대산업의 조직체 인력은 여타 산업의 변동보다 심할 수 있다. 왜냐하면 일반적으로 이직률이 높기 때문이다. 따라서 관리자들은 이러한 인력공급 및 수요의 변동에 대비해야 한다. 기업 내부적으로는 퇴직, 이직, 사고 등에 따른 인력감소가 있을 수 있으며, 사회문화 및 경제적 환경의 변화에 따른 외부인력시장의 변동도 고려해야 한다. 인력은 일시에 공급되지 않는다. 따라서 수요인력예측에 의해 지속적인 수급필요 모집은 장기적 관점으로 이미지, 대외홍보활동과 연계하여 종합적으로 계획·추진되는 것이 바람직하다.

1. 사전모집 절차

모집 전에 모집과 관련하여 다음과 같은 절차를 고려해야 한다.

1) 필요직무에 대한 정의(define job requirements)

필요한 직무에 대해 정의하기 위하여 관리자들은 필요 직무의 주요 책임과 과업에 대해 이해해야 하며, 직무와 관련된 배경특성, 필요한 직무를 수행할 개인의 특성, 조직문화의 특성, 관리자들의 관리스타일에 대한 이해가 필요하다.

2) 필요직무의 직무분석, 직무명세, 직무특성 분석

모집 전 관리자들은 필요직무에 대한 현재의 직무분석, 직무명세서, 직무특성에 대해 이해해야 하며 필요하다면 직무내용을 최신화해야 한다.

3) 관계법령 및 규정 확인

모집 전 관련 법규의 변경사항 등을 확인하여 모집, 선발, 승진과 관련된 업무에 변경사항을 반영하여 의사결정을 할 수 있어야 한다.

4) 모집관련 메시지의 결정

모집과 관련된 직무의 내용에 대한 설명은 응시자들에게 동기를 부여하기 좋은 방법이다. 따라서 모집 전 관련 직무에 대한 메시지를 현실적이고 장기적인 관점을 반영해서 개발해야 한다.

5) 경쟁사를 고려한 모집전략

모집이란 가용자원에 대한 확인도 중요하지만 관리자들은 모집을 통해 경쟁사의 전략에 대해 알 수 있다. 즉 타 회사의 응시자들이 경쟁회사와 비교한 정보를 제공할 수 있다. 따라서 관리자들은 경쟁사를 고려하여 신중하게 모집전략을 세워야 한다.

6) 모집방법의 결정

델타항공은 일반직원을 외부모집으로 하고 있으나, 간부직은 내부에서 승계되도록 하고 있다. 이러한 전략을 수행하기 위해서는 내부직원들의 경력개발계획이 필요할 것이다. 또한 간부직을 외부모집으로 하는 기업도 있다. 따라서 기업의 환경에 따라 내부 및 외부 모집에 대한 결정을 해야 한다.

7) 모집의 원천 결정

내부이건 외부이건 모집을 어디에서 할 것인가를 결정해야 한다. 외부모집의 경우 학교, 경쟁사, 교회, 아파트 등에서 할 수 있으며 특히 신문, 라디오, 웹사이트 등 가용자원이 많은 미디어를 결정할 필요가 있다. 내부모집의 경우 관련 기업의 내부 인트라넷을 통해 모집의 내용을 전달할 수 있다.

8) 모집자의 선발

모집을 전담할 모집자(recruiter)를 선발하는 것은 잠재적인 우수인력들에게 동기부여할 수 있으므로 매우 중요하다. 모집을 담당하는 부서에 대한 이미지로 인해 우수인력이 다른 경쟁사로 이동할 수 있으므로 모집자를 누구로 할 것인가는 매우 중요하다.

9) 모집전략의 채택 및 실행

모집전략은 때에 따라 매스미디어(신문, 잡지, 라디오, 웹사이트 등)를 통해 하는 것보다 구전에 의해 효과를 거둘 수 있다. 따라서 모집전략은 기업의 특성에 따라 달라질 수 있다.

10) 모집인력 평가수단의 결정

모집인력들을 평가하여 올바른 직원을 선발하기 위한 방법에는 여러 가지가 있을 수 있다. 일반적으로 이용되는 수단으로는 이력서, 자기소개서 등이다. 이러한 평가방법들은 올바른 인력을 선발하기 위한 도구로 사용되기도 하지만 그렇지 않을 경우 모집비용은 매우 비효율적으로 전락할 수 있다. 따라서 기업의 모집인력에 대한 내용타당성을 평가하고 그에 맞는 인력을 스크린할 수 있는 도구들을 사용해야 할 것이다.

11) 모집방법의 효율 평가

사내모집, 지인, 신문 · 잡지, 학교, 직업소개서 등 모집의 원천을 통해 모집할 경우 그에 따른 비용도 고려하여 모집방법을 평가해야 한다. 일반적으로 모집에 드는 비용에 비해 올바른 직원을 채용할 확률은 수확률에 따라 결정된다.

2. 내부모집

1) 내부모집의 장점

내부모집은 내부직원들의 사기를 올릴 수 있으며, 모집비용이나 교육훈련비용을 줄일 수 있다. 또한 내부직원을 모집함으로써 그 직원에 대한 평가가 보다 용이하여 관리자들에게 이점으로 작용한다. 내부모집은 승진과 함께 직무를 승계함으로써 경력계획을 보다 용이하게 할 수 있다.

2) 내부모집의 단점

내부직원으로 충당된 직무에선 새로운 아이디어를 기대하기 힘들어 피터의 원리와 같이 내부직원들이 무능한 직원들로 구성될 수 있다. 또한 승진에서 배제된 직원들은 사기가 떨어질 수 있으며, 조직 내에서 정치적 문제가 야기될 수 있다. 이는 승진을 위해 관리자들과 유대관계를 유지하려 하는 직원이 많을 경우 직무 이외의 문제점으로 대두될 수 있다. 내부모집 시 충원된 부서와 그렇지 못한 부서에는 차이가 발생할 수 있다.

3. 외부모집

1) 외부모집의 장점

외부모집의 경우 새로운 인력이 투입됨으로써 새로운 아이디어에 의해 조직이 활성화될 수 있으며, 외부모집을 통해 경쟁사에 대한 정보를 얻음으로써 새로운 시각으로 경쟁사를 확인할 수 있는 기회가 되기도 한다. 또한 기존 직원들이 회사에 근무하게 된 것에 대해 자신감을 높일 수 있는 기회로 작용한다. 한편 외부모집의 경우 교육훈련을 통해 필요인력을 양성하는 것보다는 적은 비용으로 업무를 수행할 수 있으며, 내부모집에 비해 정치적 문제를 야기하지 않을 수 있다. 외부모집을 통한 기업에 대한 홍보는 좋은 기회로 활용할 수 있다.

2) 외부모집의 단점

외부모집의 경우 적절한 인력을 모집한다는 것은 매우 어려운 일이며, 내부인력에게는 외부인력에 의해 승진에 지장이 초래될 수 있다. 또한 외부직원은 우리 기업에 대한 문화 및 교육훈련을 소화하는 데 오랜 기간이 필요하며, 단기간에는 생산성이 높지 않다. 외부모집의 경우 정치적 문제와 개인적 갈등을 야기할 수 있다.

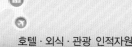
4. 모집원천(recruitment sources)

1) 내부모집원천

내부보집은 경력계획, 기술목록, 내부 게시시스템(internal job-posting)을 포괄한다. 적절한 기술목록, 대체도, 승계도 등의 유지는 내부모집을 원활하게 한다. 내부모집을 위해 직원들에게 필요한 직무를 사내 게시하여 모든 직원들이 응시하게 하는 것이 필요하다.

또 다른 내부모집방법은 기존 직원들에게 선발하는 직무를 타인에게 알리도록 함으로써 가능하다. 일반적으로 기존 직원들은 그들이 관련 업무에 적정하고 능력 있는 직원들에게만 알리는 경향이 있다. 따라서 관리자들은 직원들이 추천하는 경우 훌륭한 성과로 연결될 경우 그에 따른 보상시스템(인센티

그림 7-2_모집광고 사례

브, 승진 등)을 개발함으로써 이러한 개인 홍보에 의한 모집방법을 개선할 수 있다.

2) 외부모집원천

환대산업의 경우 다음과 같은 경우 외부모집에 유용할 수 있다.

직업소개소, 대학교, 전문대, 교회 및 성당, 아파트 전단지, 여성단체, 전문지, 노인단체, 정부지원기관, 장애자단체, 학생단체, 웹사이트, 상공회의소, YMCA, YWCA, 자원봉사단체, 군대관련단체, 호텔모텔협회, 전국외식사업자단체, 직업박람회 등이다.

그림 7-3_모집광고 사례

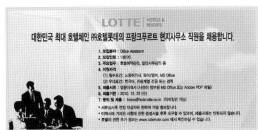

그림 7-4_모집광고 사례

기타의 방법으로는 전화모집, 직접우편(direct mail), 데이터베이스 모집, 정보세미나, 홍보인센티브, 오픈하우스 등이다.

3) Online 모집

최근 온라인을 통한 모집시스템이 정착되고 있다. 대부분의 기업들은 온라인을 통해 모집광고를 수행하며 또한 응시원서도 온라인으로 접수하는 경우가 많다. 따라서 환대산업에서는 모집을 대행하는 시스템을 구매할 수도 있고 자체 온라인을 이용하여 모집전략을 수행할 수도 있다.

4) 광고

직업에 대한 광고는 주의해서 실시되어야 한다. 왜냐하면 차별적인 광고를 수행할 경우 오히려 역효과가 날 수 있으며 불법으로 인해 손해를 볼 수 있다.

5) 모집방법의 평가

내부모집이나 외부모집을 통해 모집할 경우 모집된 인원, 채용된 인원, 각각의 모집방법에 사용된 비용 등을 계산하면 모집방법에 대해 평가할 수 있어 차기에 사용할 경우 많은 도움이 될 수 있다. 예를 들어 신문광고를 통해 직원이 2명 채용되었다면 사용된 비용(700,000원)에 대비해서 1명 채용당 비용을 산출할 수 있다(350,000원). 또한 전문잡지 및 기업통계자료 등을 활용하면 어떤 방법(직원소개, 신문광고, 대학, 직업박람회, 소수인종, 직업소개소, 고용노동부, 인터넷 등)이 유용한지를 쉽게 파악할 수 있다.

5. 응시자 관점에서의 모집

관리자들은 응시자의 측면을 고려해서 모집을 이해해야 한다. 첫째, 응시자의 관점이 되면 다른 모집요원들의 관점을 이해할 수 있다. 둘째, 관리자들은 자신들 나름대로의 관점으로 모집을 이해했으므로 변화할 필요가 있다. 셋째, 응시자들은 경쟁사들의 가치 있는 정보를 제공해 줄 수 있다.

1) 모집요원들의 관점

일반적으로 모집요원들은 응시자들의 외모, 첫인상, 개성에 초점을 두고 있다. 또한 모집요원들은 응시자들의 장점과 약점에 대해 관심을 갖고 그러한 장단점을 통해 직무에 연결해서 판단하고자 하는 경향이 있다. 그러나 최근 응시자들은 YouTube나 Facebook세대인데 모집요원들은 그러한 소셜미디어에 취약하다. 따라서 모집요원들은 그러한 디지털세대의 관점으로 응시자들을 이해해야 할 것이다.

2) 모집인터뷰의 준비

응시자들은 모집인터뷰에 대해 준비해야 한다. 즉 자신이 응시하고자 하는 기업에 대한 기초적인 정보를 사전에 파악하는 것은 인터뷰 준비에 매우 유용하다. 응시하는 기업체가 호텔인 경우 호텔관련 웹사이트를 이용하여 최신정보를 접할 수 있으며, 여타의 기업들(레스토랑, 클럽하우스, 여행사, 항공사, 컨벤션센터 등)도 관련 웹사이트의 정보를 쉽게 접할 수 있다.

모집인터뷰에 관련해서 응시자들이 준비해야 하는 간단한 주의사항은 다음과 같다.

① 응시자들은 직무경험과 기술에 대해 명확하고 자신 있게 말해야 한다. 즉 관련 업무에 대해 전문가적 견해를 피력할 수 있어야만 한다.

② 응시자들은 경청할 수 있어야만 한다.

③ 응시자들은 긍정적이어야 한다. 인터뷰를 진행하는 관리자들이 자신의 약점이나 결점에 대해 말하는 경우에도 방어적일 필요는 없다. 사실과 본인의 경험에 입각한 내용을 간략하게 말할 수 있어야 한다.

④ 응시자들은 본인의 비언어적 메시지에 주의해야 한다. 다리를 떤다거나 손가락을 떠는 행위 등은 인터뷰어에게 불안정해 보일 수 있다.

⑤ 응시자들은 짧은 침묵의 시간에도 긴장할 필요는 없다. 대답을 위해 본인이 생각하는 시간은 여유 있게 고려할 줄 아는 대범함이 필요하다.

3) 모집요원의 질문

모집요원들은 보통 같은 형태의 질문을 하는 경향이 있다. 다음의 내용은 응시자들이 주의할 사항이다.

표 7-4_인터뷰 질문내용

직무관련 질문	• 전 직장에서의 연봉은? • 주 40시간 근무하셨습니까? 초과시간은 어느 정도였습니까? • 어느 정도의 연봉을 기대하십니까? • 주말에 근무하셨나요? • 주 몇 시간 근무가 가능한가요? • 아침형인가요? 저녁형인가요? • 직무관련 어떤 부분이 가장 중요한 임무였나요?
학력 및 지능관련 질문	• 어느 과목이 당신의 전공인가요? • 왜 그런 전공을 선택하셨나요? • 과거 6개월간 당신이 배운 것 중 가장 중요한 것은?
건강관련 질문	• 여가시간에 주로 무엇을 하시나요? • 전 직장에서 얼마나 자주 지각이나 결근을 하셨나요?
개인 습관관련 질문	• 가족들은 당신이 조리사로 일하는 것에 대해 어떻게 생각하십니까? • 당신의 첫 직업은 무엇이었나요? • 첫 직장은 어떻게 구하셨나요?
개인적 특성관련 질문	• 프런트 직원과 예약직원 중 누가 더 많은 책임이 있나요? • 팁을 주지 않는 고객은 어떻게 다루어야 합니까? • 왜 하우스키핑 직업이 중요한가요? • 당신은 전 직장으로 돌아가고 싶은가요?
관리자를 위한 질문	• 언제 전 직장을 그만두셨고, 누가 대신하고 있나요? • 종사원들을 위해 어떤 교육프로그램을 실행하셨나요? • 누가 당신의 가장 큰 경쟁자였나요? 그들의 장점과 단점은? • 관리자로서 당신의 종사원들은 당신을 어떻게 표현하나요? • 전 직장에서 얼마나 많은 종사원을 해고해 보셨나요? 그 이유는 무엇입니까?

자료 : David Wheelhouse(1989), Managing Human Resources in the Hospitality Industry(Lansing, Mich : Educational Institute of the American Hotel & Lodging Association, pp. 90-91), In R. Woods, M. M. Johanson, & M. P. Sciarini(2012), *Managing Hospitality Human Resources*(5th ed.), Lansing, Michigan : American Hotel & Lodging Educational Institute, pp. 106-107.

① 응시자들은 직무와 관련된 자신들의 기술과 경험을 준비하고 있어야 한다. 그들은 인터뷰 담당자의 마음에 드는 특정한 기술과 요소들을 피력할 수 있어야 한다. 즉 응시자들은 직무에 적합한 자격요건들에 대해 적극적으로 묘사할 수 있어야 한다.

② 응시자들은 인터뷰시간에 늦지 않도록 15분쯤 전에 도착해야 한다. 너무 일찍 도착하거나 늦게 도착할 경우 문제가 발생할 수 있기 때문이다.

③ 응시자들은 여분의 이력서나 질문에 대한 응답리스트를 준비하고 있어야 한다.

④ 인터뷰할 때 식사를 겸하는 경우에는 에티켓을 준수해야 한다.

⑤ 응시자들은 인터뷰가 끝난 후 면접관의 이름이나 직위를 메모하고 질문내용을 메모하여 기억하고 있어야 한다. 여러 곳에 인터뷰할 경우 응시자들의 기억에 도움이 되기 때문이다.

4) 응시자의 관점

과거 기업에 응시하는 대학생들은 다음의 관점을 중요하게 생각하였다. 기업에 대한 고객으로서의 개인적 경험, 교수로부터 전해들은 소문, 동문들로부터 들은 소문, 기업가의 특성, 학생들 간의 소문, 특강을 통한 인식, 기업가의 외모, 직업박람회를 통한 기업에 대한 인식, 인턴십, 기업체 관련 관광 등이다. 중요하게 여기지 않았던 내용은 기업체의 지원에 의한 장학금, 기업소개 비디오, 기업체 지원 사회이벤트, 인터넷의 기업체 소개내용 등이다.

그러나 현재 이러한 응시자들의 관점은 변화하여 인터넷의 기업체 소개내용을 가장 중요하게 여기며, 기업체 지원 이벤트(fast-food 기업, 개인 레스토랑 등), 기업체에 대한 소문과 개인적 경험 등은 아직도 중요하게 여기는 요인들이다. 특히 소셜미디어를 통한 기업체에 대한 이미지는 응시자들이 매일 준비하는 내용이다. 따라서 기업체의 모집요원들이나 관리자들은 이 점을 감안하여 기업정보에 대한 내용을 보다 정확하고 세밀하게 제공하여 응시자들의 만족을 유도해 나가야 할 것이다.

제**8**장

선발

선발

참신한 인력과 관리층의 선발(selection)은 환대산업기업의 경쟁이익을 보장한다. 선발은 관리자들에게 가장 중요한 과업 중 하나이다. 이러한 선발은 경력이 없는 관리자들에게 위임할 수 없으며 관리자들이 해결해야 할 과제이다. 드러커(Drucker)는 선발의사결정이 가장 오래 지속되는 의사결정이며 가장 변형되기 어려운 과업이라고 하였다. 따라서 우수한 관리자들도 33%의 성공을 보장하는 선발결정은 매우 어려운 과업이다. 성공적인 선발과정은 인적자원관리에 대한 섬세한 계획하에 성공을 거둘 수 있는데, 그것은 효과적인 직무분석, 직무설계, 모집, 직무기술서, 직무명세서, 법적 제한사항에 대한 고찰, 사회적 요구 등을 사전에 분석하고 대비하는 관리자들의 몫이다. 특히 환대산업의 관리자들은 인력에 대한 수요를 예측하지 못하고 갑작스레 인력이 필요할 경우 힘든 작업을 하게 되므로 인력에 대한 신뢰성 있는 선발을 하지 못하고 있다.

제1절 ● 선발의 신뢰도 및 타당도

1. 신뢰도

신뢰도란 저울에 비유할 경우 언제 측정해도 같은 결과 값을 갖는 것이 중요하다는

의미이다. 따라서 인적자원의 선발에 있어서도 선발의 도구나 상황에 따라 변화되는 선발전략은 신뢰도가 떨어진다고 볼 수 있다. 특히 선발에 자주 이용되는 신체검사, 시험, 인터뷰 등은 믿을 수 있어야 한다.

2. 타당도

타당도란 저울에 비유하면 저울은 정확한 측정도구여야 한다는 것이다. 즉 저울의 눈금은 항상 0에서 시작해야 하는데 만약 5kg, 10kg에서 시작한다면 올바른 저울이라고 할 수 없을 것이다. 따라서 선발과정에서도 올바른 직원을 선택할 수 있도록 측정과정과 예측과정이 관리자들의 의도에 부합되어야 한다. 타당도에는 기준관련타당도(criterion-related validity)와 내용타당도(content validity)가 있다.

1) 기준관련타당도

기준관련타당도는 예측도와 기준점수 사이의 관계를 말한다. 대부분의 경우 기준점수는 직무성과이다. 기준관련타당도에는 예측타당도와 동시타당도가 있다.

예측타당도란 직무에서 좋은 성과가 나타날 확률이 있는지를 검증하는 척도이다. 환대산업에서 예측타당도를 측정하기 위해 타당성을 검증하는 작업은 잘 이루어지지 않는다. 그 결과 예측타당도와 직무성과의 관계가 적은 경우가 발생할 수 있다. 예를 들어 특정 선발시험문제로 직원들을 선발했는데 선발된 직원들이 입사 후 좋은 직무성과를 낸다면 그러한 선발시험문제는 예측타당성이 높다고 볼 수 있다.

한편 동시타당도란 현재 직원을 선발할 경우 그 직원이 선발하는 내용의 직무를 수행할 수 있는 능력이 있는가의 문제이다. 즉 식음료직원을 선발할 경우 현재 그 직원이 식음료업무를 수행할 능력이 있는지 시험하는 것을 말한다. 환대산업에서 동시타당도에 의한 접근을 시도할 경우 관련 직무에 대한 직무분석을 철저히 하여 그러한 직무가 반영된 시험을 준비해야 할 것이다.

2) 내용타당도(content validity)

환대산업에서 기준관련 타당도에 의해 직원을 선발할 경우 요구되는 직무성과를 측정할 수는 있지만 선발직원들이 전반적인 직무를 수행할 수 있는지는 측정할 수 없다. 내용타당도란 선발한 직원들이 전반적인 업무를 수행할 수 있는지를 측정하는 수단이다. 기준관련타당도와 달리 내용타당도는 전문가들의 의견을 반영한다. 그러한 내용타당도를 반영하는 단계는 다음과 같다.

① 직무분석 실시

② 시험문제 개발

③ 전문가 패널에 의한 시험문제 검증

④ 전문가 패널에 의한 시험문제 수정

⑤ 현재 직원들에게 수정된 시험문제의 타당성과 완벽성 검증

제2절 ● 선발과정

효과적인 선발은 관리자들에게 가장 중요한 과업들 중 하나이다. 이러한 선발의 원칙은 다음과 같다.

첫째, 명확성(explicitness)이다. 선발과정에 임하는 모든 사람들은 원하는 직원에 대한 명확한 기준이 있어야 한다. 선발인원에 관계없이 2명을 뽑건 10명을 뽑건 기준이 변하면 안 된다. 기준이 명확할수록 원하는 직원을 선발하기 쉽다.

둘째, 객관성(objectivity)이다. 전반적인 채용과정은 시작부터 끝까지 정량화할 수 있어야 한다. 응시하는 직원들은 자신들의 시험점수와 기준점수를 비교할 수 있어야 하며, 만약 정량화할 수 없다면 선발과정에서 오류가 발생할 수 있다.

셋째, 완전성(thoroughness)이다. 선발과정 전체는 철저해야만 한다. 3단계를 거쳐야 하는데 최초 선발과정(initial screening), 인터뷰와 시험, 인사권자와의 면담 등이다.

넷째, 일관성(consistency)이다. 선발과정에서 선발에 참여하는 인력, 목적, 과정 등은 지

속적으로 일관되게 유지되어야 좋은 결과를 얻을 수 있다. 이러한 일관성은 기업의 가치
기준에 적합하며 법적 실수를 방지하고 공정하게 선발시스템이 유지될 수 있도록 한다.

기본적인 선발과정은 〈표 8-1〉과 같다.

표 8-1_선발과정

순서	내용
1	필요한 직무 확인
2	필요 직무의 직무기술서 확인
3	필요 직무의 직무명세서 확인
4	모집방법의 결정
5	모집인원에 대한 사전 screening
6	인터뷰 장소 확인
7	인터뷰 전략 선택
8	인터뷰 질문 준비
9	인터뷰 실시
10	인터뷰 마감
11	선발대상자 평가
12	참고자료 확인

1. 다단계 전략(multiple hurdles strategy)

다단계 전략은 어떠한 경우에도 응시한 직원들의 탈락이 가능하므로 허들에 비유되었
다. 즉 프런트 종사원을 선발할 경우 첫째, 프런트의 컴퓨터 조작능력 둘째, 저녁근무가
능 셋째, 일본어에 능통할 것 등으로 규정하였을 경우, 하나의 조건만이라도 불가하다면
응시한 직원은 탈락되는 것이다.

2. 보상전략(compensatory strategy)

보상전략이란 선발할 직원이 하나의 분야에서 전문가이지만 여타 다른 분야에서 약점
이 있다고 할 경우 장점을 보고 단점이 보완될 것으로 가정하여 선발하는 전략을 말한다.
위의 사례에서 프런트 컴퓨터시스템의 조작능력이 있고 저녁근무가 가능하지만 일본어

가 서툴러도 그 직원을 선발할 경우에 해당된다. 물론 모든 영역에서 탁월한 직원이 선발되어야 하지만 이러한 전략은 차선책이 될 것이다.

3. 필요조건과 충분조건

단지 기술적인 면에 대한 조건을 충족시키는 직원을 선발하는 것은 필요조건이지만 기술보다는 인간성이 우수한 직원을 선발하는 것은 충분조건에 해당된다. 기술적인 요건은 교육훈련에 의해 보상될 수 있지만 인간성은 변화하지 않는 조건이기 때문이다.

제3절 ● 선발도구

1. 이력서, 자기소개서 및 기타 서류

이력서에는 응시자들의 현재 연령, 주소, 주민번호, 연락처, 경력사항, 학력사항 등이 명시된다. 또한 자기소개서는 응시자들의 경력사항과 관련된 성격적인 장단점, 특이사항 등을 피력할 수 있는 도구이다. 따라서 이력서와 자기소개서는 가장 기본적인 선발도구이다. 특히 최근 이력서는 기업의 양식에 의해 작성하도록 하는 추세이다.

또한 이력서 이외에 추천서 등 응시자를 확인할 수 있는 여러 서류가 있는데 이는 ① 학력증명서, ② 경력증명서, ③ 건강증명서, ④ 성적증명서, ⑤ 포상증명서, ⑥ 신원조회, ⑦ 인적보증 등이다.

표 8-2_입사지원서 사례

입사지원서

(사진 : 최근 3개월)	성 명	한글		지원분야	
		한자		희망직위	
	생년월일			희망연봉	
	현주소			입사가능일	
	연락처	자택)	C.P)	E-mail	

학력	학 교 명	전 공	구 분	졸업연월일	소재지
	고등학교		졸업예정 · 졸업		
	대 학		졸업예정 · 졸업		
	대 학 교		졸업예정 · 졸업		
	대 학 원		졸업예정 · 졸업		

경력	회 사 명	재직기간	담당업무	직 위	급 여	소재지	퇴직사유
		~					
		~					
		~					
		~					

자격	종 류	취득일

외국어	구 분	시험명	공인성적	회화	독해
				상 · 중 · 하	상 · 중 · 하
				상 · 중 · 하	상 · 중 · 하
				상 · 중 · 하	상 · 중 · 하

병역	병역구분	필 · 미필 · 면제
	면제사유	
	복무기간	

신체	신장	cm	체중	kg
	교정시력	좌	기타 질병	
		우		

가족사항	관계	성명	연령	동거	관계	성명	연령	동거
				同 · 別				同 · 別
				同 · 別				同 · 別
				同 · 別				同 · 別
				同 · 別				同 · 別

기타	구 분	해당여부
	보 훈	
	장 애	
	결 혼	
	취 미	

상기와 같이 제출하오며 일체 허위 사실이 없음을 확인합니다.

20 년   월   일   지원자   (인)

🔵 호텔농심

표 8-3_자기소개서 사례

자기소개서

성장과정 및 성격
학교생활 및 특기사항
주요 경력 및 수행업무
지원동기 및 입사 후 포부

상기와 같이 제출하오며 일체 허위 사실이 없음을 확인합니다.

20 년 월 일 지원자 (인)

2. 시험

1) 필기시험

대기업에서는 타당성을 확보한 필기시험을 개발하여 정기적인 선발과정에 사용하고 있는데 일반적으로 필기시험을 통해서는 지적 능력, 추리력, 수적 능력, 언어능력, 사무능력, 기계적 소양 등을 검증한다.

이러한 필기시험의 특성은 다음과 같은 질문에 답함으로써 검증될 수 있다.

① 필기시험이 직무에 필요한 소양과 능력을 측정하는가?

② 필기시험은 신뢰성이 있는가?

③ 필기시험은 개발과정에서 적절한 시험을 통과했는가?

④ 필기시험은 관리하기 쉬운가?

⑤ 필기시험은 과거에 성공했는가?(선발 후 타당도가 높았는가?)

2) 양심테스트

양심테스트는 '고객이 돈을 잃어버렸을 경우 만약 그 돈을 당신이 발견했는데 그 돈을 당신이 보관한다면 그것은 옳은 일인가?'와 같이 종사원의 양심을 묻는 질문이다. 또는 '당신은 다른 사람에 대해 말하기 싫을 정도로 나쁜 생각을 해보았는가?'라고 하면 대부분의 사람들은 그러한 경험이 있음에도 없다고 대답할 경우 그것은 대부분 거짓말을 하고 있는 것이다. 이러한 테스트는 환대산업에서 금전과 관련된 업무가 많으므로 종사원의 진실됨을 평가하기 위한 것이다.

3) 신체검사

환대산업에서 신체검사는 매우 중요하다. 항공사의 경우 승무원이 빈혈 등 신체가 허약하다면 업무를 올바르게 수행할 수 없을 것이다. 또한 주방에서 근무하는 직원이나 식음료직원의 경우 전염성 질병이 없어야 하므로 이는 신체검사를 통해 가부를 결정해야 한다.

4) 실기시험

실기시험은 간단한 업무를 실시함으로써 선발하고자 하는 업무에 대한 종사원의 능력을 평가하는 경우이다. 예를 들어 프런트 종사원을 선발하고자 할 경우 상황을 주고 문제해결을 시험한다든지, 식당종사원의 경우 실제 서브하는 문제를 출제하여 실행해 보도록 하는 것이다. 최근 커피자격증 관련하여 실습에 의해 바리스타 자격증을 주는 경우도 이에 해당된다.

5) 종합검사(assessment centers)

종합검사란 예비사원들을 2박 3일이나 3박 4일간의 일정으로 합숙하게 한 후 조별 행동을 관찰함으로써 선발하는 경우이다. 종합검사기간 동안 종사원들의 사고력, 행동능력,

친화력, 서비스능력, 인내력, 종합적 문제해결능력 등이 관찰되며 최종 결과는 정량적 점수로 채점한 후 선발하는 기법이다.

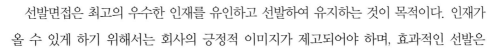

제4절 ● 선발면접

선발면접은 최고의 우수한 인재를 유인하고 선발하여 유지하는 것이 목적이다. 인재가 올 수 있게 하기 위해서는 회사의 긍정적 이미지가 제고되어야 하며, 효과적인 선발은 회사에서 인재에 대한 정확한 예측시스템이 가동되어야 성공할 수 있다. 또한 인재가 유지되기 위해서는 회사에서 정확한 직무기술서에 의해 직무의 목적과 책임이 명확하게 될 때 가능하다. 그러나 선발에서 발생할 수 있는 오류로 인해 문제가 발생할 수 있다. 따라서 선발과 관련된 관리자들에게 이러한 문제점에 대해 교육함으로써 이를 사전에 방지해야 한다.

그림 8-1_선발면접 사례

1. 면접에서의 오류

종사원 선발과 관련한 오류는 인터뷰를 수행할 때 여러 가지 조건에 의해 발생할 수 있다. 심지어 유능한 관리자들도 조직 및 상황에 따라 실수할 수 있는 부분들이다. 다음에 제시된 문제점들은 인터뷰의 신뢰도와 관련된 문제점들이다.

1) 유사성 오류(similarity error)

유사성 오류란 관리자들이 면접할 때 응시자들과 비슷한 인물, 개인적 배경, 외모 등에 의해 비슷하게 판단하는 오류를 말한다. 또한 관리자들이 생각하는 인물과 반대될 경우도 같은 오류가 발생할 수 있다. 이와 같이 유사성에 근거하여 판단할 경우 이는 직무와 관련이 없는 것이므로 편견이 발생할 수 있다.

2) 대조오류(contrast error)

대조효과 또는 대조오류로서 이는 의식적이든 무의식적이든 응시자들을 대조해 보는 오류이다. 가령 회사에서 정한 최저한도를 넘지 못하는 바람직하지 않은 응시자가 2명 있다고 가정할 경우 이들 2명을 대조해 보고 1명을 선발할 경우, 이는 대조효과에 의해 바람직하지 않은 결과를 초래할 수 있다.

3) 부정적 정보에 대한 과잉대응(overweighing negative information)

이력서 및 추천서 등의 서류에 대한 부정적 정보를 입수할 경우 면접 시 이를 고려하여 판단하는 오류를 말한다. 보통 긍정적 정보보다는 부정적 정보에 더 많이 주목하게 된다.

4) 인종, 성, 연령에 대한 편견(race, sex, and age bias)

유사성 오류와 같이 면접관들이 같은 인종, 성, 나이대 등에 주목하는 오류이다.

5) 첫인상 오류(first impression error)

면접관들은 면접하는 동안 응시자들의 첫인상을 강력하게 유지하는 경향이 있다. 이러한 첫인상은 외모나 이력서 등에 의해 사전에 형성된 인상으로 면접관들이 편견을 갖고 판단하게 한다. 응시자들의 측면에서는 이러한 효과를 감안하여 첫인상을 좋게 하는 것이 매우 중요하다.

6) 후광효과(halo effect)

후광효과란 응시자들의 외모, 작업수행능력, 배경 등에 대해 하나의 측면이 좋을 경우 다른 부분들도 좋게 보는 효과이다. 가령 이력서에 나타난 학력을 보고 다른 모든 면도 좋다고 느끼는 경우이다.

7) 악마의 뿔(devil's horns)

응시자들의 부정적인 일면을 보고 모든 부분을 부정적으로 인식하는 경우이다.

8) 잘못된 경청 및 기록(faulty listening & memory)

면접관들이 여러 명을 면접할 경우 적극적 경청을 하지 못하는 경우와 최소한의 기록을 하지 못해 면접결과를 기억하지 못하는 경우 오류가 발생할 수 있다. 따라서 면접 시 이러한 내용을 참고하여 면접관들은 세밀한 관찰이 필요하며 경우에 따라서는 기록을 유지해야 한다.

9) 최근 효과(recency errors)

면접관들은 인터뷰 전체의 과정보다는 마지막 부분에 나타난 결과를 더 잘 기억한다. 이러한 효과는 기존의 직원에 대해 평가할 경우도 나타날 수 있는데 전체를 보고 판단하는 능력이 필요하다.

10) 면접관 오류(interviewer domination)

면접관들이 면접 내내 모든 내용을 주도함으로써 응시자들이 원하는 직무와 관련된 내용의 정보를 취득할 수 없는 오류이다. 따라서 면접 시 면접관들은 상호이해에 기반한 면접으로 유도해 나가야 할 것이다.

11) 비언어적 커뮤니케이션(nonverbal communication)

커뮤니케이션에 있어서 거의 70%는 비언어적이다. 연구결과에 의하면 면접관들은 응시자들의 복장, 미소, 말하는 방법, 습관, 적절한 눈맞춤 등에 따라 깊은 인상을 받게 된다. 반대로 면접관들도 응시자들에게 적절한 비언어적 커뮤니케이션을 제공함으로씨 응시자들이 면접관에게 오해하지 않도록 노력해야 한다.

표 8-4_비언어적 커뮤니케이션 단서에 대한 일반적 해석

비언어적 메시지	일반적인 해석
making direct eye contact	친근함, 진실함, 자신감, 단호함
avoiding eye contact	냉정함, 얼버무리는, 무관심, 불안정, 소극적, 화난, 불안, 숨김
shaking head	동의하지 않음, 믿을 수 없는, 놀라운
patting on the back	힘을 북돋아주는, 축하하는, 위로
scratching the head	어리둥절한, 믿을 수 없는
smiling	자신감, 이해, 힘을 북돋아주는
biting the lip	불안, 두려움, 화난
tapping feet	불안
folding arms	화난, 인정하지 않는, 동의하지 않는, 방어적인, 공격적인
raising eyebrows	믿을 수 없는, 놀란
narrowing eyebrows	동의하지 않는, 분해하는, 화난, 인정하지 않는
wringing hands	불안, 화난, 두려운
leaning forward	집중하는, 관심 있는
slouching in seat	지겨운, 쉬는
sitting on edge of seat	불안, 화난, 걱정되는
shifting in seat	지루한, 불안, 걱정되는
hunching over	자신이 없는, 수동적인
erect posture	자신감, 단호함

자료 : Diane Arthur(1995), The Importance of Body Language, HR focus 72(23page), in R. H. Woods, M. M. Johanson, & M. P. Sciarini(2012), *Managing Hospitality Human Resources*(5th ed.), Lansing, Michigan : American Hotel & Lodging Educational Institute, p. 139.

2. 면접의 원칙

관리자들은 다음과 같이 면접을 준비해야 한다.

첫째, 면접 전에 응시자들의 이력서 및 자기소개서 등 관련 서류에 대해 인지해야만 한다.

둘째, 적정한 장소를 준비해야만 한다. 면접장소는 면접에 방해받지 않는 장소여야 한다.

셋째, 면접에 응하는 지원자들을 편하게 하여 면접관과의 동질감(rapport)을 느낄 수 있게 해야 한다.

넷째, 직무의 특성에 대해 숙지하고 있어야 한다. 즉 채용할 직무에 대한 직무기술서 및 직무명세서를 통해 직무에 대해 완전히 숙지한 후 면접에 임해야 한다.

또한 지원자들은 다음의 사항을 준비하여 면접에서 좋은 점수를 획득할 수 있을 것이다.

① 면접 전 지원회사에 대해 사전 조사하기
② 면접장소를 사전 답사하기
③ 복장 및 외모를 준비하기
④ 예비면접을 해보기
⑤ 이력서 및 추천서에 대해 사전에 확인하기
⑥ 일찍 도착하기
⑦ 필요서류를 덤으로 준비하기
⑧ 면접 시 최선을 다하기
⑨ 질문하기
⑩ 면접 후 감사의 인사하기 등이다.

환대산업
인적자원의 활용

교육훈련

교육훈련

최근 환대산업의 직무들은 매우 빠른 속도로 변화해 가고 있다. 도어맨이 아닌 도어걸이라는 직무는 고객의 욕구와 변화의 흐름에 적응하여 탄생한 직무이다. 또한 조리사들의 업무였던 기초 다듬기(양파, 무, 파 등의 기본조리) 등의 업무는 조리사들의 본업이 아닌 지 오래다. 즉 보다 고도화된(직무충실화) 직무에 전념하도록 기초조리는 외주에 의해 이루어진다. 따라서 환대산업에서는 모집 및 선발뿐만 아니라 선발된 직원들에게 맞는 교육훈련을 시켜 바람직하고 고객이 만족하는 직무로 적응시켜 나가야 하는 것이 환대산업 관리자들의 의무이자 책임이다. 교육훈련비용은 최근 불경기 및 경기후퇴로 감소하는 추세지만 조직성과 및 종사원의 만족, 조직의 발전을 위해서 필요불가결한 조건이다.

제1절 ● 교육훈련의 원칙

1. 교육훈련의 사이클

일반적으로 교육훈련은 교육훈련 필요점 분석, 교육훈련의 목표설정, 교육훈련의 성과기준설정, 피교육자 선발, 사전시험, 교육훈련방법의 설정, 교육훈련실시, 교육훈련의 평가 등의 순으로 이루어진다.

먼저 교육훈련 필요점 분석은 고객의 불평불만, 객실의 청결도, 체크인의 속도, 음식의 품질 등에 의해 파악할 수 있다. 즉 만족한 결과와 현재상태의 차이점에 따라 교육훈련의 필요성을 파악해야 한다.

둘째, 교육훈련의 목표설정이다. 이는 고객만족, 비용절감, 생산성 향상, 조직개발 등으로 다양하다. 관리자들은 교육훈련의 목표를 확실히 세워 교육훈련의 전체적인 흐름을 파악하고 지속적으로 관리해 나가야 한다.

셋째, 성과기준의 설정이다. 이는 교육훈련을 실시한 후 어느 정도의 성과를 기대할 것인가에 관한 문제이다. 예를 들면 와인교육 후 종사원들은 와인의 서브, 와인지식, 와인의 역사, 와인의 종류에 대해 알아야 한다면 이러한 기준들이 달성되어야 하고 교육훈련 후 평가되어야 할 것이다.

넷째, 피교육자의 선발이다. 피교육자는 종사원들 중에서 교육의 필요성이 있는 직원들을 선발하는 작업이다. 가령 서비스교육을 할 경우 고참사원이 포함된다면 이는 교육훈련의 형평성에 맞지 않는 경우이다. 따라서 피교육자는 교육의 필요성이 있는 직원들로 구성되어야 하며 교육훈련의 성과기준을 달성할 수 있는 레벨을 선발하는 것이 중요하다.

다섯째, 사전시험이다. 사전시험이란 종사원들의 현재의 지식, 기술, 능력에 대해 평가하고 교육훈련 후에 다시 평가하여 변화된 여부를 판단하기 위해 필요한 부분이다. 또한 설문지 등을 통해 교육훈련 전의 상태를 파악할 수 있다.

여섯째, 교육훈련방법의 설정이다. 교육훈련방법은 매우 다양하여 교육훈련의 목적과 내용에 따라 달라질 수 있다.

일곱째, 교육훈련의 실시이다. 교육훈련은 교육훈련방법에 따라 교육훈련의 목적에 위배됨이 없이 철저하게 실시되어야 한다.

여덟째, 교육훈련의 평가이다. 이 단계는 교육훈련을 실시한 후 행동의 변화, 의식의 변화, 생산성의 향상 정도, 비용절감 정도, 이직률의 감소 정도 등을 평가하는 단계이다. 또한 강사에 대한 평가 및 교육훈련의 내용에 대한 평가도 같이 실시하여 차후 훈련의 내용에 반영하는 단계이다.

표 9-1_교육훈련 사이클

2. 교육훈련의 필요점 분석

교육훈련의 필요성은 조직차원, 과업 및 행동분석, 개인분석 등으로 이루어진다.

먼저 조직차원의 교육필요점 분석은 현재 조직의 분위기, 조직구성원의 사기, 환경변화 정도 등에 따라 현재의 조직 전체를 분석함으로써 파악할 수 있다. 특히 경영이념과 조직문화가 필요로 하는 인재상이 있다면 이러한 인재상은 바로 교육의 필요성으로 파악될 것이다.

둘째, 과업 및 행동분석의 목적은 각각의 직무들을 수행함에 있어 요구되는 행동수준을 결정하는 것이다. 이러한 분석을 위해서는 먼저 직무분석을 실시하고 직무기술서 및 직무명세서에 따라 현재의 상태와 차이점이 있다면 그러한 지식, 기술, 능력에 대한 교육필요점을 찾아내야 한다.

셋째, 개인분석은 종사원들 개개인에 대한 장점과 단점을 분석하여 교육필요점을 찾아내는 것이다. 가령 식음료지배인이 식음료부서의 직원들을 대상으로 조사한 결과 와인전문지식이 부족하다고 판단되면 와인교육을 실시할 수 있을 것이다. 개인분석 시 가장 많이 대두되는 교육은 아마도 어학훈련일 것이다.

3. 교육훈련 필요점 평가실행

교육훈련 필요점을 파악했다면 구체적으로 어떻게 그러한 필요점을 평가해야 하는지에 대한 문제에 봉착하게 된다. 즉 구체적인 교육훈련목표를 세우기 위해 교육훈련의 필요점을 파악해야 한다.

1) 교육위원회

교육위원회는 현재 종사원들의 직무에 대한 기술과 행동을 평가하고 이상적인 직무기술 및 행동과의 차이를 파악할 수 있는 관리자들로 구성된다. 예를 들면 하우스키핑부서는 프런트지배인, 예약지배인, 하우스키핑지배인, 하우스키핑 종사원 등으로 구성될 수 있다. 이러한 교육위원회의 장점은 조직체 내에서 요구하는 필요점을 발견할 수 있다는 것이며, 단점은 종사원들의 참여가 제한될 수 있다는 것이다. 종사원들의 참여는 최고경영자의 의지 및 조직문화에 따라 좌우되므로 가급적 종사원들의 의견을 반영할 수 있는 환경조성이 필요하다.

2) 직무기술서와 직무명세서

직무기술서와 직무명세서에 나타난 종사원들의 지식, 기술, 능력과 현재 직무성과의 차이에 따라 교육필요점을 파악하는 방법이다. 이러한 방법은 각 부서의 관리자들이 교육위원회로부터 여러 가지 도움을 받을 경우에 매우 효과적이다.

3) 직무내용

전문가를 초빙하여 직원들의 직무내용 자체를 관찰함으로써 교육필요점을 파악하는 방법이다. 전문가들에 의해 직접관찰이 이루어지므로 현재의 문제점을 파악하는 것이 용이하다는 장점이 있다. 이 경우 전 사원을 대상으로 할 수 없으므로 가급적 많은 직원들의 직무를 관찰하게 되는데 전문가를 초빙할 경우 비용문제가 발생할 수 있다.

4) 직무성과 측정

직무성과 측정이란 직무내용 관찰과 동일하게 직무를 관찰하지만 전문가가 직접 직무를 수행함으로써 직무를 수행하는 종사원들의 지식, 기술, 능력을 확인하는 것이다. 이러한 방법은 전문가들이 그 직무에 익숙한 자를 선발해야 하므로 어려움이 따를 수 있으며 비용이 많이 드는 단점이 있다.

5) 종사원 태도조사

종사원들의 태도조사는 환대산업에서 특히 중요하다. 왜냐하면 고객들과의 접점이 이루어지므로 종사원들의 서비스태도는 바로 고객만족과 연결되기 때문이다. 또한 종사원들의 서비스태도뿐만 아니라 종사원들이 그들의 직무에 대해 만족하는지, 동료들과 만족하는지, 상관에게 만족하는지 등을 파악할 수 있는 좋은 방법이다. 그러나 종사원들의 태도조사만으로 종사원들의 직무기술관련 교육훈련의 필요점을 파악하기는 힘들다.

6) 인사고과

일반적으로 종사원들이나 관리자들의 인사고과를 통해 교육필요점을 가장 많이 파악할 수 있다. 즉 업무와 관련해서 부족한 부분을 발견할 수 있기 때문이다. 그러나 관리자들이 인사고과에 능숙하지 못하여 인사고과를 통한 교육필요점의 발견이 쉽지 않고 발견한다고 해도 정확한 교육필요점이 아닐 수 있다.

7) 직무능력시험

직무능력시험은 와인을 오픈하고 와인을 서브하는 기술 등 간단한 직무능력을 측정해 봄으로써 교육필요점을 발견하는 방법이다. 그러나 복잡한 업무일 경우는 직무능력시험으로 정확한 교육필요점을 발견하기 어렵다.

8) 성과실적

성과실적은 결근율, 매출액, 고객불평, 생산성 등의 지표를 통해 교육필요점을 발견하는 것이다. 또한 이직률이나 낭비요소를 통해 부서의 교육훈련 필요점을 발견할 수 있다. 그러나 이러한 분석은 행동보다는 통계에 나타난 현상을 보고 판단하므로 행동교육 필요점 분석에는 적합하지 않다.

9) 고객의 피드백

고객의 불평불만을 보고 교육필요점을 발견할 수 있으나 고객들이 불평불만을 하지 않

고 재방문을 하지 않는 성향이 있으므로 교육필요점을 쉽게 발견하기는 어렵다. 따라서 고객들의 피드백을 받기 위해서는 보다 많은 양의 자료를 조사하여 고객들의 욕구와 필요를 발견해야 할 것이다.

10) 설문서

종사원들이나 관리자들에게 설문서를 통해 교육필요점을 발견하는 것은 저비용으로 쉽게 할 수 있다. 관리자들에게는 관리자교육의 필요점을 발견할 수 있으며 종사원들에게도 역시 교육필요점을 발견하기가 용이하다. 이러한 방법은 전문가에게 용역하여 이루어지는 경우도 많다.

11) 퇴직인터뷰

퇴직자들에게 인터뷰할 때 직무에 대한 만족도, 퇴사이유, 보상에 대한 만족도 등을 확인하는데 이때 관리자들은 교육필요점을 발견하기 용이하다. 그러나 인터뷰할 때 퇴사자들이 말한 내용은 비밀이 보장되어야 편안한 분위기에서 퇴사자들이 솔직하게 응답할 수 있다는 점에 유념해야 할 것이다. 따라서 관리자들은 퇴사자와의 인터뷰 기법을 배워야 한다.

12) 중요사건법

중요사건법은 특별한 사고가 발생했을 경우 교육필요점을 발견하는 것이다. 예를 들어 긴급화재가 발생했을 때 종사원들이 빠른 대처를 하지 못했다면 이는 화재예방교육의 필요점을 나타내는 것이다. 따라서 관리자들은 중요사건에 대한 기록을 철저히 유지관리하여 교육필요점을 지속적으로 발견할 수 있다.

제2절 ● 교육훈련프로그램의 실제

1. 교육훈련프로그램의 설계

교육훈련프로그램을 설계한다는 것은 관리자들이 종사원들에게 올바른 교육을 통해 그들의 과업을 성실하고 올바르게 수행할 수 있도록 하는 것이다. 따라서 먼저 확고한 교육훈련목표를 세우고, 그에 따른 교육성과기준을 마련해야 할 것이다. 또한 피교육자를 선발하고 그들의 사전지식을 평가해야 한다.

1) 교육훈련목표의 설정

교육훈련의 목표는 반응, 학습, 행동, 결과에 따라 설정된다. 여기서 반응(reactionbased)이란 금연, 어학교육 등과 같이 기업에는 직접적으로 이득이 없지만 피교육자들의 행동에는 영향을 미치는 교육목표이다. 즉 피교육자들이 교육에 대해 갖고 있는 반응행동에 근거하여 교육목표를 세우는 것이다.

학습에 근거한 교육목표는 와인교육과 같이 종사원들에게 지식을 전달하는 것을 목표로 하고 있다. 특히 관리자교육(management training program) 등이 여기에 해당된다.

행동에 근거한 교육목표는 서비스품질을 제고해 나가기 위해 고객접점 직원들에게 행동개선에 관한 목표를 세우고 교육을 실시할 수 있다. 이러한 행동 교육목표는 특히 고객들의 반응을 보고 그 필요점을 세우게 된다.

결과에 근거한 교육목표는 교육 후 POS(point of sale)기계를 다루게 된다든지, 프런트 컴퓨터시스템을 다루게 된다든지 하는 결과에 중심을 두는 목표이다.

이와 같이 교육훈련목표는 4가지 영역이지만 하나의 교육목표만을 세우는 경우는 드물고 다양한 교육목표를 세우고 교육훈련을 실시하게 된다. 교육훈련목표를 세울 때 관리자들은 보다 구체적인 목표를 세워야 하는데 종사원들의 직무만족 개선과 같이 애매모호한 목표보다는 종사원들의 직무만족에 대한 측정도구를 통해 이직률의 감소 같은 명확한 목표가 더욱 효과적이다.

2) 교육훈련성과기준

교육훈련의 필요점을 명확하게 평가하고 목표를 확인한 교육훈련프로그램은 그에 따른 교육성과기준이 세워져야 한다. 예를 들어 식음료교육에서 세팅방법, 서브, 음식 나르기 등이 교육성과기준이 될 수 있다. 즉 교육 후 피교육자들에게 기대되는 성과기준을 말한다.

3) 피교육자 선발

교육프로그램의 성공여부는 참여하는 종사원들에 따라 결정된다. 따라서 교육훈련 시 피교육자들에 대한 선발은 여러 단계에 걸쳐 이루어진다. 예를 들면 관리자교육에서 1주간의 교육 후 시험을 보고 합격하지 못한 직원들은 탈락하며 교육성과기준에 합격한 직원들만이 지속적으로 교육훈련을 마무리할 수 있다.

4) 사전시험

교육훈련의 전 과정을 성실하게 수행했다고 해도 사전에 피교육자들의 지식, 기술, 능력을 점검하지 않는다면 교육 후의 성과를 정확하게 측정할 수 없다. 따라서 교육훈련 담당자들은 교육훈련 전에 지식, 기술, 능력에 대한 평가를 하고, 교육훈련 후에 또다시 평가를 실시하여 교육훈련의 효과를 측정해야 한다. 혹은 통제집단을 설정하여 교육훈련을 실시하기 전후의 내용을 실험집단과 비교하는 것도 매우 좋은 방법이다.

2. 교육훈련방법의 설정

교육훈련방법은 지속적으로 진화하고 있다. 최근 e-learning을 통한 지속적인 교육프로그램의 개발은 좋은 예이다. 따라서 환대산업에서도 웹에 근거하여 진행하는 e-learning을 실시하고 있다. 교육훈련방법과 관련하여 우리가 간과해선 안 될 것은 성인교육의 원리이다.

표 9-2_성인교육의 원리

원리	사례
보상받은 행동이 다시 발생하기 쉽다.	
보상은 즉시 이루어져야 한다.	
보상이 없는 단순한 반복교육은 비효과적이다.	
위협이나 벌은 학습에 비효과적이다.	
교육성취에 따른 만족감은 다른 상황에 영향을 미칠 수 있는 보상이다.	
외부보상은 누가 보상을 하는가에 따라 효과가 달라질 수 있다.	회장/사장
학습자들은 그들이 원하는 교육을 받을 경우 학습효과가 증대된다.	
학습계획에 학습자가 포함될 경우 보다 더 적극적으로 교육에 임한다.	
교육훈련에 대해 관대할수록 보다 적극적이며 창조적으로 교육에 임한다.	
대부분의 사람들은 자신감이나 가치의식이 손상받는 실패, 비난 등을 경험한다.	
너무 많은 좌절감을 경험하게 되면, 목표의식이나 합리적인 생각이 사라진다.	
지속적인 실패나 성취가 없는 학습은 학습분위기를 망친다.	
학습자들은 그들이 관심을 갖고 있는 지적 도전이나 장애물에 대처할 때 최고의 사고력을 발휘한다.	
학습자들에게 개념을 정립시키는 일은 다양한 상황에서 하나의 아이디어를 제공하는 것이다.	
독서에 의한 학습은 다시 읽는 것보다 읽었던 부분을 회상하는 것에 의해 학습효과가 증진된다.	
개인은 그들의 사전 태도와 일치하는 새로운 정보를 더 잘 기억한다.	
학습이 유용할 때 학습효과가 배가되며, 학습욕구도 증대된다.	

자료 : R. Wayne Monday(2010), Human Resource Management(11th ed.), Englewood Cliffs, N.J. : Pearson(p. 200) in R. Woods, M. M. Johanson, & M. P. Sciarini(2012), *Managing Hospitality Human Resources*(5th ed.), Lansing, Michigan : American Hotel & Lodging Educational Institute, p. 196.

1) 관리자교육

관리자들을 위한 교육훈련에는 사례연구, 관리자선발교육(in-basket training), 상담교육, 행동모델교육, 사내강사교육 등이 있다.

가. 사례연구(case study training)

사례연구는 실제 사례나 가정된 사례를 연구하여 피교육자들이 문제점을 파악하고 무엇이 중요하고 중요하지 않은지를 파악하는 것이다. 이러한 사례연구는 허구의 사례에 대해 의사결정을 내리는 것이므로 실제적이지 못한 문제점을 갖고 있다. 그러나 실제 환대산업에서는 사례연구에서처럼 단순하게 문제가 발생하지 않고 동시다발적으로 문제가

발생한다는 것이다.

나. 관리자선발교육

관리자선발교육은 현업의 문제점들을 피교육자들에게 제공하여 문제해결을 통해 통찰력을 얻게 하는 훈련이다. 이러한 미결함방식은 먼저 피교육자들에게 문제의 우선순위를 파악하게 하고, 문제를 부하에게 위임하는 방식을 가르쳐주기 위함이다. 또한 여러 가지 문제점에 대해 동시에 어떻게 해결해 나갈 것인지를 가르쳐준다. 이러한 교육방식은 예비 관리자들을 선발하기 위해 사용될 수 있는데 이때에는 일의 우선순위, 위임방식, 동시에 문제해결하기 등에 대해 시험을 보게 된다.

다. 상담교육

상담교육은 1 : 1로 진행되는 토론식 교육을 의미한다. 즉 관리자가 슈퍼바이저에게 식음료매출의 중요성, 원가절감의 중요성, 직원선발요령 등을 상세하게 설명하는 것은 바로 이러한 유형의 교육이다.

라. 행동모델교육

사회학습이론에 의하면 인간은 타인을 관찰함으로써 대부분의 행동을 학습한다고 한다. 즉 행동모델교육은 피교육자들에게 행동요령을 학습시키는 것이 아니라 타인의 행동을 관찰하게 함으로서 효과를 거두는 교육이다.

이러한 행동모델교육은 대인관계기술의 향상에 매우 적합한데 그 절차는 다음과 같다.

첫째, 강의에 의해 특정한 대인관계기술을 소개한다.

둘째, 비디오나 실제 인물에 의해 그러한 행동을 보여준다.

셋째, 강사는 핵심내용을 요약해서 제시해 준다.

넷째, 피교육자들은 실제로 그러한 대인관계기술을 연습해 본다(role-play).

다섯째, 강사 및 피교육자들은 피교육자들이 행한 역할연기에 대해 피드백한다.

이 방법의 장점은 실행해 보는 것이다. 특히 관리자들에게 필요한 위임, 커뮤니케이션, 회의주제하기, 인터뷰, 징계 등의 기술에 대해 보여주고 학습하게 할 수 있다. 그러나 본 교육방법의 단점은 행동교육에 초점을 맞추는 것이다. 따라서 환대산업처럼 행동교육과 대인관계기술이 중요한 산업에 매우 적합한 교육훈련이다.

마. 사내강사교육

관리자들에게 사내강사교육은 매우 중요하다. 왜냐하면 자신의 분야에서 종사원들에게 관련된 지식을 전달하는 것은 어려운 과업이기 때문이다. 일반적으로 사내교육을 위해 사내강사를 육성하게 되는데 이러한 교육은 교육과 관련된 전문적인 지식 및 직무와 관련된 교육스킬을 향상시킬 수 있기 때문이다. 그러나 어렵게 육성한 사내강사들이 이직할 경우 다시 교육을 실시해야 하는 문제가 발생하기도 한다.

2) 일반직원교육

일반직원들을 위한 교육에는 현장직무교육(on-the-job training), 직무교육(job instruction training), 강의, 코칭/멘토링(coaching/mentoring), 자기학습(programmed instruction) 등이 있다.

가. 현장직무교육

현장직무교육은 매우 효과적인 방법이다. 이 방법은 현장에서 직무를 습득하는 훈련으로 보통 사수와 조수의 관계에서 학습하게 된다. 그러나 사수에 해당되는 고참사원들은 교육과 관련된 지식이 없을 경우 매우 비합리적으로 학습을 진행할 수도 있다. 따라서 슈퍼바이저나 사내강사에 의해 현장직무교육이 진행될 경우 보다 바람직한 결과를 얻을 수 있다. 이러한 현장직무교육의 단점은 훈련이 종사원에게 적절하게 배치되지 못할 경우 비효과적이며, 또한 현장직무교육 때문에 현업의 직무에 영향을 미칠 수 있다. 왜냐하면 현장직무교육은 매우 빠른 속도로 진행되기 때문에 종사원들에게 적절한 피드백이나 반복교육이 힘들 경우가 있다. 이러한 경우 사수에 의해 진행된 교육은 조수에게 전수되어 차후에 잘못된 교육내용을 변경하기 어려운 경우가 발생할 수 있다.

나. 직무교육

직무교육은 종사원이 직무에 대해 순차적으로 적응해 나가야 할 경우에 실시한다. 시설장비교육이나 조리업무교육에 적합한 직무중심교육이다.

직무교육의 순서는 다음 〈표 9-3〉과 같다.

표 9-3_직무교육순서

순서	내용
1단계	종사원 준비시키기 : 교육훈련에 대한 관심을 고조시키며 종사원이 편안한 환경에서 교육받을 수 있도록 준비한다.
2단계	과업/기술에 대한 설명 : 말하고, 보여주고, 설명하고, 질문받고, 반복하고
3단계	업무 실행하기 : 종사원들에게 스스로 실행하게 하기, 종사원 스스로 핵심포인트를 설명하도록 하기, 실수를 고쳐주기, 다시 가르쳐주기
4단계	다시 해보도록 하고, 체크해 보고, 점차 도움을 줄여가기

다. 강의

강의는 직무를 떠나서 실시하는 가장 보편적인 방법이다. 즉 많은 인원에게 가장 비용효과적으로 지식을 전달하는 수단이다. 그러나 one-way communication이 이루어지기 때문에 경우에 따라 강의가 지루하게 여겨질 수 있으며 속도가 느리다고 느낄 수 있다.

라. 코칭/멘토링

코칭이나 멘토링은 바람직한 행동결과를 유도하기 때문에 최근 매우 인기있는 교육방법이다. 즉 업무와 관련된 일을 1 : 1 상담을 통해 코칭하고 상사로서 멘토 역할을 할 경우 부하들의 업무능력은 바람직한 방향으로 향상될 수 있다.

마. 자기학습

자기학습은 피교육자들이 자기 스스로의 패턴으로 학습하는 방법이다. 최근 e-learning과 같은 자기주도적 학습방법은 종사원들의 능력에 따라 학습속도를 조절할 수 있으므로 만족도가 높다. 단지 피교육자들의 수준에 따라 학습능력은 매우 다를 수 있으므로 이를 감안하여 각 종사원들이 개인별로 학습목표를 세우도록 유도해 나가야 할 것이다.

3) 전 사원교육

전 사원에게 적용할 수 있는 교육훈련은 직무순환, 역할연기, 실험실교육, 비즈니스 게임, 감수성훈련, 기본기 훈련, 팀 훈련, 다양성 훈련 등이 있다.

가. 직무순환

직무순환은 종사원들의 만족을 유도하기 위해 한 부서에서 타 부서로 전직함으로써 이루어진다. 특히 한 분야에만 유능할 경우 환대산업에서는 총지배인으로 발탁할 수 없다. 따라서 관련된 직무 이외의 경력계획에 따라 다른 분야에 대한 순환교육(corss-training)을 실시할 목적으로 직무순환을 실시할 수 있다.

나. 역할연기

역할연기는 환대산업에서 다양하게 이용될 수 있는 교육기법이다. 종사원들에게 고객과의 접점을 예상하게 하여 상황별로 역할연기를 통한 교육훈련을 실시할 수 있다. 특히 역할연기에서는 종사원의 참여, 강사의 역할연기, 피드백, 실습 등의 단계를 거쳐 이론이 아닌 실제 행동을 교육함으로써 교육효과를 배가시킬 수 있다.

다. 실험실교육

실험실교육이란 영어듣기훈련과 같은 실험실을 설치하고 지속적으로 훈련시키는 방법이다. 예를 들어 POS단말기나 프런트 컴퓨터시스템을 설치하고 실험실에서 지속적으로 실습함으로써 교육효과를 거둘 수 있는 기법이다.

라. 비즈니스 게임

비즈니스 게임은 컴퓨터게임을 활용하여 종사원들이 참여하기 꺼리는 교육훈련내용을 보다 쉽고 재미있게 학습할 수 있도록 한다. 예를 들어 회사의 역사, 오리엔테이션 내용, 경쟁사의 현황 등에 대해 보다 흥미를 갖고 접근할 수 있도록 한다.

마. 감수성훈련

감수성훈련은 특히 환대산업에서 중요하다. 이는 일종의 skinship을 이용한 교육훈련으로서 대인관계력을 배가시킬 수 있으며 서로 간의 이해에 매우 좋은 방법이다. 예를 들어 호텔의 경우 식음료부서와 객실부서는 매우 이질적일 수 있으나 팀 차원으로 접근하면 서로 간의 협력에 의해 서비스를 만들어낼 수 있는 상황이 많다. 따라서 이러한 감수성훈련을 통해 서로 간의 이해를 증진시킨다면 팀원에게 매우 긍정적인 영향을 미칠 수 있다. 감수성훈련은 보통 5명에서 10명을 한 조로 하여 서로 간의 태도나 감정을 교환할 수 있도록 하는데 교육훈련담당자에 의해 서로를 연결해 주는 교육프로그램이 매우 중요하다. 혹, 촉매제(교육훈련담당자 혹은 외부전문가)가 잘못 연결되면 매우 개인적인 내용의 결과를 초래할 수 있다. 감수성훈련의 예로써 래프팅을 조별로 실시하는데 각 조원들은 각기 다른 부서에서 선택된 종사원들로 구성하여 전 사원들이 서로 간에 공감대를 형성하게 할 수 있다.

그림 9-1_감수성훈련 사례

바. 기본기 훈련

기본기 훈련은 보통 어학교육, 읽고 쓰기 연습 등 매우 기본적인 내용을 다룬다. 최근 국제화로 인해 구성원들이 다문화사회로 변화되고 있기 때문에 이러한 기본기 훈련은 환대산업에서 지속적으로 필요한 교육훈련이다.

사. 팀 훈련

팀 훈련은 호텔의 경우 서비스를 만들어내는 시스템이 관련부서 간의 연결에 의해 이루어지므로 팀 개념이 없다면 서비스실패를 경험할 수 있다. 〈그림 9-2〉는 호텔 서비스를 만들어내는 시스템을 보여주고 있다. 이는 조직적인 연결이자 기능적 연결이며, 구성원 간의 연결이다. 즉 주방에서는 조리사(cook)가 맛 · 영양 · 양에 초점을 맞추어 생산하게 되고, 레스토랑에서는 waiter, waitress에 의해 훌륭한 서비스를 만들며, cashier에서는 신속·정확에 초점을 맞춘 서비스를 하게 된다. 이때 일반 직원들 간의 팀 개념이 없다면 좋은 서비스를 만들어낼 수 없다. 따라서 부서의 관리자들은 이에 초점을 맞추어 끊임없이 팀 훈련을 실시함으로써 고객만족을 이루어 나가야 한다.

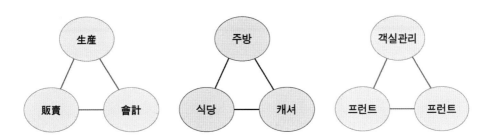

그림 9-2_호텔서비스 시스템

아. 다양성 훈련

다양성 훈련이란 인종, 지역, 장애, 문화, 언어 등에서 다양성을 인정하고 동료, 고객, 공급자(협력회사)들에게 존경과 친근함을 유지하고자 하는 훈련이다. 이는 우리나라가 국제화할수록 나타날 수 있는 문제점이기 때문에 향후 환대산업의 국제화 및 외래관광객에 대비하는 자세로써 이러한 교육훈련은 매우 중요할 것이다.

3. 교육훈련의 실행 및 평가

1) 변화관리

교육훈련의 적절한 실행은 적절한 교육훈련방법, 강사, 피교육자들의 선발만큼 중요하다. 또한 회사가 당면한 과제에 따라 쉬운 교육훈련만 한다면 교육훈련의 효과는 감소할 것이다. 이는 인적자원들이 최초에 입사한 후 능력의 반감기에 따라 시행되는 교육훈련이 아니라 외부환경의 변화에 적응하면서 필요한 교육훈련이 적절하게 실시되어야 함을 의미한다.

2) 변화측정

교육훈련을 실시한 후에는 반드시 평가를 통해 교육훈련의 성공여부에 대해 판단하고 그에 따른 후속조치를 취해야 한다. 즉 '교육훈련을 통해 종사원들의 행동이 변화했는가?', '교육훈련에 종사원들은 만족했는가?', '강사들의 교육내용에는 만족했는가?', '교육훈련 후 기업의 생산성, 비용 등에서 효과가 있었는가?' 등이다.

이러한 변화를 측정하기 위해서는 종사원들의 반응, 학습, 행동, 결과가 필요하다. 반응을 통해서 프로그램만족도, 교육방법만족도, 교육개선내용 여부, 강사평가, 교육환경평가, 전체적인 만족도 등에 관련된 평가를 시도하여 향후 교육에 반영해야 한다.

학습을 통해서는 종사원들이 어떠한 내용을 학습하였는가를 평가하는 것이다. 즉 구두평가, 필기시험, 인사고과, 관찰 등을 통해 학습된 내용을 평가해야 한다. 일반적으로 교육훈련 후에는 만족도도 조사하지만 필기시험이나 면접을 통해 교육훈련의 성과를 평가해야만 한다. 이러한 성과는 교육 전과 후를 비교하여 성과에 참조해야 한다.

행동에 대한 평가는 교육훈련 후 고객, 종사원, 상사, 협력회사 등에 의해 종사원들의 행동에 대한 평가를 실시하는 것이다. 이는 종사원의 태도조사에 해당되는데 교육훈련의 성과에 해당된다.

결과에 대한 평가는 교육훈련 후 결과적으로 어떠한 성과를 미쳤는가에 관련된 내용이다. 즉 이직률의 감소, 생산성의 증대, 서비스품질의 증대 등 여러 가지 결과에 대한 평가를 실시함으로써 교육훈련의 성과를 평가하는 것이다.

3) 교육훈련성과

교육훈련에 따라 변화가 진행된 내용을 확인하고 그에 따른 성과를 측정하는 것은 사전/사후 실험을 통해 가능하다. 즉 실험집단과 통제집단에 의한 성과의 평가이다.

환대산업에서 교육훈련을 통한 성공을 거둔 기업으로 Walt Disney가 있다. 이들은 신입사원에게 'Orient Earing'이라고 하는 교육을 통해 기업의 역사, 품질표준, 전통, 디즈니용어(cast member : 종사원이 캐스팅되었다고 하여 이러한 용어를 사용함. on stage : 종사원들이 일하는 환경을 무대에 비유함. costumes : 종사원들이 유니폼을 착용하는 것)를 가르친다. 교육장소는 디즈니 대학으로 그 환경 또한 디즈니의 상품에 익숙하도록 Mickey Mouse나 Goofy 등의 그림을 전시하여 진행된다. 이와 같이 교육에 많은 투자를 경주하는 Walt Disney는 일반 환대산업의 이직률이 60%인 데 비해 15%라고 하는 이직률을 자랑하고 있다.

제3절 ● 관리자를 위한 경력개발

1. 경력계획의 기본개념

경력계획이란 회사의 목적과 관리자들의 목적을 통합시켜 경력진로를 체계적으로 계획 조정하는 인적자원관리 과정이다. 특히 최근 구조조정과 같은 기업의 변화는 이러한 경력계획의 중요성을 더하고 있다. 이러한 경력계획은 기업의 인재를 육성하는 차원에서 접근이 시도되어야 하는데 그러한 단계는 다음과 같다.

첫째, 기업입문단계이다. 이는 입사 후 관리자로서 첫발을 내딛게 되는 단계로서 기업에서는 사회화를 위해 관리자교육프로그램을 필두로 리더십교육, 대인관계기술, 역할연기, 관리자스타일 교육 등에 집중하는 시기이다.

둘째, 경력정체단계이다. 이는 자기 과업에 대해 싫증이 나는 시기이며, 이직도 생각하게 되는 단계이다. 따라서 기업에서는 그들을 위해 관리자교육을 재차 시도하며 책임과 의무에 대해 재차 강조하여 기업에 이바지할 수 있는 관리자로 육성해 나가는 단계이다. 따라서 보다 새로운 도전을 통해 발전하느냐 혹은 도태되느냐의 갈림길에 서 있다고 할 수 있다.

셋째, 퇴직 이전 단계이다. 즉 앞으로의 퇴사에 대비하여 경력성공을 위해 기업에서는 퇴사 후의 내용에 대한 생애교육을 실시할 수 있다. 이러한 시기에는 멘토나 정보의 전달자로서 신입관리직에게 교육을 전수하게 된다.

2. 경력계획과정

경력계획과정은 보통 종사원들에 관련된 인적자료를 수집하여 장점과 약점을 파악하고 능력에 대한 평가를 통해 경력계획을 세우는 것이다. 두 번째 단계는 직무분석 및 인력계획을 통해 기업에 공헌할 수 있는 인재를 파악하는 것이다. 세 번째 단계는 경력기회에 대한 커뮤니케이션을 통해 향후 계획에 대하여 구성원과 합의점을 도출하는 단계이다. 네 번째 단계는 경력상담을 통해 경력목표를 설정하고 경력개발의 필요성 분석을 실시한다. 다섯 번째는 경력진로의 설정이다. 예를 들어 벨맨으로 5년, 프런트에서 3년을 근무한 유능한 직원이 있다면 향후 기업에서 필요로 하는 인재로 육성하기 위해 최고 경영자의 코스로 유입할 수 있을 것이다. 이에 따라 해외 연수 또는 국내 연수를 통해 관리자교육을 실시한 후 관리부서의 업무파악을 목표로 구매, 경리부서의 연수를 목표로 할 수 있을 것이다. 여섯 번째는 경력계획에 대한 결과분석을 통해 경력진행 중인 경력계획을 조정하는 단계이다. 이는 위의 사례에서 관리부서의 연수가 부적절하다고 판단되면 영업부서인 식음료부서로 직무순환하는 방법이다.

3. 경력계획의 문제점과 성공요건

경력계획의 문제점으로서 비현실적인 경력목표를 들 수 있다. 이는 구성원이 너무 과다하게 자기중심적으로 판단하려는 경향이다. 예를 들어 능력 면에서는 팀장으로서의 자질이 부족하나 관리자를 희망하는 경우이다.

두 번째는 너무 빠른 승진경로를 통해 구성원들을 관리하는 경우이다. 승진보다는 구성원의 능력이나 경력이 보다 우선시되어야 한다는 것이다.

세 번째는 경력계획에 대해 인적자원부서에 과다하게 의지하려는 경향이다. 즉 구성원 자신의 장점과 약점을 판단하여 보다 더 노력하려는 의지 없이 회사의 흐름대로 경력계획을 희망한다는 것이다.

네 번째는 보다 체계적인 경력계획을 세워 구성원의 만족 및 기업의 발전에 도움이 되어야 한다는 것이다. 주먹구구식의 경력계획은 오히려 구성원들의 불만족을 유도할 수 있으므로 교육훈련, 인사고과, 기업의 비전 등과 연계하여 체계적인 경력계획이 요구된다.

부록 ● 교류분석 사례

9장의 부록으로 환대산업 교육에서 대인서비스의 기본인 교류분석을 소개하고 그의 활용에 대해 논하고자 한다. 아무리 서비스가 발전하고 시대가 변한다고 해도 대인관계는 지속될 것으로 믿는다. 대인관계에서 가장 중요한 것이 상대를 읽고 대처하는 것이다. 필자는 이에 대한 처방으로 가장 좋은 방법은 교류분석이라고 믿는다. 독자들의 많은 활용이 있어야 할 것이다.

Ⅰ. 교류분석[1]

1. 교류분석(transactional analysis)이란?

1) 교류분석

교류분석(交流分析, transactional analysis)이란 인간행동에 관한 이론체계이며, 이에 의거한 치료법이다. 교류분석의 창시자는 에릭 번(Eric Berne, 1910~1970)이라는 미국의 정신과 의사이며, 1950년대 중반부터 이 방법을 제창하기 시작했다.

교류분석을 간단하게 정의한다면 "상호 반응하고 있는 인간 사이에서 이루어지고 있는 交流를 분석하는 것"이라는 뜻이다. 교류의 원어 transaction은 원래 '去來', '흥정하는 것'을 의미하는 상업용어이지만, 일본어에서는 대화, 커뮤니케이션, 거래, 교류 등으로 번역된다.

따라서 거래라고 말할 때, 단순히 표면상의 말의 교환뿐만 아니라 마음속 깊이 전해지는 미묘한 의미, 정교한 의도, 숨겨진 느낌 등, 여러 측면을 포함한 깊은 수준의 커뮤니케이션을 의미하는 것이다.

교류분석은 처음에는 그룹요법의 보조수단 형태로 사용되었으나, 1964년에 에릭 번이 *Games People Play*(일본에서는 "인생게임 入門(1967)"으로 번역됨)라는 책을 저술하고

---

1) 스기다 미네야스 저, 김현수 역(1988), 교류분석, 민지사.

그것이 베스트셀러가 되어 각국에서 주목하기에 이르렀고, 많은 연구자들이나 심리요법가들이 그 이론과 기법에 관심을 가지게 되었다. 처음에는 정신분석의 영향도 있어서 지적인 면에서 성격구조에 대해 기를 써서 분석하거나 커뮤니케이션의 방법을 도식화하는 방법 등을 중심으로 발전해 갔다.

일본에서는 1972년에 규슈대학 심리치료 내과에서 이 방법을 임상의 영역에 최초로 도입하였다. 그 후 교류분석은 감정이나 행동을 포함한 폭넓은 관점에서 연구와 실천이 이루어져 오늘날에는 정신분석뿐만 아니라 학술이론, 집단역동, 게슈탈트요법, 사이버네틱스, 인간학적 심리학 등을 포함한 종합적인 생각에 입각하여 발전하고 있다.

오늘날 일본에서는 의사, 심리요법가, 카운슬러, 간호사, 양호교사, 기업의 교육담당자 등에서 널리 관심을 가지고 있으며, 일본교류분석학회(사무국: 일본대학 의학부 심리내과 내)가 설립되어 있다.

2) 교류분석의 목적

교류분석은 다음의 3가지를 목표로 한다.

가. 자신을 느끼는 것을 증대시킨다

이것은 자기 마음의 여러 가지 힘, 이의 작용, 교류양식, 삶의 목적 등을 감지하고, 또 그 감지수준을 깊게 하는 것이다. 나아가서 감지하는 데는 신체, 감정, 언어, 사회적 존재자로서의 감지와의 통합면도 포함된다. 교류분석에서 감지한다는 것은 일본어의 '행(行)한다'와 가깝다. 따라서 감지한다는 것은 지적 정보의 수집, 지각, 인지도 포함되나 그 이상으로 심신이 일치한 상태에서 감지 · 감득하는 것, 나아가서 그것을 언어에 의해 명확히 해가는 과정이라고 할 수 있다.

나. 자율적인 삶을 영위한다

이것은 궁극적으로는 각본(무의식의 인생계획)에서부터 자유로워지는 것을 의미하나 일상생활에서는 보다 구체적으로 다음과 같은 삶의 방법을 터득하는 것을 이해하는 것이 좋다.

- 우리들은 자신의 감정, 사고, 행동에 대해서 자신이 책임을 진다. 특히 근심걱정이나 문제에 관해서 타인의 책임으로 돌리지 않는다.
- 인간관계의 문제를 해결하는 데 있어서 상대편을 바꾸려고 하지 않는다. 과거와 타인을 바꿀 수 없다는 사실을 인식하고, 자신의 감정, 사고, 행동을 바꾸는 쪽을 택한다.

다. 진실의 교류(친교)를 회복한다

부모 자식 간, 형제 간, 부부, 교사, 학생, 기타 인간관계에 있어서 애정과 신뢰에 의해서 진실한 접촉(친밀성)을 회복할 것. 예컨대 상대편의 비틀어진 반응태도에 기인하여 인간관계에 갈등이 생겨도 그것은 상대편의 성장과정에 기인한 성격적 왜곡이나 현재 처해 있는 어려운 환경에 의한 반응이라는 긍정적이고 수용적인 마음가짐으로 임한다.

우리들은 오랫동안 함께 생활하거나 일을 해도 참으로 상대편을 보거나 상대편을 수용하거나 하지 않고 시간을 보내는 경우가 많다. 그러나 자신을 감지하는 것은 깊게 하면서 상대편이 변용할 것을 강요하지 않고 자신을 바꾸려는 접근을 할 때, 새로운 친교에의 길이 열리는 것이다.

2. 자아상태

1) 자아상태란?

지금 당신이 교사라고 가정했을 때, 당신이 담당한 한 학생을 평소에 착한 아이라고 믿었는데 소매치기를 했다는 연락을 받았다고 하자. 당신의 마음은 어떻게 반응할 것인가. 예컨대 다음과 같은 반응이 동시에 교차할 수 있을 것이다.

① 착한 아이라고 생각했었는데 어쩔 수 없는 아이로구나. 도대체 부모는 어떤 생활지도(습관)를 해왔을까?… 그러나 화낸들 무슨 소용이 있겠는가. 가봐야지…

② 도대체, 또 저 자식이… 무슨 원인이 있겠지. 사고뭉치라고 듣고 있는데…

③ 저런, 어떻게 하면 좋지? 곤란하군. 내 책임이라고 하지나 않을까?…

교류분석에서는 인간을 모두 3가지의 나를 가지고 있는 것으로 여기고 이것을 자아상태라고 한다. 자아상태는 "感情 및 思考, 이에 관련된 일련의 행동양식을 종합한 하나의

시스템"(Berne, 1964)이라 정의하고 있다.

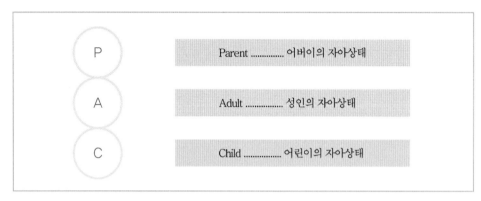

그림 9-3_자아상태

모든 인간은 다음 3가지의 자아상태를 구비하고 있다(〈그림 9-3〉 참조).

가. 어버이의 자아상태 P(Parent의 약자)

자식을 길러준 아버지(또는 어버이, 대리인)로부터 받아들인 부분. 학생의 事故를 책망하거나 걱정하고 있는 교사의 자세가 어버이의 자아상태이다.

나. 성인의 자아상태 A(Adult의 약자)

현실을 객관적으로 평가하는 것을 목적으로 하여 자동적으로 작용하는 computer와 같은 부분. 이 교사가 학생의 문제행동의 원인을 생각하는 자세가 성인의 자아상태이다.

다. 어린이의 자아상태 C(Child의 약자)

어린 시절과 같은 감정이나 생각, 행동을 하는 부분. 위의 교사의 예에서 감정적으로 반응하여 곤란한 상태의 자세가 어린이의 자아상태이다.

2) 에릭 번과 자아상태

번은 자아상태를 설명하는 데, 자신이 치료한 변호사의 예를 흔히 인용했다고 한다. 이 이야기는 교류분석의 古典이다.

• 1950년대에 번은 변호사이면서 지나치게 도박에 빠져 있는 N씨를 치료하고 있었다. 그는 Nevada의 도박장에 가서 도박을 할 때에는 이기기 위한 합리적인 생각과 미신적인 생각을 모두 썼다. 미신적 사고 시스템은 많은 의식에서 이루어졌다. 예를 들면 계속 이기면 호텔방에 돌아와서 깨끗이 목욕을 한다. 도박장에서 그곳을 왔다 갔다 할 때에는 바닥의 깨진 눈금을 밟지 않도록 조심해서 걸었다. 또 졌을 때에는 기묘한 산수를 써서 손실을 합리화했다. 예컨대 "100달러를 가지고 와서 겨우 50달러만 잃었으니 지금으로서는 50달러 이긴 셈이다."와 같이 자신을 납득시키곤 했다.

이처럼 어린이의 정신상태인 미신적인 면이 있는가 하면, 그의 일상생활에 대한 태도나 생각은 매우 이론적이고 거기에다 합리적이었다.

그 후의 치료에서 이 환자에게 극적인 변화가 일어나게 되었다. 어느 날 N씨는 8세 무렵의 사건을 생각해 낸 것이다. 그때 관광목장에서 부모와 함께 여름방학을 지내고 있었다. 그는 카우보이 복장을 하고 목장의 진짜 카우보이가 말안장을 놓는 것을 도왔는데 그것이 끝나면 진짜 카우보이가 그의 얼굴을 보면서 "야! 고맙다. 카우보이야!"라고 감사를 표했다. 이에 대해서 어린 N씨는 "나는 카우보이가 아니야! 그저 어린아이야!"라고 대답했던 것이다.

환자는 이 이야기를 하면서 번에게 "나의 지금의 감정은 마치 그때의 감정입니다. 때로는 나는 참된 변호사가 아니라 단순히 어린이와 같은 기분이 드는 것입니다."라고 했다. 여기에서 번은 환자가 2가지 생각의 시스템을 쓰고 있다는 것을 감지한 것이다. 즉,

• 성공한 변호사라는 상태에서 작용하는 유용한 논리적 시스템
• 철없는 어린이가 쓰고 있는 것과 같은 비합리적 시스템

환자의 성격 중에서 한 상태는 일한다는 기능을 수행하고 있고, 다른 상태는 공상하는 기능과 관련되어 있다. 번은 환자와 함께 이 2가지 행동양식은 말의 상태, 얼굴 표정, 몸짓 등에서 명확히 구별할 수 있음을 감지하였다.

그래서 그는 이들 행동의 각각을 '자아상태'라고 부르기로 한 것이다. 여기에서 말하는 자아상태란 정신분석에서 말하는 自我(ego), 超自我(super ego), 이드(id: 성격 중의 본능적 부분)라는 추상적이고 객관적인 생각과는 다르고, 지금 여기에서(now & here) 본인 자신

이 확실히 구체적으로 그것이라고 의식할 수 있는 것, 혹은 본인이 자각할 수 있는 생각, 느낌, 행동의 방법을 가리키는 것이다. 번은 어른(Adult)과 어린이(Child)의 자아상태는 각각 서로 구별할 수 있는 완전히 종합적인 것임을 제시하기 위해서 이들을 원으로 나타내기로 했다. 이는 이후에 이르러 어버이(Parent)의 자아상태가 구분되어 여기에 3가지의 자아상태가 완성되어 이들이 성격의 전체를 나타내는 것으로 여기기에 이르렀다.

번의 이론에 의하면 이와 같은 자아상태의 구별은 아직은 (A)와 (P)가 충분히 발달하지 못한 어린이를 제외하고는 연령과는 거의 관계가 없다고 한다. 예컨대 4세의 여자 아이가 인형놀이를 하면서 기저귀를 갈아주고 있다고 하자. 이 경우 그 아이는 달려가고 있는 (P)의 상태에 있는 것이며, 실제의 어머니가 기저귀를 갈아줄 때와 똑같은 방법으로 행동하고 있는 것이다. 마찬가지로 그 아이에게서 볼 수 있는 어떤 버릇, 말하는 법, 어조 등도 (P)의 상태(어버이의 모방)에서 나온 것이다. 또 유치원에 다니는 5세 남자 아이가 횡단보도를 건너기 전에 좌우를 살펴본 다음, 자동차가 와서 한참 기다리고 섰다고 하자. 이 아이는 (A)적인 행동을 취하고 있는 셈이다. 그의 理性은 "나의 작은 몸은 저 큰 자동차의 차체와 충돌한다면 견디지 못할 것이다."라고 자신에게 알린다. 이러한 민첩하고 논리적인 생각은 5세의 어린이에게도 작용하는 것이다.

3. 교류분석의 개요

이상의 자아상태를 토대로 하여 교류분석은 다음의 4가지 분석을 아래와 같은 순서로 한다.

1) 구조분석(에고그램분석)

이것은 개개의 personality의 분석이며, ⓟ,ⓐ,ⓒ의 기호를 써서 자아상태를 상세히 배우는 방법이다. 먼저 ⓟ,ⓐ,ⓒ의 개개를 명확히 구별할 수 있도록 연습한다. 다음에 자아에너지 공급의 장에서 생기는 병적인 자아상태(오염, 제거)에 대해서 배운다. 나아가서 이의 심적 에너지의 양을 객관적으로 파악하여 그래프화하고, 각 자아상태를 기능적으로 파악하는 에고그램(egogram)을 배운다.

2) 교류패턴의 분석(대화분석)

이것은 두 사람 사이의 커뮤니케이션(비언어적인 것도 포함)을 ⓟ,ⓐ,ⓒ에 의해 분석한 것이다. 상호 간 자아상태의 교류를 화살표로 나타내는 연습을 한다. 이 분석에 의해서 타인에 대한 대처방법을 관찰하고 점차로 비건설적 교류방법을 의식적으로 자기통제하도록 배울 수 있다.

3) 게임분석

우리들은 타인을 조종하여 뒷맛이 개운치 않은 인간관계를 만들어내고서도 그것을 감지하지 못한 채 되풀이하는 경우가 있다. 교류분석에서는 이것을 게임이라고 한다. 게임분석에 의해서 비생산적 인간관계를 지배하고 있는 습관들(機構)을 배운다. 또한 인간이 보편적으로 연출하고 있는 몇 가지의 게임과 그의 해독제에 정통하여 그것을 참고로 자신의 게임을 멈춘다. 잘 치료되지 않는 것은 그 원천으로 되돌아가서 분석한다.

4) 각본분석

이것은 인생을 하나의 무대로 보고 거기에서 개인이 연출하는 각본(무의식의 인생계획)을 분석하는 것이다. 먼저 유아시절부터 부모와의 교류를 통해 개인이 그에 따르려고 결의한 금지령을 찾으려는 작업을 한다. 자신의 인생과 운명에의 반응양식에 대한 감지가 얻어진다면 인생계획을 스스로 통제하에 두는 결단으로 나아간다. 또한 일상생활에 있어서 금지령의 발동을 촉진하는 언동(이것을 미니각본이라 한다)을 없앰으로써 각본으로부터의 해방을 도모한다.

5) Stroke와 시간의 구조화

인간은 다음의 3가지 욕구를 충족시키기 위해 교류한다.

① 자극에의 욕구이다. 즉, stroke이다. 다른 말로 touch이다. 인간은 어릴 적에는 부모로부터 자극을 받지만 성인이 된 연후에는 교류를 통해 자극을 받는다. 따라서 긍정적인 자극을 지속적으로 받지 못할 경우 이상 행동으로 연결될 확률이 매우 높다. 이러한

stroke의 연습을 통해 보통 성인들은 자신의 행동을 변화시키고 습관화할 필요가 있다. 긍정적 stroke와 부정적 stroke는 다음의 표와 같다.

표 9-4_stroke의 분류

구분	신체적	언어적	조건부	무조건
긍정적 (쾌감)	머리를 쓰다듬는다.	남을 칭찬한다.	100점 맞았으니 한 턱 내겠다.	너는 무조건 좋다.
	악수한다.	빙그레 웃어준다.	공부를 잘했으니 자전거를 사주겠다.	누가 뭐라 해도 엄마는 너를 믿는다.
	업어준다.	이름을 부른다.	너는 정직하니까 너를 좋아한다.	좋은 대학에 입학해도 안 해도 상관없다. 너는 나의 소중한 아들이다.
	볼을 맞춘다.	인사말을 건넨다.		
부정적 (불쾌감)	때린다.	욕을 한다.	공부 안 하는 아이는 엄마는 싫어요!	그냥 네가 싫다.
	궁둥이를 걷어찬다.	험담을 한다.	너는 똑똑하지 않으니 몹쓸 아이다.	죽어버려!
	식사를 주지 않는다.	비웃는다.	거짓말하는 건 싫다.	나가버려!
	벌을 준다.	비꼰다.		밥 벌레!

긍정적 stroke를 주는 방법은 다음과 같다.

첫째, 진지하게 상대의 이야기를 들어준다. 경청은 최대의 긍정적 stroke이다. 대화의 시간을 자기중심의 설득이나 설교로 침범하는 것을 피하고 상대편 중심으로 구조화하는 것이다. 둘째, 약속한 일이 지켜지면 주는 것이다. 긍정적 stroke는 약속한 일이 있을 경우 시기적절하게 상대에게 주는 것이다. 셋째, 조건과 소원을 구분하여 주는 것이다. 교류분석에서 조건부 긍정적 stroke도 그 도수가 많아지면 상대편의 저항에 부딪히는 것이다. 따라서 조건과 소원은 구별되어야 한다. 즉, 무조건적인 stroke가 더욱 긍정적인 힘을 발휘한다.

② 구조화의 욕구이다. 동물이건 인간이건 자극에의 욕구가 직접 충족되지 않으면 복잡하게 구조화된 모양의 자극을 구하여 간다. 즉, 인간은 stroke를 얻고 싶다고 생각할 때는 말할 것도 없이 아음이 통하는 다른 사람과 함께 있을 필요가 있다. 그러나 거기에서 진정한 stroke가 얻어지지 않으면 어떤 형태가 되었건 사회적 상황을 만들어 시간을 구조화

하게 된다. 그러한 시간의 구조화에는 6가지가 있다.

가. 폐쇄: stroke를 구하다가 못 구하면 외계의 현실을 무시하고 stroke의 공급원을 자신 속에서 구한다. 이는 자폐증의 원인이기도 한데 따라서 긍정적이든 부정적이든 stroke는 주고받을 필요가 있다.

나. 의식: 상호존재는 승인하지만 친해지는 일 없이 정형화된 시간을 보내는 것을 말한다. 최소한의 stroke로, 부부싸움 후 친척의 결혼식에 부부가 같이 참석하는 경우이다.

다. 활동(일): 인간을 대상으로 하는 것으로서 어떤 재료, 도구, 아이디어 등을 매개로 하여 stroke를 얻는 특색이 있다. 즉, 아버지는 가장으로서 열심히 일하며, 아이는 엄마로부터 stroke를 얻기 위해 열심히 공부하는 경우이다. 그러나 윤활유가 없는 활동은 매우 무미건조하므로 중간중간의 허탈감을 해소하는 것이 중요하다. 예를 들면 잡담의 경우이다.

라. 잡담(사교): 누군가 대상을 골라서 일상의 사건에 대해서 의견을 교환하거나 서로의 취미에 대해서 소개하는 등 무난한 화제를 중심으로 이루어지는 교류가 잡담이나 사교이다.

마. 게임(game): 신뢰와 애정이 뒷받침된 진실한 교류가 이루어지지 않을 경우 음성 stroke를 교환하는 것이다. 게임에 중독되거나 술 중독 등이 그 예이다.

바. 친교(친밀성): 이것은 교류분석이 구하는 이상적 시간의 구조화 방법이다. 즉, 게임에 빠지거나 폐쇄, 의식, 활동, 잡담 등과는 달리 상대에게 진실된 교류를 하고자 하는 것이다. 이러한 교류는 긍정적 stroke가 쌓이게 하므로 인간관계가 개선된다.

③ 태도에의 욕구이다. 이는 자기 자신과 타인에 대해서 어떻게 느끼고 어떤 결론을 내리고 있는가라는 것으로 '기본적 태도'라고 한다. 태도에의 욕구란 이와 같은 기본적 대비의 정당성을 평생에 걸쳐서 입증하고자 하는 욕구이다. 이러한 욕구에는 다음의 4가지가 있다.

가. 나도 타인도 OK이다.

나. 나는 OK가 아니고 타인은 OK이다.

다. 나는 OK이고 타인은 OK가 아니다.

라. 나도 타인도 OK가 아니다.

교류분석에서 교류의 동기로써 기본적 태도를 중시하는 이유는 인생의 중요한 국면에 있어 중간행동의 대부분이 자아개념에 의해 결정된다고 생각하기 때문이다. 또 행동이 특히 부정적인 자아개념의 용인하에 지속되는 경우를 게임 혹은 각본이라는 형태로 파악하는 데에 교류분석의 특색이 있는 것이다.

4. 교류분석의 이점과 한계

정신분석과 비교하여 교류분석은 이론이나 기법이 간명하고 손쉽게 학습할 수 있으며, 실제로 활용하기도 쉽다. 정신분석을 하는 데는 분석이론 전체를 이해하는 것이 필요하며 이를 터득하는 데는 교육분석을 중심으로 한 장기의 수련이 필요하다. 이에 비해 교류분석은 구조분석, 교류패턴 분석을 순서대로 배워감에 따라 배운 것을 곧 임상적으로 응용할 수 있다.

또 성격경향이나 대인관계의 양식이 도식화되어서 한눈으로 알 수 있으므로 단순히 진단·평가하는 데 머무르는 것이 아니라 구체적으로 자신의 어디를 어떻게 수정할 수 있을까에 대해서도 그 동기를 촉진하여 실생활의 프로그램을 세우는 데 유용하다는 것 등의 이점을 들 수 있다.

그러나 무거운 성격장애나 심신증의 환자 중에는 인생 초기의 기초공사에 문제가 있는 사람들(교류분석적으로 말한다면 ⓒ의 형성이 불완전)이 있는데, 이런 타입은 교류분석의 그룹에 참가해도 다른 환자와 같이 심신상관의 사실을 객관시하지 못하고 ⓟ,ⓐ,ⓒ 사이에서 자기통제의 필요성을 스스로 터득해 가는 것이 곤란하다. 이와 같은 심적 체제 자체에 본질적인 장애가 있는 환자에 대해서는 교류분석에서 커다란 효과를 기대하기가 어려울 것이다.

Ⅱ. 에고그램(구조분석)

구조분석에서 P, A, C는 다음과 같이 이해한다.

- P : 유소년기에 부모 또는 기타의 양육자로부터 가르침을 받아 그 사람 인격의 일부가 된 것(전통, 타인규제, 보호 등)
- A : 냉정하고 이성적이며 항상 사실에 근거해서 사고하고 행동하는 자아상태(5세 이후 형성)
- C : 자신이 환경에 반응하여 느끼고 반응한 행동(감정, 본능)

또한 구조분석에서의 자아상태는 다음과 같은 경우를 통해 발견된다.

- 말하는 내용(Contents··········)
- 말버릇(Process,,,, How to communicate it)
- 얼굴의 표정(Facial Expressions)
- 태도(Attitude)
- 자세(Posture)
- 모습(Pause)
- 제스처(Gesture)
- 숨결(Breezing)

1. 에고그램 체크리스트

다음의 질문에 '그렇다'이면 3점, '보통이다'면 2점, '아니다'면 1점을 체크하시오.

호텔·외식·관광 인적자원관리

표 9-5_에고그램 체크리스트

내용1	1	2	3
1 나는 주위로부터 고집이 세고 자기주장을 잘 굽히지 않는다는 말을 자주 듣는 편이다.			
2 신문이나 방송에서 'OO당에서 파가 갈라져서 싸움질을 하고 있다'는 말을 들으면 대단히 언짢고 비판적이 되어 '도대체 뭘 하는 거야'라는 식으로 핀잔 비슷한 말을 하는 편이다.			
3 다른 사람의 장점보다는 결점이 눈에 잘 띄는 편이며 따라서 나도 모르게 비판적인 경향을 띠곤 한다.			
4 지하철에 음료수를 들고 탑승하거나 다리를 꼬고 앉거나 해서 규칙을 지키지 않는 사람을 보면 주의를 주고 싶어진다.			
5 다른 사람의 실수나 결점 등은 즉시 추궁하는 편이다.			
6 어린애들이나 한국인은 자고로 엄격하게 통제하고 군대식으로 다룰 필요가 있다고 생각하며 실제 나의 아이나 동생도 그렇게 키우는 편이다.			
7 다른 사람이 잘못을 저지르면 바로 충고하는 편이다.			
8 공원이나 박물관, 산, 독립기념관 같은 곳에 갔을 때 사람들이 휴지 같은 것을 함부로 버리고 간 것을 보면 화가 난다.			
9 나는 나의 아이들이나 부하를 다소 독재적으로 통제하며 불평이나 말대꾸하는 것을 엄격히 금지시키는 편이다.			
내용1의 점수 합계			
내용2	1	2	3
1 나는 기쁜 영화를 보면 같이 기뻐하고 슬픈 영화를 보면 눈물을 흘릴 정도로 다른 사람의 심정을 잘 이해하고 공감하는 편이다.			
2 나는 다른 사람이 어려운 것을 보면 잘 보살펴주는 편이며 주위로부터 정이 많다는 소리를 듣는 편이다.			
3 나는 음식점에서 껌을 파는 아주머니가 껌을 사라고 하면 거의 매번 사는 편이다.			
4 나는 다른 사람의 실수나 실패에 대해서 꾸짖기보다는 감싸주는 편이다.			
5 나는 의리나 인정에 끌리는 경우가 많다.			
6 나는 다른 사람을 돕는 데는 솔선해서 나서는 편이다.			
7 나는 집이나 사무실에서 궂은 일을 스스로 맡아서 하는 편이다.			
8 다른 사람에게 보수를 받지 않는 일을 하고도 즐거워하는 편이다.			
9 봉사활동이나 자원활동에 기꺼이 참여하는 편이다.			
내용2의 점수 합계			
내용3	1	2	3
1 내가 생각해도 나는 어떤 일을 판단할 때 치밀하게 수집된 자료와 정보에 의존하여 냉정하게 판단한다.			
2 어떤 결정을 해야 할 때 먼저 사실과 의견을 구분하고 철저하게 사실에 입각해서 객관적으로 판단하여 결정한다.			
3 가급적 많은 사람들의 의견을 듣고 참고로 하여 결정하는 편이다.			
4 나는 구름잡는 몽상가가 아니라 현실의 이해관계에 밝고 철저히 실리를 추구하는			

262

		1	2	3
	스타일이다.			
5	나는 과거에 집착하여 후회하기보다는 현재를 중시해서 행동하는 편이다.			
6	나는 항상 적은 노력으로 최대의 효과를 올릴 수 있도록 효율에 신경을 많이 쓰는 편이다.			
7	다른 사람들은 나를 보고 빈틈이 없고 계산에 밝다는 이야기를 많이 한다.			
8	나는 대화를 할 때 데이터나 수치를 많이 이용하는 편이다.			
9	나는 다른 사람들과 고도리를 치거나 거래를 할 때 적어도 손해는 안 보는 편이다.			
	내용3의 점수 합계			
	내용4	1	2	3
1	나는 주위 사람들과 어울려서 떠들며 노는 것을 좋아하는 편이다.			
2	나는 신기한 것이나 이상한 것에는 호기심이 강한 편이며 어릴 때 라디오, 시계 같은 것을 분해해 본 경험이 많은 편이다.			
3	나는 노는 자리라면 어디든지 쉽게 어울릴 수 있다.			
4	나는 외모에 신경을 많이 쓰며 또 멋 내기를 좋아하는 편이다.			
5	나는 사람들에게 애교와 응석을 자연스럽게 부릴 수 있다.			
6	나는 희로애락의 감정이 솔직한 편이다.			
7	놀이를 할 때 그 놀이에 열중하는 편이다.			
8	나는 다른 사람들로부터 익살맞다, 개구쟁이다, 짓궂다, 악동이다, 얄개다라는 표현을 많이 들어온 편이다.			
9	나는 여사원(여자 친구)의 손을 쉽게 잡을 수 있으며 왜 손을 잡았는지 변명도 쉽게 할 수 있다.			
	내용4의 점수 합계			
	내용5	1	2	3
1	나는 다른 사람들로부터 순하다, 얌전하다는 말을 많이 듣는 편이다.			
2	나는 내가 생각한 바를 회의석상이나 강의실에서 말하지 못하고 나중에 후회하는 경우가 제법 있다.			
3	다른 사람들이 결정한 바를 마음에 들지 않더라도 따지거나 하기보다는 별다른 말 없이 순응하는 편이다.			
4	나는 다른 사람들이 나를 어떻게 생각하고 있는지 마음에 걸릴 때가 있다.			
5	파티 같은 데서 나 스스로 나를 소개하기보다는 다른 사람이 나를 소개하는 편이다.			
6	나는 오락반장같이 사람들 앞에 나서서 사람들을 웃기는 일에는 별 자신이 없다.			
7	평소에 감정표현을 드러내 놓고 하지 않기 때문에 우울한 기분에 오래도록 빠져 있을 때가 있다.			
8	'그때는 이렇게 하는 건데' 하는 식으로 후회하는 마음이 오래도록 계속될 때가 있다.			
9	나는 어떤 일이 있을 때 앞에 나서서 활동하는 편이라고는 보기 어렵다.			
	내용5의 점수 합계			

2. 나는 누구인가?(자아인지테스트)

표 9-6_나는 누구인가?

점수	CP*	NP*	A*	FC*	AC*
27					
26					
25					
24					
23					
22					
21					
20					
19					
18					
17					
16					
15					
14					
13					
12					
11					
10					
9					
8					
7					
6					
5					
4					
3					
2					
1					
0					
	내용1	내용2	내용3	내용4	내용5

주 1) 〈표 9-5〉 각 내용의 합계 점수를 내용1에서 내용5의 점수에 따라 체크하신 후 각각의 점을 이으면
자신의 에고그램 그래프가 나타난다.
2) 참고로 CP(Critical parent), NP(Nurturing parent), A(Adult), FC(Free child), AC(Adapted child)

3. 나는 누구인가?(자아인지테스트)

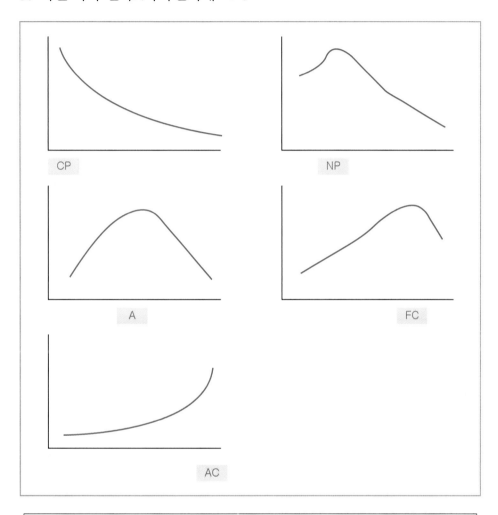

- CP 우위타입 : 일반적으로 이상이 높고 독선적이며, 완고하고, 징벌적, 타인부정적인 특징
- NP 우위타입 : 마음이 선하고, 공감적이며, 돌보기 좋아함. 타인긍정적인 특징
- A 우위타입 : 두뇌가 명석하고 논리적이며, 합리적이고 차가움. 국외중립적인 특징
- FC 우위타입 : 놀기 좋아하는 행동파이며, 자발적이고 창조적임. 자기긍정적인 특징
- AC 우위타입 : 어리광부리고 의존적이며, 타인에게 순응함(자기가 없음). 자기부정적인 특징

그림 9-4 나는 누구인가?

265

〈표 9-5〉의 결과가 어느 쪽인가에 따라 자신의 자아상태가 결정된다. 일반적으로 보통 성인의 에고그램은 NP우위이다. 그러나 CP의 우위라든지, FC, AC 등이 우위로 나타나면 사회생활 전반에 문제가 발생하기 쉽다. 따라서 우리는 정상성인의 에고그램으로 자신의 상태를 변화시키려고 노력해야 한다. 이것은 대화분석 등을 통해 실습해 보면 왜 그러해야 하는가가 명확해진다.

1) CP 우위타입

이런 유형의 사람들은 보통 독선적이며 타인징벌적이므로 사회생활에 문제가 발생할 소지가 다분하다. 따라서 CP의 점수를 낮추려는 인위적인 시도가 필요하다. 즉, 봉사활동이나 circle 활동을 통해 강한 성격을 낮추려는 시도가 필요할 것이다.

2) NP 우위의 정상성인

NP가 우위인 경우는 보통 문제가 되지 않으나 이를 지속적으로 유지하려는 시도가 필요하다. 즉, 타인에게 배려하는 자세를 유지하고 지속적으로 봉사나 남을 위한 마음가짐을 가지려고 의도적으로 생활하는 것이다.

3) A 우위타입

A가 우위인 경우도 정상성인에 해당되는데 보통 서구에서 많이 나타난다고 한다. 매우 차갑고 중립적인 성격의 소유자들이다. 이들은 6하 원칙을 좋아하며 좀 더 과학적 사고를 선호한다. 하지만 너무 차가운 면은 사회생활에서 문제의 소지가 있으므로 NP도 조금 높이려는 시도가 필요할 것이다. 즉, 남을 배려하는 마음가짐이 필요하다.

4) FC 우위타입

FC(Free child)란 자유분방한 어린이를 나타낸다. 매우 창조적이어서 좋으나 일상 규칙적인 생활을 하지 않고 방탕으로 빠질 경우가 많이 발생한다. 따라서 이런 부류의 사람들은 좀 더 체계적이며 자기를 구속할 수 있는 명확한 계획을 자주 세워보는 습관이 매우 중요하다.

5) AC 우위타입

AC(Adapted child)란 순응하는 어린이로 매우 의존적이며 자기부정적이다. 이런 부류의 사람들은 회사에서는 보통 Yes man으로 통한다. 자기의 주장을 잘 하지 못하고 타인들 앞에서 발표하는 것도 꺼리는 경향이 매우 많다. 따라서 이런 성격을 극복하기 위해서는 발표력을 기르는 습관이 매우 중요하다. presentation을 주기적으로 실천하고 동호회나 circle에 가입하는 것도 매우 좋은 해결책이다.

Ⅲ. 대화분석

대화분석이란 구조분석에 의해 명확화된 자아상태, 즉 P, A, C의 이해를 기초로 해서 일상생활 속에서 주고받는 말, 태도, 행동 등을 분석하는 것이다. 그 목적하는 바는 대인관계에 있어서 자신이 타인에게 어떤 대처방안을 취하고 있는가, 또 타인은 자신에게 어떤 교분관계를 맺고 있는가를 배움으로써 자기자신의 자아상태의 존재방식에 대한 자각을 심화시키고, 상황에 따른 적절한 자아상태로 자신을 의식적으로 컨트롤할 수 있도록 하는 것이다.

모든 대화는 다음 세 가지의 기본적인 유형으로 분류할 수 있다.

- 상보교류(complimentary transaction) : 두 개의 자아상태가 서로 관여하고 있는 교류이다. 즉 발언과 응답의 벡터가 평행하고 있으며, 원인이 있는 한, 상호지지적으로 대화는 계속된다.
- 교차교류(crossed transaction) : 셋 또는 네 개의 자아상태가 관여하고 있는 것이다. 이것은 발언자가 기대한 교류가 저지되므로, 교류는 중단된다.
- 이면교류(ulterior transaction) : 표면상의 교류 외에 언외의 의지가 음성적으로 전달되는 교류이다. 이것은 상대방이 ① 음성적인 교류에 반응하는 것과 ②표면적으로는 사교적으로 반응하면서, 이면에서 심리적으로 반응하는 것의 두 가지가 있다.

1. 대화분석의 기초(벡터의 방향)

- P → : 부모의 상태에서 나온 발언(비판/보호)

- A → : 사실에 근거해서 판단하고 나온 발언

- C → : 어릴 때의 행동양식, 자신의 생각대로 행동하거나 상대방의 기분을 해치지 않 도록 행동

- → P : 상대에게 지시나 원조를 구함

- → A : 상대로부터 사실이나 정보를 구하기 위함(상대방을 성인으로 보고 있음)

- → C : 상대의 감정자극, 상대의 감정에 호소(상대를 하급자로 봄)

2. 대화분석의 실례

1) 상보교류

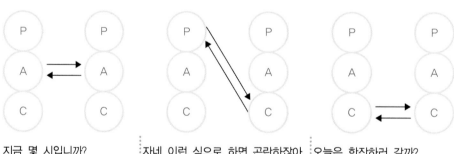

지금 몇 시입니까?

10시 30분입니다.

자네 이런 식으로 하면 곤란하잖아.

정말 죄송합니다.

오늘은 한잔하러 갈까?

아! 좋지요. 그렇게 합시다!

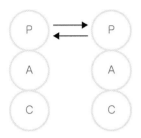

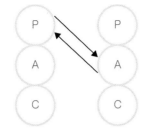

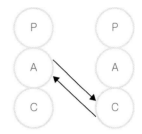

요즘 젊은이들은 칠칠치 못해.
정말 큰일이야.

동감일세. 우리 젊었을 때하
고는 전혀 달라.

이 문장은 이렇게 써야 한다고 생
각하네.

예, 알겠습니다. 그렇게 하겠습니다.

댁의 심정은 지금 어떻습니까?

정말 못해 나갈 것 같은 기분
입니다만….

2) 교차교류

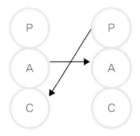

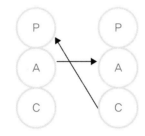

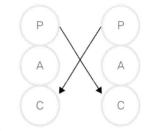

이 프로젝트는 아직 몇 가지
검토를 요하는 점이 있다고
생각됩니다만(부하)

잘 들어두게. 여기에는 이치
보다 실행이 중요하단 말이
야. 생각만 하고 있지 말고
실제로 해보란 말일세.(상사)

그 일, 얼마나 진척되었나?(상사)

진전이 없어 정말 난처한 지경입니다.
도와주시지 않으시겠습니까?(부하)

당신이 나빠, 쓸모없는
사람 같으니….(남편)

뭐예요? 나쁜 건 당신 쪽이잖
아요!!!(아내)

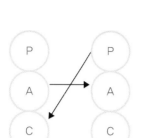

시장하군요. 과장님, 식사하
러 가시지 않겠습니까?(부하)

당치않은 소리, 아직 근무시간
이야!!!(상사)

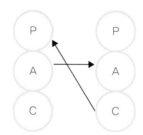

도저히 기한에 맞출 수 없을 것 같
아요. 좀 도와줘요.(동료)

지금 그럴 정신이 아니야.
나야말로 좀 도와줘.(동료)

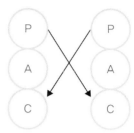

이제 몇 시간이나 가면 목적
지에 도착할까?(친구)

그딴 것보다 술이나 마시자.
(친구)

3) 이면교류

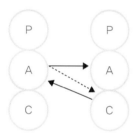

세일은 오늘까지입니다만…

(1) 살 기회를 놓치고 맙니다.
(2) 그것 주세요.

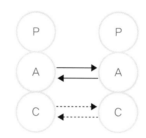

밖에서 의논 좀 하지.

그렇게 합시다.
(차 마시면서 담배 피우자.)

(그거 좋군요.)

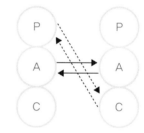

이웃집 아저씨는 이번에 과장
님이 됐어요.

아 그래, 그거 잘됐군.
(당신은 배알도 없는 사람이구려.)

(어차피 나 같은 사람은 쓸모없
는 인간이야.)

4) 적극적 경청

① 부하의 기분을 들어주지 않는 경우

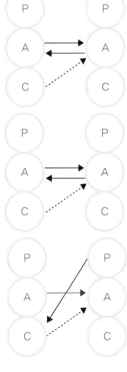

반장: 주임님, 그 명령은 납득할 수 없습니다. 오늘 중으로 한 다는 것은 무리입니다. 윗분들은 우리를 어떻게 생각하 고 계신지요?

주임: 그래도 명령인데 해야지. 금주는 바쁜데다 사실은 그 일을 될 수 있으면 빨리 해주면 좋겠소.

반장: 프레스가 고장이라 금주는 작업이 늦어지고 있습니다. 윗분들은 알고 계십니까?

주임: 그런 것은 알고 있지 않소. 나는 명령대로 작업이 진전 되도록 감독할 뿐이오. 그것이 내 일이오.

반장: 저희 부하들은 화를 낼 것입니다.

주임: 바로 그런 것을 당신이 어떻게든 해야 할 게 아니오.

② 부하의 기분을 들어준 경우

반장: 주임님, 그 명령은 납득할 수 없습니다. 오늘 중으로 한다는 것은 무리입니다. 윗분들은 우리를 어떻게 생각하고 있으신지요?

주임: 몹시 기분이 상했구먼.

반장: 그럴 수밖에 없지 않습니까. 프레스가 고장이었기 때문에 일이 지체되었던 것을 이제 겨우 따라잡았다고 생각했는데 이 일을 하라니…?

주임: 인정미가 없다 그런 말이군. 놀고 있는 줄 아냐. 그렇게 명령만 내리면 다 될 줄 아냐 - 란 말이겠군.

반장: 그렇습니다. 우리 멤버들에게 어떻게 설명해 주어야 할지 입장이 곤란합니다.

주임: 지금과 같이 바쁜 상태에서는 말하기가 거북하다 그거지?

반장: 그렇습니다. 오늘은 무리를 하고 있으니까요. 이렇게 급히 서두르는 일이 많아서야 해낼 수가 없습니다.

주임: 멤버들이 가엾다고 생각하고 있군.

반장: 네 윗분들도 바쁘시겠지만… 할 수 없군요. 어떻게든 해보겠습니다.

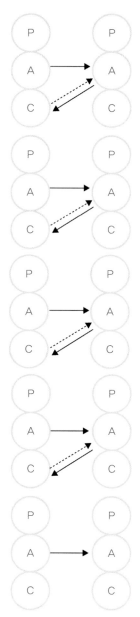

환대산업 리더십

환대산업 리더십

제1절 ● 리더십의 중요성

1. 리더십의 중요성

한 조사에 의하면 미국 노동자들의 75%가 그들의 일에 행복하지 않다고 응답했는데 그 주요 이유는 그들의 상사 때문이라는 것이다. 이는 상사의 부하들에 대한 리더십의 중요성을 반증하는 자료이다.

리더십에 따라 어떤 조직은 성공하지만 어떤 조직은 실패한다. 리더십은 학교, 교회, 기업, 군대 등의 성공에 영향을 미친다. 즉 효과적인 리더십은 조직이나 사회의 공유된 신념(beliefs), 가치(values), 그리고 기대감(expectations)을 창출해 내며, 부하들의 사건이나 일에 대한 인식을 변화시킬 수 있다.

세계적으로 성공한 리더의 예를 들어보면 다양하다.

- 인노의 산니(Mahatma Gandhi)
- 미국 시민운동의 마틴 루터 킹 목사(Martin Luther King Jr.)
- 독일의 아돌프 히틀러(Adolf Hitler)
- 중국의 마오쩌둥(Mao Tse-tung)

그림 10-1_세계의 지도자(왼쪽부터 킹 목사, 히틀러, 간디, 마오쩌둥)

최근 *Fortune紙*에서 선정한 500대 기업에 관한 연구에 의하면 불확실한 환경 아래서 카리스마 리더십(charismatic leadership)이 기업의 재무성과를 올리는 데 중요한 영향을 미치는 것으로 나타났다(사례 : J.C. Penny의 Allen Questrom 고용).

한편 리더십과 관련된 논문이 최근 40,000개 이상이며 책도 많이 출판되는 추세이다. 따라서 리더십교육은 대학에서 중요한 과목으로 대두되고 있다. 리더십은 기업의 최고경영자뿐만 아니라 전체 계층에서 필요한 것으로 나타나고 있다. 그러한 리더십의 필요성은 어느 조직에서나 대두되고 있다.

2. 리더십의 정의

"리더십이란 개인이 조직의 목표를 달성하기 위해 조직구성원들에게 합법적인 영향력을 행사하는 과정이다(Leadership is a process used by an individual to influence group members toward the achievement of group goals, where the group members view the influence as legitimate)." 이러한 리더십 정의에 관한 특성을 자세히 살펴보면 다음과 같다. 첫째, 리더십이란 일련의 과정이며, 특히 조직의 목표를 향해서 행해지는 체계적이며 지속적인 행동의 과정들이다. 둘째, 리더의 행동들은 조직 구성원들의 행동을 변화시키기 위해 체계적으로 이루어진다. 셋째, 한 사람 이상의 리더에 의해 여러 가지 행동들이 수행될 수 있지만, 한 개인이 조직을 위한 리더십 기능을 수행할 수 있다. 넷째, 부하들은 리더의 영향력을 합법적인 것으로 인식해야 한다. 다섯째, 리더의 영향력은 조직의 목표를 향해서 행해진다.

저명한 경영학자인 Drucker에 의하면 Leader란 "부하를 가진 사람이며, 그 부하들은 결과를 위해 올바른 일을 하고 있으며, 리더들은 매우 가시적이며, 책임을 가지고 있다"라고 한다. 이러한 리더십의 정의에 따른 핵심적인 특성들을 정리하면 다음과 같다. 먼저, 개인이 조직을 위해 충실한 역할을 해야 하며(Single individual usually fulfills the role for a group), 둘째, 체계적이고 지속적인 일련의 행동들이라는 것이다(Systematic and continuous series of actions). 셋째, 행동에 영향을 미치는 행동이다(Actions focus on influencing behavior). 넷째, 영향력은 부하들에 의해 타당하고 정당화된 것이어야 한다(Influence is viewed by followers as reasonable & justified). 다섯째, 리더의 영향력은 집단의 목표를 성취하는 방향으로 설정되어야 한다(Influence is directed toward achieving group goals).

3. 리더십의 효과성

효과적인 리더를 측정하기 위해 활용되는 척도들은 직무성과(job performance), 부하들의 태도(measures of followers' attitudes), 조직의 성과(group and organizational outcomes) 등이다. 직무성과란 직원들이 성공적으로 수행한 과업의 품질(quality)을 의미하며 그러한 품질은 생산성(productivity)과 연관된다. 부하들의 태도란 직무와 관련하여 조직에 대해 부하들이 보이는 전반적인 태도를 의미하며 만족도와 연관된다. 마지막으로 조직의 성과란 개인의 성장(individual growth) 및 조직 전체의 성장(organizational growth)을 의미한다.

4. 리더십과 경영과정 비교

리더십이란 옳은 일을 하는 것이며, 더욱 효과적인 조직으로 변화시키거나 개발하는 것이다(Leadership is "doing the right things" or changing and developing more effective organizations). 반면에 경영(management)이란 일이 옳게 되도록 하는 것이며, 목표를 달성하기 위한 이성적이며 기술적이고 관리적인 행동들이다(Management is "doing things right" or a rational, mechanical, and administrative activity to achieve goals). 이처럼 리더십과 경영을 분명하게 구분하는 것은 쉽지 않지만 분명한 것은 경영과정과 리더십은 매우 밀접하게 관련되어 있으며 보통 같은 사람이 두 가지 활동을 모두 수행한다.

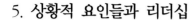

5. 상황적 요인들과 리더십

특별히 리더십이 필요 없는 상황적 요인들은 부하들 스스로 동기부여되며, 만족할 수 있는 지침이나 상황을 만들어낸다. 이러한 요인들은 다음과 같다.

① 재설계된 직무(redesigned job tasks)

② 자발적인 직무그룹(self-managed work groups)

③ 보상시스템(reward systems)

④ 부하의 자발적 리더십(follower self-leadership)

⑤ 참여적 목표설정 프로그램(participative goal-setting programs)

제2절 ● 리더십 연구의 역사

1. 리더십 연구의 역사

❶ ~1900 : 위인이론(Great Man theory)

훌륭한 리더는 만들어지는 것이 아니고 태어나는 것이다.

❷ 1904~1950 : 특성이론(Trait theories)

효과적인 리더들은 그들을 효과적인 리더로 만드는 선험적인 특질이 있다고 가정하는 이론이다. (예를 들면, 지능, 공격성, 경계심)

❸ 1950~1970년대 : 행동이론(Behavioral theories)

리더십의 효율성은 리더가 집단에서 무엇을 하느냐에 따라 결정된다는 전제하에 리더의 실제행동을 연구하는 것이 리더십의 행동이론이다. 따라서 리더십 행동이론은 리더가 될 수 있는 특성보다 리더의 효과에 연구초점을 맞추고 있다. 즉 리더의 행동스타일과 이로 인한 성과(집단의 생산성, 집단구성원의 만족감 등)가 행동이론의 중요변수가 되고 있다.

❹ 1970년대 말~현재 : 상황이론(Situational theories)

리더십 행동연구의 제한점이 인식됨에 따라 리더십과정에서 작용하는 여러 조직체 상황을 연구하는 상황이론이 전개되었는데, 리더십의 여러 상황적 조건을 구체화하고 상황적 조건에 따른 리더십행동과 그 효과를 집단성과와 집단구성원의 만족감을 중심으로 분석하게 되었다. 상황이론에서 고려되는 중요한 상황적 요소들은 리더의 행동적 특성, 부하의 행동적 특성, 과업과 집단구조, 조직체요소 등이다.

2. 리더십 특성이론

리더십 특성이론은 처음에는 주로 사회적으로 명성이 높은 지도자들을 중심으로 그들의 공통적인 특성을 연구하는 위인이론(great man theory)에 치중하다가 차차 조직체의 경영관리자를 대상으로 성공적인 리더의 특성을 연구하게 되었다. 특성이론에서 주로 연구대상이 되는 리더의 중요 특성측면과 특성이론의 제한점을 요약하면 다음과 같다.

1) 리더의 중요 특성측면 연구

리더십 특성이론에서 성공적인 리더십과 관련하여 연구대상이 되는 중요 특성측면은 다음과 같다.

① 신체적 특성 : 리더십을 발휘할 수 있는 역량과 밀접하게 관계되었다고 전제되는 리더의 연령, 신장, 용모, 관상, 건강상태 등
② 지능 : 올바른 판단력과 결단성, 표현능력과 지식수준, 그리고 이에 필요한 평균 이상의 지능 수준
③ 성격과 감성 : 리더의 자신감, 독립성, 적극성, 민첩성, 창의성 등
④ 관리능력 : 리더의 성취의욕, 책임감, 솔선력 등 과업지향적 성격과 협조성, 대인관계기술 등의 상호작용능력

2) 중요 리더특성

성공적인 리더십과 관련하여 오랫동안의 많은 연구결과에서 가장 널리 등장하는 리더특성으로 다음의 일곱 가지를 들 수 있다.

① 추진력(drive): 성공적 리더들은 높은 수준의 열의를 보이며, 성취욕구가 강하고, 담대한 포부를 갖고 있음. 또한 활력이 넘치고 어떤 활동을 함에 있어서 추진력이 강하고 지칠 줄 모르는 끈기를 갖고 있음

② 지휘욕구(desire to lead): 성공적인 리더들은 다른 사람들에게 영향을 미치고 다른 사람들을 이끌고자 하는 욕구가 강하며, 책임감도 강함

③ 정직성과 성실성(honesty and integrity): 성공적인 리더들은 정직과 신용을 바탕으로 다른 사람들과 신뢰관계를 형성하며 언행일치를 몸소 실천함

④ 자신감(self-confidence): 부하들은 자신감 없는 리더를 따르지 않음. 따라서 성공적인 리더들은 자신의 의사결정에 대해 자신감을 보임

⑤ 지적 능력(intelligence): 성공적인 리더들은 다양한 정보를 수집 · 종합 · 해석할 수 있는 능력을 갖추고 있으며, 비전 설정, 문제해결 및 의사결정 능력을 갖고 있음

⑥ 직무관련 지식(job-relevant knowledge): 성공적인 리더들은 업무관련 기술, 회사 및 산업에 대한 지식을 갖추고 있음으로써 적절한 의사결정을 내림

⑦ 외향성(extraversion): 성공적인 리더들은 기운과 활력이 넘치며, 사교적이고 적극적임

표 10-1_리더의 특성

육체적 및 배경 특성	개성 및 능력 특성	직무 또는 사회적 특성
활동성 및 정력 (activity or energy) 교육(education) 사회적 지위(social status)	단호함(assertiveness) 지배력(dominance) 창의성(originality or creativity) 자신감(self-confidence) 관리능력(administrative ability) 연설능력(fluency of speech) 사회적 인지력(social perceptiveness) 적응성(adaptability)	성취욕구(motivation to achieve) 책임감(responsibility) 주도력(initiative) 지구력(persistence) 직무지향성(task orientation) 협력성(cooperativeness) 사회력(sociability)

3) 특성이론의 문제점

리더십 특성이론은 성공적인 리더의 공통된 특성을 이해하는 데 많은 도움을 주고, 연구결과는 조직체의 구성원 선발과 인력개발에도 실질적인 도움을 주었다. 특히 종합평가제도(assessment center concept)와 관련하여 경험적 그리고 종단적 연구를 통하여 조직체의 중요 직무마다 성공적인 리더십에 요구되는 특성을 분석하고, 이를 중심으로 리더를 선정 또는 개발하는 노력이 점차적으로 증대되어 왔다. 그리고 리더특성과 관련하여 개인의 성격과 능력을 측정하는 데도 많은 공헌을 하였다.

그러나 리더십 특성이론은 연구방법상으로나 연구결과의 적용성에 있어서 많은 어려움을 나타내고 있다. 첫째로, 성공적인 리더특성을 연구할수록 리더의 특성이 무한정 증가되고(현재 연구되고 있는 특성만도 100여 개), 따라서 리더특성 연구에 많은 복잡성과 어려움에 봉착하게 된다. 그리고 리더특성 연구의 결과를 해석하고 이를 적용하는 데 있어서도 리더십상황과 리더십의 효율성을 고려하지 않고서는 연구결과를 잘못 이해하거나 해석하고 나아가서는 조직체에 잘못 적용될 위험성이 있다.

둘째로, 리더특성과 리더십 효율성과의 관계에 있어 연구결과의 일관성이 결여되어 있다. 오히려 서로 상반되는 결과가 나타남으로써 리더십성과에 대한 리더특성의 예언성이 의문시되는 경우가 많다. 이것은 리더특성의 측정문제를 비롯하여 특성들이 각기 독립적으로 작용하지 않고 다른 요인들과 복합적으로 작용하는 데에도 그 원인이 있다. 그리고 연구결과에서 나타난 바람직한 리더특성들이 대부분 상식적인 수준을 넘지 못하여 실질적 예언가치가 의문시되는 경우도 많다.

셋째로, 리더십의 효율성은 리더의 특성뿐만 아니라 부하의 특성도 과업의 성격을 비롯하여 많은 상황적 요소에 의하여 결정된다. 따라서 리더 개인의 특성연구만으로는 리더십과정을 이해하기가 어렵다. 그리고 리더특성만을 연구할 뿐, 리더가 리더십과정에서 실제로 무슨 일을 하고 어떤 역할을 하는지를 설명해 주지 않으므로 리더특성만으로는 리더십에 관한 충분한 이해가 불가능하다.

이와 같은 연구상의 그리고 실적인 문제로 말미암아 리더십 연구는 리더가 실제로 취하는 행동과 여러 환경적 상황으로 연구초점을 바꾸기 시작했다. 그러나 리더특성에 관한 연구가 결코 중단된 것은 아니다. 앞에서 설명한 바와 같이 리더의 특성은 현대조직의 인적자원관리, 특히 선발과 인력개발에 있어서 매우 중요한 역할을 하고 있다. 따라서 성공적인 리더특성에 관한 실증적 연구와 특성의 측정방법에 관한 연구는 계속해서 활발하게 진행될 것으로 기대된다.

3. 리더십 행동이론

1) 독재적-민주적-자유방임적 리더십

독재적-민주적 리더십이론은 의사결정과정에서 나타나는 리더의 행동을 독재적(autocratic or authoritarian), 민주적(democratic or equalitarian), 자유방임적(laissez-faire) 리더십유형으로 나누고, 이들 리더십 행동유형이 집단성과나 집단구성원의 만족감에 미치는 영향을 개념화한다.

가. 리더스타일의 분류

리더십기능을 발휘하는 데 있어 리더는 많은 의사결정에 직면하게 되는데, 이 의사결정을 어떻게 처리하느냐에 따라 리더의 행동유형이 결정된다. 즉 의사결정과정에서 리더가 부하의 참여를 많이 허용하고 의사결정 자체에서도 리더 자신보다 부하에 대한 고려

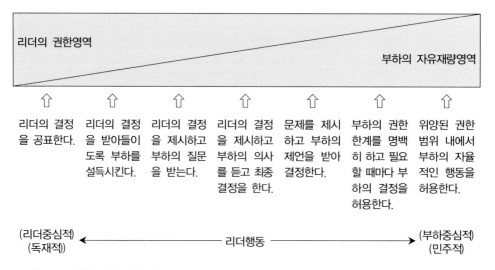

그림 10-2_리더의 의사결정 행동과 리더십 유형

를 많이 할수록 민주적 스타일로 분류되고, 반면에 리더가 자기 단독으로 의사결정을 하고 의사결정에 자신의 개인적인 고려를 많이 할수록 독재적 스타일로 분류된다(〈그림 10-2〉 참조). 자유방임적 스타일은 리더가 부하에게 최대의 자유를 허용함으로써 어느 면에 있어서는 리더십기능이 발휘되지 않는 상태라고도 할 수 있다. 따라서 조직체에서의 리더행동연구는 주로 독재적 스타일과 민주적 스타일을 상대적인 관점에서 비교·분석한다.

나. 리더스타일과 집단효율성

독재적 스타일은 집단의 생산성에 많은 영향을 준다. 특히 생산성을 높이기 위하여 압력이 가해지거나 벌과 위협이 사용되는 경우 단기적인 효과는 있지만, 장기적으로는 오히려 생산성에 역효과를 가져오는 경우가 많다. 반면에 민주적 스타일은 특히 장기적인 생산성에 좋은 효과를 가져온다는 것이 여러 연구결과에서 나타나고 있다. 민주적 스타일의 이러한 효과는 집단구성원들의 참여에 따른 적극적인 태도 때문이라는 것이 일반적인 분석이다. 그리고 자유방임적 스타일은 특히 기업체에서는 집단구성원 간에 혼란과 갈등을 야기시킴으로써 생산성에 역기능적 효과를 가져오는 것으로 인식되고 있다.

집단구성원의 만족감에 있어서도 민주적 스타일이 비교적 좋은 성과를 나타낸다. 긍정적인 면에서 민주적 리더스타일은 집단구성원 간의 협조와 친밀감 그리고 개방적 의사소통 등 적극적인 행동을 조성하는 한편, 고충처리와 결근, 이직률 등 부정적인 면에서는 민주적 스타일이 독재적 스타일이나 자유방임적 스타일에 비하여 낮은 통계적 수치를 나타낸다. 따라서 민주적-독재적-자유방임적 스타일을 종합·비교할 때, 집단성과나 구성원의 만족감에 있어서 일반적으로 민주적 스타일이 가장 효과적임을 알 수 있다. 민주적 스타일이 이러한 효과를 가져오는 것은 집단구성원의 참여가 중요한 중개역할을 하기 때문이다.

2) 구조주도적-고려적 리더십

리더십행동스타일에 관한 또 하나의 이론으로 구조주도적 그리고 고려적 리더십에 대한 이론을 들 수 있다. 이 이론은 오하이오 주립대학의 경영연구소가 중심이 되어 개발되었는데 이 연구의 중요목적은 리더십의 행동유형과 이에 따른 집단성과 및 구성원 만족감 간의 상호관계를 분석하는 것이었다. 연구의 내용과 중요결과를 요약한다.

가. 리더스타일의 분류

오하이오 주립대학 연구는 리더스타일을 측정하기 위한 리더행동기술설문서(Leader Behavior Description Questionnaire)와 리더의견설문서(Leader Opinion Questionnaire)를 사용하여 리더들을 구조주도적(initiating structure) 리더와 고려적(consideration) 리더로 분류한다. 구조주도적 리더십은 부하의 성과환경을 구조화하는 리더십행동으로서, 부하의 과업을 설정 · 배정하고 부하와의 커뮤니케이션 패턴과 절차도 명백히 하는 한편, 성과도 구체적으로 정확하게 평가하는 행동스타일을 말한다. 반면에 고려적 리더십은 부하와의 관계를 중요시하고, 리더-부하 및 부하들 사이의 신뢰성, 온정, 친밀감, 상호존중 그리고 상호협조를 조성하는 데 주력하는 리더행동을 뜻한다. 구조주도적 행동스타일과 고려적 행동스타일을 별도의 복수연속선 개념 하에서 네 가지의 리더행동스타일로 분류한다(〈그림 10-3〉 참조).

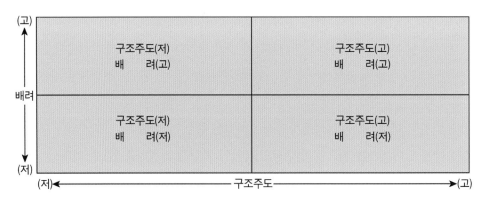

그림 10-3_구조주도형-배려형 리더십 행동

나. 연구결과

일반적으로 구조주도적 행동과 고려적 행동을 높게 갖춘 리더십이 모든 조직효율성 측면에서 가장 효과적일 것으로 기대되지만, 실제 연구결과는 그렇지 않은 것으로 나타났다. 높은 구조주도적 그리고 높은 고려적 리더행동이 일반적으로 높은 집단성과와 높은 만족감을 가져오는 것은 사실이지만, 일부 연구결과에 의하면 높은 구조주도적-고려적 리더십 스타일이 높은 결근율과 고충처리율 등의 부정적 효과도 가져온다. 그뿐 아니라, 연구를 계속할수록 리더의 구조주도적 또는 고려적 행동과 더불어 조직체의 상황적 요소들이 리더십효과에 매우 중요한 요인으로 작용하는 것으로 나타났다. 따라서 조직체의 상황적인 요소들이 연구변수로 포함되지 않은 것이 구조주도적-고려적 리더십연구의 가장 중요한 취약점으로 드러나게 되었다.

3) 관리그리드(Managerial Grid)

리더십 스타일의 마지막 이론으로 관리그리드를 들 수 있다. 관리그리드는 블레이크와 모턴이 오하이오 주립대학의 구조주도적 그리고 고려적 리더십 연구개념을 연장시켜 리더의 행동유형을 더욱 구체화하고 효과적인 리더십행동을 기르기 위한 기법으로 개발한 이론이다.

가. 리더십유형의 분류

관리그리드이론은 리더의 행동을 생산에 대한 관심과 인간에 대한 관심으로 나누고, 이를 그리드로 계량화하여 리더의 행동경향을 다음과 같은 주요 유형으로 분류한다.

① (1·1)무관심형(Impoverished) : 생산과 인간에 대한 관심이 모두 낮은 무관심 스타일로서, 리더 자신의 직분을 유지하는 데 필요한 최소의 노력만을 투입하는 리더유형

② (1·9)인기형(Country Club) : 인간에 대한 관심은 매우 높고 생산에 대한 관심은 매우 낮아, 구성원과의 만족한 관계와 친밀한 분위기를 조성하는 데 역점을 기울이는 리더유형

③ (9·1)과업형(Task) : 생산에 대한 관심은 매우 높지만 인간에 대한 관심은 매우 낮아, 인간적인 요소보다 과업수행상의 능력을 최고로 중요시하는 행동스타일

④ (5·5)타협형(Middle of the Road) : 과업의 능률과 인간적 요소를 절충하여 적당한 수준의 성과를 지향하는 리더유형

⑤ (9·9)이상형(Team) : 구성원들과 조직체의 공동목표 및 상호 의존관계를 강조하고,

상호 신뢰적이고 상호 존중적인 관계에서 구성원의 커미트먼트를 통하여 과업을 달성하는 리더유형

이들 유형은 리더의 행동경향을 측정하는 설문서를 사용하여 계량적 방법에 의해 분류된다. 따라서 이들 유형은 계량적 수치를 제외하고는 구조주도적-고려적 리더유형과 비슷하지만, 유형분류 자체에 있어서 구조주도적-고려적 리더십유형은 부하와 동료 그리고 직속상사와 리더 자신이 지각하는 행동분류인 데 비하여, 관리그리드의 리더십유형은 리더가 자기 자신을 어떠한 리더라고 생각하는지에 대한 태도의 분류라는 점에서 차이가 있다.

표 10-2_관리그리드 리더행동유형

(고)인간에 대한 관심(제)	0	1	2	3	4	5	6	7	8	9
9		1,9								9,9
8										
7										
6										
5						5,5				
4										
3										
2										
1		1,1								9,1
	(제)	1	2	3	4	5	6	7	8	9 (고)

생산에 대한 관심

나. 관리그리드이론의 적용

관리그리드이론은 조직체에서 관리자의 실제 리더십개발에 많이 적용되고 있다. 우선 그리드개념에 의하여 관리자의 리더십유형을 측정하고, (9.9)이상형을 목표로 체계적이고 단계적인 리더행동개발 프로그램이 적용된다. 관리자의 리더십행동개발은 조직체의 시스템적 관점에서 전체 조직체의 능력개발에도 확대되어 간다. 그리드훈련에 포함된 단계적 개발과정은 다음과 같다.

① 제1단계(Grid Seminar) : 그리드이론에 관한 세미나와 관리자 자신의 행동에 대한 인식의 제고

② 제2단계(Teamwork Development) : 리더들 상호 간의 피드백을 통하여 집단의 문제 해결능력의 향상

③ 제3단계(Intergroup Development) : 집단 간의 갈등과 마찰에 대한 문제해결능력의 개발

④ 제4단계(System Model Development) : 조직체 전체의 시스템적 사고방식과 조직체 개선에 필요한 문제해결능력의 개발

⑤ 제5단계(Implementation of System Model) : 이상적인 조직체를 지향하고 이에 필요한 조직체의 목적달성능력 개발

⑥ 제6단계(Stabilization and Reinforcement) : 이상의 여러 단계를 거쳐서 개발된 관리자행동의 정착화

이상 리더십 행동이론들을 살펴보았다. 이들 이론은 리더가 실제로 무슨 일을 하는지가 리더십과정에서 가장 중요하다고 전제하고, 리더의 행동이 집단의 성과와 부하의 만족감에 미치는 영향을 분석하면서 가장 바람직한 리더십 행동모형을 모색한다. 그리하여 리더의 행동스타일을 독재적-민주적, 구조주도적-고려적, 그리고 생산에 대한 관심도-인간에 대한 관심도 등 주로 과업과 인간에 대한 행동경향으로 분류하여 리더십스타일의 효율성을 분석한다.

이들 이론과 연구결과에 의하면 일반적으로 민주적 리더십, 구조주도와 고려가 모두 높은 리더십, 그리고 생산과 인간에 대한 관심도가 모두 높은 리더십이 집단성과와 구성원의 만족감을 높여주는 것으로 나타나고 있다. 그러나 리더십 행동이론들은 공통적으로 몇 가지의 문제점과 제한점을 지니고 있다. 첫째로 리더의 행동유형을 측정·분류하는 데 있어 객관성과 정확성 그리고 신빙성이 결여되는 경우가 많다. 둘째로 리더십과정에는 리더의 행동스타일 이외에도 많은 변수들이 작용하므로, 리더십의 효과는 현실적으로 리더의 행동보다는 이들 상황적 변수에 의하여 결정되는 경우가 너무나 많다. 따라서 리더십에서 작용하는 조직체의 상황적 변수를 고려하지 않고는 효율적 리더행동에 대한 결론을 내리기가 매우 어렵다.

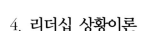
4. 리더십 상황이론

1) Fiedler의 상황적합성 리더십이론(Contingency Model of Leadership)

리더의 특성이나 스타일과 상황특성 간의 적합성에 초점을 맞춘 상황이론. 상황적합성이론은 피들러가 중심이 되어 연구한 이론으로서 리더십의 중요 상황요소를 토대로 하여 리더십상황에 적합한 효과적인 리더십행동을 개념화한 이론이다.

가. 비선호 동료 평가 점수(LPC Score)

상황적합성이론의 첫 번째 개념은 리더의 스타일을 분류하는 데 있어서 LPC(Least Preferred Coworker)점수를 사용하는 것이다. LPC점수는 리더들이 자기가 가장 싫어하는 동료를 어떻게 평가하느냐에 대한 점수로서, 리더의 과업지향성 또는 관계지향성을 나타낸다. 리더들은 20개 항목으로 구성된 LPC 설문에서의 응답점수에 따라 과업지향적 리더(task-oriented leader)와 관계지향적 리더(relationship-oriented leader)로 분류된다. 자기가 싫어하는 동료를 관대하게 평가하는 리더는 LPC점수가 높고 대인관계를 통하여 높은 수준의 만족감을 얻는 관계지향성을 지닌 리더들이라고 전제하는 반면에, 자기가 가장 싫어하는 동료를 부정적으로 평가하는 리더는 LPC점수가 낮고 대인관계보다 과업성과에서 높은 수준의 만족감을 얻는 과업지향성을 지닌 리더들로 전제한다.

① 16개의 질문에 대한 답의 합이 당신의 LPC점수이다. 피들러의 이론에 의하면 76점 이상이면 관계지향적이며, 62점보다 낮으면 과업지향성을 나타낸다. 58점과 63점 사이면 사회독립적(social independent) 리더십 지향성을 나타낸다.

② 리더십의 자기평가(Leadership self-assessment)

   - Least Preferred Coworker(LPC) Scale

지시문 : 당신이 그와 함께라면 일을 잘할 수 없는 사람을 상상하라. 그는 지금 당신과 함께 일하는 사람일 수도 있고 과거에 알았던 사람일 수도 있다. 그 사람은 당신이 가장 싫어하는 사람이 아니라도 상관없지만 일하는 데 있어 가장 어려운 사람이어야 한다. 그가 당신 앞에 있는 것처럼 상상하고 각각의 척도를 평가해 보시오. 정답은 없습니다.

표 10-3_Leadership Self-Assessment(Least Preferred Coworker Scale)

Pleasant(유쾌한)	8	7	6	5	4	3	2	1	Unpleasant(불유쾌한)
Friendly(친숙한)	8	7	6	5	4	3	2	1	Unfriendly(친숙하지 않은)
Rejecting(거부하는)	1	2	3	4	5	6	7	8	Accepting(받아들이는)
Helpful(도움을 주는)	8	7	6	5	4	3	2	1	Frustrating(좌절감을 느끼는)
Unenthusiastic(관심없는)	1	2	3	4	5	6	7	8	Enthusiastic(열광적인)
Tense(긴장하는)	1	2	3	4	5	6	7	8	Relaxed(편안한)
Distant(거리가 있는)	1	2	3	4	5	6	7	8	Close(밀접한)
Cold(차가운)	1	2	3	4	5	6	7	8	Warm(따뜻한)
Cooperative(협조적인)	8	7	6	5	4	3	2	1	Uncooperative(비협조적인)
Supportive(지원적인)	8	7	6	5	4	3	2	1	Hostile(적대적인)
Boring(지루한)	1	2	3	4	5	6	7	8	Interesting(흥미 있는)
Quarrelsome(화를 잘 내는)	1	2	3	4	5	6	7	8	Harmonious(융합하는)
Self-assured(확신하는)	8	7	6	5	4	3	2	1	Hesitant(머뭇거리는)
Efficient(효율적인)	8	7	6	5	4	3	2	1	Inefficient(비효율적인)
Gloomy(우울한)	1	2	3	4	5	6	7	8	Cheerful(생기발랄한)
Open(열린)	8	7	6	5	4	3	2	1	Guarded(감시하는)

나. 리더십의 상황유형

❶ 과업구조(task structure)

과업의 일상성 또는 복잡성을 뜻함으로써 과업목표의 명백성, 목표달성과정의 복잡성, 의사결정의 변동성 그리고 의사결정의 구체성에 의하여 리더십상황이 결정된다. 즉 과업내용이 명백하고 목표가 뚜렷하며 업무수행방법과 절차도 간단하고 구체적인 의사결정을 항상 반복하는 경우에, 그 과업은 일상적인 과업구조를 형성하고 있다고 할 수 있다.

❷ 리더와 부하의 관계(leader-member relations)

집단의 분위기를 의미하는 리더와 부하 사이의 신뢰성, 친밀감, 신용과 존경 등을 포함한다. 리더와 부하 간에 신뢰감과 친밀감 그리고 상호 존경관계가 존재할수록 상호 간에 좋은 관계가 형성된다고 할 수 있다.

❸ 리더의 지위권력(leader position power)

리더가 집단구성원들의 행동에 영향을 줄 수 있는 능력으로서 공식적 · 합법적 · 강압적 권력 등을 포함한다. 특히 승진, 승급, 해임 등의 상벌에 대한 권력이 매우 중요하며, 이러한 영향력이 많을수록 리더의 지위권력은 강하다고 할 수 있다.

이상의 상황적 요소를 중심으로 피들러는 여덟 가지의 리더십상황을 유형화한다.

〈표 10-4〉, 〈그림 10-4〉에서 보는 바와 같이 리더십상황은 리더와 부하 간의 관계가 좋고 과업성격이 구조적(또는 일상적)이며 리더의 지위권력(또는 영향력)이 강할수록 리더에게 유리하고, 리더와 부하 간의 관계가 좋지 않고 과업성격이 비구조적이며 리더의 지위권력이 약할수록 리더에게 불리하게 작용한다. 즉 상황 I 에 가까울수록 리더에게 유리하고 상황Ⅷ에 가까울수록 리더에게 불리하며, 그 사이(상황 Ⅳ, Ⅴ, Ⅵ)는 리더에게 유리하지도 않고 불리하지도 않은 중간 정도의 상황을 의미한다.

표 10-4_Fiedler의 상황적합성 리더십 모델(Fiedler's Contingency model of leadership)

구분	상황유형과 리더스타일(Situation Classification and Leader Type)							
	I	II	III	IV	V	VI	VII	VIII
리더와 구성원의 관계 (Leader–Member Relations)	Good				Poor			
직무구조 (Task Structure)	Structured		Unstructured		Structured		Unstructured	
리더의 권력 (Position Power)	High	Low	High	Low	High	Low	High	Low
바람직한 리더 유형 (Recommended Leader Type)	직무중심적 Task motivated(low LPC) Socioindependent (medium LPC)			관계지향적 Relationship motivated(high LPC)				직무중심적 Task motivated (low LPC)
리더의 입장	유리함				중간			불리함
상황의 확실성	유리함				중간			불확실함

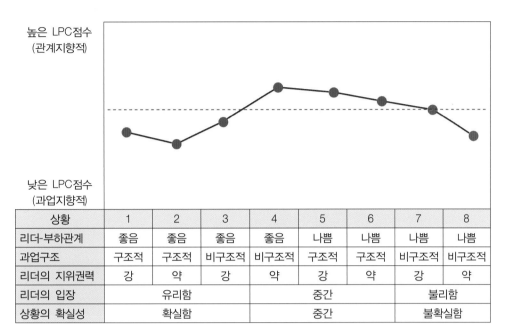

상황	1	2	3	4	5	6	7	8
리더-부하관계	좋음	좋음	좋음	좋음	나쁨	나쁨	나쁨	나쁨
과업구조	구조적	구조적	비구조적	비구조적	구조적	구조적	비구조적	비구조적
리더의 지위권력	강	약	강	약	강	약	강	약
리더의 입장	유리함				중간		불리함	
상황의 확실성	확실함				중간		불확실함	

그림 10-4_Fiedler의 상황적합성 리더십 모델(Fiedler's Contingency model of leadership)

다. 효과적인 리더십

이와 같은 연구설계하에서 피들러의 연구팀은 오랜 기간에 걸쳐 63개의 기업체, 교육기관 및 군수조직에서 454개의 집단을 대상으로 리더십과정을 연구조사한 결과, 리더의 행동은 리더십상황에 따라 그 효과가 모두 다르다는 결론을 얻었다. 즉 리더십상황이 리더에게 유리하거나 불리한 경우에는 과업지향적 리더가 효율적이고, 리더십상황이 리더에게 유리하지도 않고 불리하지도 않은 상황에서는 관계지향적 리더가 효과적이라는 결과를 얻었다. 이러한 결과는 다른 연구결과에서도 대체로 입증되었다.

이러한 결과를 토대로 상황적합성이론은 리더행동과 적합한 리더십상황을 조성할 것을 강조한다. 즉 종래의 리더십 특성이론과 행동이론들은 효과적인 리더의 특성과 행동스타일을 개빌하는 것을 강조해 온 네 비하여, 상황직합성이론은 리더의 행동개발과 더불어 리더의 행동이 효과를 발휘할 수 있는 상황적 여건조성도 매우 중요시한다. 따라서 리더성격과 특성에 적합한 집단구성원의 형성, 리더의 업무배정 그리고 리더역할에 대한 상위계층에서의 지원 등 리더행동 경향에 적절한 상황적 조건을 만들어줌으로써 리더의 효과가 발휘될 수 있다는 것을 강조한다.

상황적합성이론에 대하여도 LPC 측정방법의 신뢰성, 리더-부하 간의 관계변화, 리더행동경향의 단일연속선개념 등에 관한 문제점이 제기되고 있다. 그러나 상황적합성이론은 리더십의 상황적 요소들을 정립하고 이들을 리더십연구에 포함시킴으로써, 리더십연구에 새로운 관점을 제시하고 리더십에 대한 보다 총괄적인 이해를 증진시키는 데 크게 기여하였다.

2) Hersey & Blanchard의 리더십모델

표 10-5_Hersey & Blanchard's behavioral recommendations for leaders

Subordinate Developmental Level (부하성숙도)		리더행동(Leader Behavior)		Leadership Style
		Supportiveness (지원형)	Directiveness (지시형)	
Low ability & Low willingness	I	Low	High	지시적(Telling)
Low ability & High willingness	II	High	High	설득적(Selling)
High ability & Low willingness	III	High	Low	참여(Participating)
High ability & High willingness	IV	Low	Low	위양(Delegating)

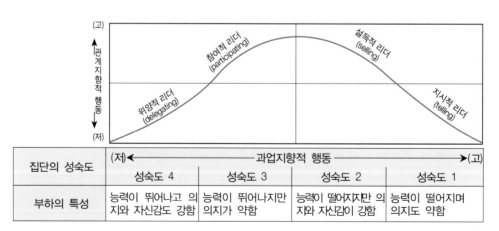

그림 10-5_Hersey & Blanchard's behavioral recommendations for leaders

효과적인 리더십은 부하의 욕구를 얼마나 잘 충족시키느냐에 달렸다는 전제하에 Hersey와 Blanchard는 리더와 부하 간의 상호조화관계를 중요시하고, 부하들의 성숙도에 따른 효과적인 리더십행동을 분석하여 리더십 수명주기이론을 발표하였다.

가. 성숙단계

Hersey와 Blanchard는 아지리스의 성숙이론과 맥클레랜드의 성취동기이론을 토대로 하여, 성숙도를 개인의 성취행동과 책임 있는 행동 그리고 자기개발행동 등 과업수행상에서 나타나는 개인의 행동경향으로 본다. 따라서 개인은 수동적이고 변칙적이며 자아인식이 결여된 미성숙상태에서 능동적이고 자기 자신에 대하여 인식할 수 있고 자기통제를 할 수 있는 성숙한 상태로 성장해 나간다고 보는 것이다. 이와 같은 성숙과정을 토대로 수명주기이론은 개인의 성숙도를 네 개의 수준으로 구분하고 부하의 성숙수준에 따라 이에 요구되는 적절한 리더십행동을 분석한다.

나. 성숙도와 리더십행동

리더십행동을 분석하는 데 있어 수명주기이론은 리더의 행동을 과업지향성과 관계지향성의 복수적 행동측면에서 리더의 효율성측정설문서(leader effectiveness and adaptability description : LEAD)를 사용하여 리더의 행동유형을 구분한다. LEAD는 21개의 리더십상황을 서술한 설문서로서, 리더들로부터의 회답결과에서 나타나는 리더행동스타일, 스타일의 범위, 그리고 스타일의 적응성을 중심으로 리더의 성숙도를 측정하여 다음 네 가지의 리더행동유형으로 분류한다.

① 지시적 리더(telling) : 과업지향성은 높지만 관계지향성은 낮은 리더로서 일방적인 커뮤니케이션과 리더 중심의 의사결정을 하는 주도적 리더

② 설득적 리더(selling) : 높은 과업지향성과 높은 관계지향성을 지닌 리더로서, 부하의 쌍방적 커뮤니케이션과 공동의사결정을 강조하는 후원적 리더

③ 참여적 리더(participating) : 관계지향성은 높지만 과업지향성은 낮은 리더로서, 부하들과의 원만한 관계와 부하의 의사를 의사결정에 많이 반영시키는 리더

④ 위양적 리더(delegating) : 과업지향성과 관계지향성이 모두 낮은 리더로서, 부하들 자신의 자율적 행동과 자기통제에 의존하는 리더

이들 리더행동은 부하들의 성숙도에 따라 그 효과가 다르게 나타난다. 〈표 10-5〉, 〈그림 10-5〉에서 보듯이 부하들의 성숙수준이 가장 낮은 성숙도 I의 경우에는 그들을 적극적으로 지도하고 개발해 주는 지시적 또는 주도적 리더행동이 효과적이고, 부하들의 성숙도가 평균미 달인 성숙도 II의 경우에는 설득적인 리더가, 그리고 부하들의 성숙도가 평균수준을 초과한 성숙도 III의 범위에서는 참여적 리더가, 그리고 부하들의 성숙수준이 가장 높은 성숙도 IV의 경우에는 이들의 판단력과 자아통제능력에 의존하는 위양적 리더행동이 각각 효과적이다.

이와 같은 수명주기이론은 부하들의 성숙수준에 맞추어 이에 적합한 리더십행동을 적 용함으로써 부하들이 성숙한 개인으로서 그들의 자아실현욕구를 충족시킬 수 있음과 동 시에, 개인과 조직체의 통합이 이루어져 조직구성원의 만족감은 물론 조직체의 성과도 극대화시킬 수 있다고 전제한다. 그리고 리더의 성숙도를 측정하는 데 있어 수명주기이 론은 리더의 행동경향을 전통적인 직선개념으로 보지 않고 곡선개념으로 봄으로써 리더 행동측정에 새로운 개념을 제시하고 있다. 그러나 LEAD 측정방법에 대한 정확성과 신빙 성, 그리고 연구가 부하에만 치우쳐 있고 리더와 다른 상황적 요소들이 충분히 고려되지 않았다는 점들이 문제점으로 제기되고 있다.

3) 의사결정상황이론

브룸(Vroom, V.)과 예튼(Yetton, P.)이 중심이 되어 개발한 의사결정상황이론은 의사결 정상황에 따라서 바람직한 리더행동이 서로 다르고, 따라서 리더는 주어진 상황에 적합 하게 리더십행동을 취해야 한다는 것을 강조한다.

가. 리더행동의 유형분류

브룸과 예튼은 리더가 부하를 의사결정과정에 참여시키는 정도를 다음의 다섯 가지 유 형으로 분류하였다.

① 독재 1형(Autocratic 1): 리더가 자신이 갖고 있는 정보를 활용하여 단독으로 의사결 정을 한다.
② 독재 2형(Autocratic 2): 의사결정에 필요한 정보를 부하에게 요청하고 리더가 단독 으로 의사결정을 한다.

③ 상담 1형(Consultative 1): 문제를 부하들과 개별적으로 논의한 후 리더가 단독으로 의사결정을 한다.

④ 상담 2형(Consultative 2): 문제를 부하들과 공동으로 논의한 후 리더가 단독으로 의사결정을 한다.

⑤ 집단 2형(Group 2): 문제를 부하들과 공동으로 논의하여 집단 전체의 합의를 도출하려 노력하고, 리더는 가능한 한 합의된 의사결정을 그대로 집행한다.

나. 상황진단과 리더행동의 선택

의사결정상황이론에 의하면 리더는 의사결정의 중요성, 정보자료의 소유여부와 의사결정에 대한 부하의 수용성 등을 감안하여 상황에 적합한 의사결정행동을 선택해야 리더십 효과성이 높아진다. 의사결정상황을 진단하고 이에 적합한 리더행동을 선택하는 데에는 다음과 같은 선택절차와 규칙이 적용된다.

① 리더-정보규칙(leader-information rule): 의사결정의 중요성이 큰 반면, 리더가 의사결정에 필요한 정보와 전문능력을 갖고 있지 않은 경우 독재 1형과 2형(A1, A2)은 채택하지 않는 것이 바람직하다. 즉, 리더가 의사결정에 필요한 정보를 갖고 있지 않은 경우 상담 1형과 2형 또는 집단 2형이 적합하다고 할 수 있다.

② 목표일치규칙(goal congruence rule): 의사결정이 매우 중요한데, 부하들의 목표가 조직목표와 일치하지 않는 경우 집단 2형(G2)은 적합한 리더행동이라 할 수 없다.

③ 비구조적 문제규칙(unstructured problem rule): 당면한 의사결정이 매우 중요함에도 불구하고 리더가 의사결정을 내리는 데 필요한 정보자료나 능력이 없으며 문제가 비구조적 성격을 지니고 있는 경우, 효과적인 문제해결을 하려면 정보자료를 가지고 있는 부하들과 공동으로 문제를 분석해야 하므로 독재 1형과 2형 그리고 상담 1형(A1, A2, C1)은 적합하지 않다.

④ 수용규칙(acceptance rule): 리더의 의사결정을 부하들이 잘 수용하는 것이 의사결정을 성공적으로 집행하는 데 중요한 상황임에도 불구하고 부하들이 리더의 단독적인 의사결정을 잘 수용하려 하지 않는 경우 독재 1형과 2형(A1, A2)은 적합한 리더행동이라 할 수 없다.

⑤ 갈등규칙(conflict rule): 리더의 의사결정에 대한 부하들의 수용이 중요한데, 부하들이 목표달성 방법에 대해 상충되는 의견을 갖고 있는 경우 효과적으로 문제를 해결하려면 부하들 간에 개방적인 토론을 통해 상호 간의 견해 차이를 줄일 필요가 있다. 이러한 상황에서는 독재 1형 및 2형, 그리고 상담 1형(A1, A2, C1)은 효과적이지 않다고 할 수 있다.

⑥ 공정성규칙(fairness rule): 의사결정의 질은 별로 중요하지 않다고 할지라도 의사결정의 정당성이 부하들의 수용을 위해 중요한 경우 집단 2형(G2)이 적합한 리더행동이라 할 수 있다.

⑦ 수용최우선규칙(acceptance priority rule): 리더의 의사결정에 대한 부하들의 수용이 무엇보다 중요하고 부하들이 조직목표의 달성에 몰입하지 않는 경우 부하들을 의사결정과정에 적극적으로 참여시키는 것이 바람직하다. 따라서 독재 1형과 2형 그리고 상담 1형과 2형(A1, A2, C1, C2) 모두 적합한 리더행동이라 할 수 없다.

전체적으로 볼 때, 이들 규칙 중 리더-정보규칙, 목표일치규칙과 비구조적 문제규칙은 주로 의사결정의 중요성을 중심으로 이에 적합한 리더행동을 선택하는 반면에, 나머지의 규칙들은 주로 의사결정에 대한 부하들의 수용을 중심으로 이에 적합한 리더행동을 선택하고 있다는 것을 알 수 있다. 이와 같이 의사결정상황이론은 효과적인 리더행동의 선택에 있어서 의사결정의 중요성과 부하들의 수용을 강조한다.

다. 타당성과 문제점

브룸과 예튼의 의사결정상황이론에 대한 연구결과에 의하면, 의사결정상황이론은 여러 가지의 의사결정상황하에서 효과적인 리더행동을 예측하는 데 많은 도움을 주고 있고, 대체로 의사결정상황이론이 예측한 리더행동이 실제로 좋은 성과를 가져오는 것으로 나타나고 있다. 그리고 여성관리자들이 참여적 방법을 더 많이 사용하고, 상위계층의 관리자가 하위계층의 관리자보다 참여적 방법을 더 많이 사용하는 것도 연구결과에 나타나고 있다.

의사결정상황이론은 연구방법에 있어서 몇 가지 문제점을 지니고 있다. 의사결정상황이론은 자기보고 자료(self-report)를 활용하여 검증해 왔는데, 이처럼 관리자들 자신의 주관적 의견에 의존하고 있다는 점에서 자료의 신뢰성문제가 제기되고 있다. 그리고 관리자들은 일반적으로 주어진 리더십 상황하에서 부하들의 참여와 의사결정에 대한 그들의 수용을 과대평가하는 경향이 있기 때문에 연구자료의 신뢰성 문제가 발생할 수 있다. 이러한 한계점에도 불구하고 의사결정상황이론은 의사결정상황을 구체적으로 개념화하고 부하의 참여를 중심으로 상황에 적합한 리더행동을 제시함으로써 리더십이론의 발전은 물론 관리자의 융통성 있는 리더십 행동개발에 크게 기여하였다.

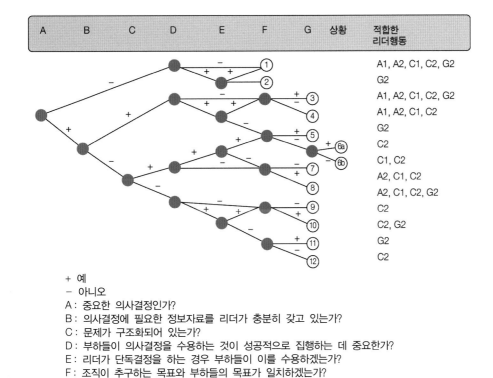

+ 예
- 아니오
A : 중요한 의사결정인가?
B : 의사결정에 필요한 정보자료를 리더가 충분히 갖고 있는가?
C : 문제가 구조화되어 있는가?
D : 부하들이 의사결정을 수용하는 것이 성공적으로 집행하는 데 중요한가?
E : 리더가 단독결정을 하는 경우 부하들이 이를 수용하겠는가?
F : 조직이 추구하는 목표와 부하들의 목표가 일치하겠는가?
G : 적절한 목표달성 방법에 대해 부하들 간에 갈등이 예상되는가?

그림 10-6_의사결정상황과 리더행동

4) 경로 목표이론(Path Goal Theory)

경로-목표이론은 하우스(House, R.)가 개발한 이론으로서 기대이론(Expectancy Theory)에 이론적 기반을 두고 있다. 이 이론은 리더행동이 어떻게 노력-성과-보상의 관계에 대한 부하의 지각에 영향을 미치는지를 중심으로 리더십 과정을 설명한다. 효과적인 리더는 부하들에게 성과가 뛰어나면 더 많은 보상이 주어진다는 것을 보여줌으로써 성과-보상에 대한 기대감을 높이는 동시에, 부하직원들이 과업을 수행하는 데 필요한 정보, 후원과 기타 자원을 제공함으로써 노력-성과에 대한 기대감을 강화해야 한다. 다시 말해, 효과적인 리더는 부하가 중요하게 여기는 목표를 효과적으로 달성할 수 있도록 동기부여하기 위해 부하들로 하여금 노력-성과-보상의 관계에 대한 기대감을 높여야 한다. 경로-목표이론은 이처럼 노력-성과-보상에 대한 기대감에 영향을 미치는 리더행동, 그리고 이러한 리더십 과정에 영향을 미치는 상황요인들에 초점을 두고 있다.

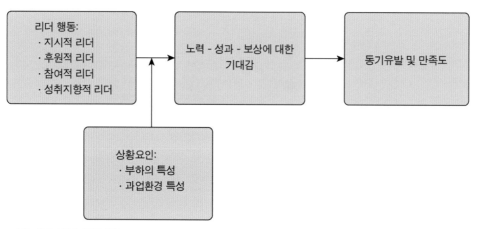

그림 10-7_경로-목표이론

경로-목표이론은 구조주도형-배려형 리더십개념에도 연구방법의 토대를 두고 있다. 경로-목표이론에 의하면 리더의 행동은 부하들의 경로-목표관계를 명백히 해주는 기능과 경로-목표를 촉진시켜 주는 기능으로 구분된다. 경로-목표관계를 명백히 해주는 역할은 부하의 과업목표를 설정하고 과업내용과 방법 및 절차를 구체화하며 노력-성과의 관계를 알려주는 리더행동을 포함하는데, 이는 구조주도형 리더행동과 유사하다. 반면에, 경로-목표달성과정을 촉진시키는 기능은 성과-보상의 기대감 및 부하들과의 후원적인 관계를 조성하는 것을 포함하는데, 이는 배려형 리더행동과 유사하다고 할 수 있다.

가. 리더의 행동유형

경로-목표이론은 리더행동을 다음의 네 가지 유형으로 분류한다.

① 지시적 리더(instrumental or directive leader): 구조주도 측면을 강조하는 리더로서 과업목표를 구체적으로 설정하며, 목표달성을 위한 세부계획 및 지침을 수립하고 이를 적극적으로 지시·조정해 나가는 리더

② 후원적 리더(supportive leader): 배려 측면을 강조하는 리더로서 부하들과 친밀한 관계를 형성하고, 부하들의 애로사항을 청취하고 그들의 욕구를 충족시키는 데 많은 노력을 기울이는 리더

③ 참여적 리더(participative leader): 부하들을 의사결정에 참여하도록 허용하고 장려하는 리더로서 의사결정을 할 때 부하와 의논하고, 부하의 의견을 수렴하고 반영하는 리더

④ 성취지향적 리더(achievement-oriented leader): 부하들에게 도전적인 목표를 설정하고, 이러한 목표를 달성하도록 동기부여를 하며 지속적인 성과개선을 유도하는 리더이며, 부하들의 능력을 믿고 그들로부터 높은 성취동기 행동을 기대하는 리더

경로-목표이론은 이들 네 가지 리더십 스타일이 상호배타적인 것이 아니라 리더행동에 복합적으로 나타날 수 있는 것으로 개념화하고 있다는 점에서 리더십 스타일을 단일연속선 개념으로 보는 다른 상황이론들과 차별성을 갖는다.

나. 상황적 요소와 효과적 리더십

경로-목표이론은 리더십과정에 작용하는 주요 상황요인들을 크게 부하의 특성과 과업환경의 특성으로 구분한다. 부하의 특성이 리더행동을 형성하는 데 많은 영향을 준다는 전제하에 목표-경로이론은 다음과 같은 부하 특성들을 중요시하고 있다.

① 부하의 능력: 부하의 능력이 뛰어나다면 지시적 리더십은 불필요하며, 그 대신 후원적인 리더십이 효과적이다. 반면에, 부하의 능력이 부족하다면 목표 달성을 위해 업무에 대해 구체적인 지시를 하는 리더십이 요구된다.

② 내재론적-외재론적 성향(internalizer-externalizer orientation): 부하가 내재론자인 경우, 즉 자신이 과업환경에 대한 통제를 한다고 믿는 경우, 지시적 리더십은 이들의 거부감을 유발할 수 있기 때문에 효과적이지 않고 참여적 또는 성취지향적 리더

십이 적합하다. 반면에, 자신의 과업성과가 외적 요인에 의해 좌우된다고 믿는 부하들의 경우 지시적 또는 후원적 리더에 대해 만족감을 보이는 경향이 있다.

③ 욕구와 동기: 경제적 욕구와 안전욕구가 강한 부하들의 경우 지시적 리더가 적합하지만, 성취욕구와 자율성·독립성이 강한 부하들의 경우 참여적 리더십과 성취지향적 리더십이 효과적이다.

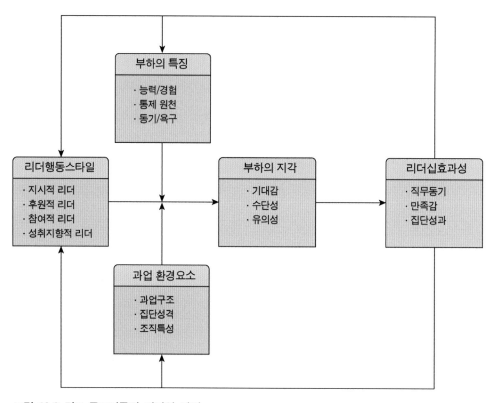

그림 10-8_경로-목표이론의 리더십 과정

부하의 특성과 더불어 다음과 같은 과업환경의 여러 특성들도 리더십과정에서 중요한 역할을 한다.

① 과업구조: 부하의 과업이 비일상적이고 비구조화되어 있을수록 지시적 리더십이 적합하다. 왜냐하면 과업수행에 필요한 지침을 정하고 과업구조를 명료화함으로써 역할모호성을 줄일 수 있기 때문이다. 반면에, 과업이 구조화되고 일상적인 경우 구체

적인 업무지시 및 통제는 불필요하며, 대신에 반복적인 업무수행에 따르는 스트레스를 해소할 수 있도록 후원적 리더십을 발휘하는 것이 바람직하다.

② 집단의 성격: 집단형성의 초기에는 비교적 지시적 리더가 효과적이지만, 집단구조가 안정되고 상호 간의 위계서열이 정착된 상태에서는 후원적이고 참여적인 리더가 더 적합하다. 또한, 집단응집성이 높은 경우 이는 후원적 리더십을 대체하는 효과를 갖는 반면, 성과지향적 집단규범이 형성되어 있는 경우 지시적 리더십과 성취지향 리더십의 필요성이 줄어들게 된다. 거꾸로 말해, 집단응집성이 낮은 경우 후원적 리더십이 필요하고, 집단목표에 반하는 규범(예컨대, 대충대충 하자는 규범)이 자리 잡고 있는 경우 분명한 방향을 제시하는 지시적 리더십이 필요하다.

③ 조직특성: 방침, 규율, 절차가 구체적으로 설정되어 있는 경우 과업수행을 하기 위해 이를 따르기만 하면 되므로 지시적 리더는 필요치 않게 된다. 반면에, 비상상황이나 시간적 압박이 클 때에는 참여적 리더보다도 지시적 리더행동이 요구되며, 불확실한 상황에서는 의사결정과정에 있어서 참여적 리더행동이 더욱 많이 요구된다.

이와 같이 경로-목표이론은 상황 특성에 따라서 이에 적합한 리더행동이 다르다는 것을 강조한다. 따라서 리더는 부하들의 특성 및 과업 특성들을 잘 파악하여 적절한 리더행동을 선택해야 한다.

다. 경로-목표이론에 대한 평가

경로-목표이론은 많은 연구를 통하여 상황요인과 효과적인 리더행동의 관계가 입증되었다. 특히 일상적이고 구조적인 과업상황에서는 후원적 리더가 효과적이고, 비구조적인 과업상황에서는 지시적 리더가 각각 효과적이라는 것이 입증되었다. 그러나 경로-목표이론에 대해 몇 가지 한계점이 제기되고 있다. 우선 리더행동의 측정에 있어서 타당성과 신뢰성의 문제가 있고, 이론모형의 복잡성으로 말미암아 이론 전체를 완전히 입증하기가 어려운 뿐만 아니라 현실에 적용하기 어렵다는 것도 한계점으로 지적되고 있다.

5. 리더십 연구에서 대두되는 주요 과제

❶ 윤리 및 공정성(Ethics and Fairness)

리더의 윤리적 행위는 조직에 있어 중요하다. 몇몇 비윤리적 리더들의 사례는 중요한 시사점을 제공해 준다(클린턴의 르윈스키와의 연정파문).

❷ 다양성(Diversity)

세계화에 따른 다양성의 문제(인종, 성, 연령, 국가) 때문에 일어나는 리더십의 여러 상황에 대한 연구의 필요성을 의미한다.

❸ 리더십 개발(Leadership development)

리더를 더욱 발전적으로 개발하기 위해서 필요한 과정(평가, 도전, 지원)에 대한 연구를 의미한다.

❹ 조직변화선도(Leading organizational change)

조직의 변화선도자로서의 리더를 의미하며 이에 관한 연구에 많은 관심이 집중되고 있다. 즉 조직변화이론에서 다루어지는 해빙(unfreezing), 변화주입(changing), 그리고 재동결(refreezing)에 관한 리더의 역할에 대한 연구이다.

❺ 변혁적 리더십(Transformational leadership)

변혁적 리더십이란 기존의 보상이나 처벌을 기초로 하는 거래적 리더십(transactional leadership)에 비하여 조직구성원들로 하여금 희망과 꿈을 가질 수 있도록 비전을 제시하고 개별적 배려와 지적 자극을 통해 구성원들의 가치관 변화를 유도함으로써 보다 높은 조직성과의 달성 및 개인의 욕구를 충족시키도록 영향력을 발휘하는 유형의 리더십을 의미한다.

- 이상적인 영향력(Idealized influence)
- 영감적인 동기부여(Inspirational motivation)
- 개인적인 고려(individualized consideration)
- 지적인 자극(intellectual stimulation)

제3절 ● 리더의 조건

1. 리더를 만드는 조건(What makes a leader?)

1) 무엇이 리더로 만드는가?

일반적으로 높은 지능과 훌륭한 기술을 가진 사람의 경우 사회에서 실패하는 경우가 다반사이다. 그러나 보통의 지능과 기술을 가지고도 성공하는 사례가 더 많은 것을 볼 수 있다. 왜 이러한 현상이 일어나는 것일까? 그것은 개인적 기술은 다양하지만 반드시 상황과 맞아야 하기 때문이다.

2) 리더십 능력(leadership capabilities)

리더십을 발휘하기 위한 능력에는 첫째, 기술적 능력(technical skills)이 필요하다. 즉 전문지식에 해당되는 회계적 지식이나 기획력 등이 좋은 예이다. 둘째, 인지적 능력(cognitive abilities)이다. 이것은 분석적 논리력(analytical reasoning)을 의미한다. 셋째, 감성적 지능(emotional intelligence)이다. 즉 타인과 일할 수 있는 능력, 변화를 선도할 수 있는 능력 등을 의미한다. 일반적으로 지능은 탁월한 성과를 이끌어낸다. 인지적 능력은 거시적 사고 및 장기적 비전과 관련된다. 그러나 감성적 지능은 다른 것들보다 2배로 중요하다. 높은 지위로 갈수록 감성적 지능이 더 많이 필요한데, 성공한 대부분의 사람들은 높은 감성적 지능을 갖고 있다.

3) 감성적 지능(emotional intelligence)

일반적으로 최근의 조사에 의하면 리더로 성공하기 위해서는 일반적인 지능지수보다는 감성적 지능이 더 중요하다는 연구결과가 있다. 즉 다음의 5가지 요인들이다.
- 자기인지(self-awareness)
- 자기통제(self-regulation)
- 동기(motivation)

- 공감/감정이입(empathy)
- 사회적 기술(social skill)

가. 자기인지(self-awareness)

자기인지란 자기 자신에 대한 깊은 이해력을 의미하며 특히, 감정(emotions), 자신의 강점(strengths), 약점(weaknesses), 욕구(needs), 동기(drivers) 등에 대한 인지상태를 의미한다. 자기인지를 하는 사람들은 비판적이지도 너무 긍정적이지도 않은 정직한(honest) 사람들이다. 또한 가치에 대해 잘 인식하며, 의사결정은 가치 있게 한다. 또한 사물을 인식하는 방법은 솔직(공평무사)하며, 실제적으로 본인 스스로를 평가하는 능력이 있다. 한편 실패를 솔직하게 받아들이고, 유머감각을 스스로 억제하며, 자신감을 갖는 것이 강점이다.

나. 자기통제(self-regulation)

자기통제에서는 지속적인 내부 대화를 통해 스스로의 감정(기분)으로부터 해방되며, 나쁜 분위기나 감정적 충동을 통제하는 방법을 찾아 행동하며, 유용한 방법으로 자기와 관련된 채널을 찾는다. 이러한 자기통제는 신뢰와 공정한 환경을 창출해 낼 수 있기 때문에 중요하다. 또한 변화를 이겨낼 수 있기 때문에 중요하다. 이러한 자기통제는 반성하고 사려 깊은 행동으로 표시되며, 변화에 잘 적응하고, 성실한 자세를 통해 확인될 수 있다.

다. 동기(motivation)

동기는 대부분의 성공한 리더들이 갖고 있는 특성으로 보통 성취와 연결된다. 동기가 있는 행동들은 일에 대한 정열, 목표를 향한 단계적인 발전, 일이 잘못되었을 때 감수하는 낙천적인 행동, 조직몰입 등이다.

라. 감정이입(empathy)

감정이입은 가장 쉽게 인지되는 차원으로 의사결정과정에 있어 다른 요인들과 함께 사려 깊게 종사원들의 감정을 고려하는 것을 의미한다. 감정이입은 구성원들과의 협동심이 중요시되는 '팀제'의 활용이 증가되고 있으며, 세계화되어 가는 추세(다수 민족에 대한 이해) 등 때문에 중요하다.

마. 사회적 기술(social skill)

사회적 기술이란 관계를 관리하는 능력으로 목적을 갖고 타인과 친숙해지는 일, 원하는 방향으로 사람들을 움직이는 일, 폭넓은 지인 서클, 공감대를 형성하는 기술, 감성적 지능 중 가장 중요한 기술 등으로 묘사될 수 있다.

2. What makes an effective manager?(훌륭한 관리자가 되는 길)

1) 행동(behaviors)

Morse와 Wagner(1978)가 조사한 바에 의하면 기업체에서 훌륭한 관리자가 되기 위해서는 행동과 관련하여 총 51개 속성 중 특히 6개의 요인이 중요하다고 한다.

① 조직의 환경 및 자원의 통제(Controlling the organization's environment and its resources) : 조직의 환경 및 자원을 통제한다는 것은 문제점을 발견하거나 계획, 회의배정, 의사결정, 예견력 등을 의미한다. 즉 조직 각 부분에 대한 정밀한 조사에 의해 자원을 통제할 수 있는 행동들을 의미한다.

② 조직화와 조정(Organizing and coordinating) : 타 부서와의 상호관계를 유지하면서 조직화하거나 조정하는 능력을 의미한다.

③ 정보관리(Information handling) : 관리자로 성공하기 위해서는 문제인식을 통한 정보관리가 필요하며 커뮤니케이션 채널을 적극 활용해야 한다. 그렇게 함으로써 변화하는 환경을 보다 잘 인식하여 의사결정이 쉬워질 수 있다.

④ 성장 및 개발을 위한 행동(Providing for growth and development) : 성장 및 개발을 위한 행동을 통하여 부하의 성장목표를 도와줄 수 있으며 또한 본인의 성장에도 도움이 된다.

⑤ 동기부여 및 갈등관리(Motivating employees and handling conflict) : 부하들을 위해 동기부여할 수 있는 솔선수범하는 행동 및 부하나 조직의 갈등을 관리하는 행동을 의미한다.

⑥ 전략적 문제해결(Strategic problem solving) : 조직의 내·외부 환경을 면밀히 검토하여 전략적으로 문제를 해결하는 것을 의미하며, 특히 부하들이 활용가능한 관리자의 의사결정행동을 의미한다.

2) 동기(motivation)

Miner와 Smith(1982)의 조사에 의하면 성공한 관리자들이 갖고 있는 동기요인들 40개 중에서 7개의 요인들이 특히 중요한 변수라고 지적한다.

① 상사의 권한 수용욕구(Authority acceptance) : 이는 상사로부터 명령을 받아 수행하고자 하는 욕구를 의미한다. 즉 부하의 임무를 훌륭히 수행할 수 있는 사람이라야 관리자로 성공할 수 있다는 것이다.

② 게임이나 스포츠에서 경쟁하고자 하는 욕구(Competitive games) : 이는 스포츠나 게임을 통한 경쟁에서 승리하고자 하는 욕구를 의미한다.

③ 직장에서 동료와 경쟁하고자 하는 욕구(Competitive situations) : 이는 조직 내에서 경쟁하고자 하는 욕구를 의미한다.

④ 적극적이고 단호한 태도의 욕구(Assertiveness) : 언제나 긍정적인 yes man보다는 자신의 소신에 따라 절도 있게 보이려는 욕구를 의미한다.

⑤ 타인에게 업무부과/ 인가·허락을 하고 싶은 욕구(Imposing wishes) : 부하들에게 업무를 부과하거나 인가, 허락 등을 하고 싶은 욕구를 의미한다.

⑥ 독특하게 튀고자 하는 욕구(Distinctiveness) : 조직 내에서 자신의 의견을 보다 강하게 주장할 수 있는 욕구를 의미한다.

⑦ 일상적으로 관리적인 일을 수행하고자 하는 욕구(Routine functions) : 훌륭한 관리자가 되기 위해서는 매일 반복되는 일상에 대하여 지루하게 여겨서는 안 되며 그러한 일상을 즐길 수 있는 욕구를 의미한다.

3) 기술(skills)

Katz(1974), Mintzberg(1980), Pavett과 Lau(1983) 등에 따르면 훌륭한 관리자가 되기 위

해서는 4가지의 기술이 필요하다고 한다.

① 개념적 기술(Conceptual skills) : 조직 내에서 의사결정을 한다든지, 업무의 조정역할을 통한 해결능력을 의미한다. 즉 정신적 능력이다.

② 인간관계기술(Human skills) : 이것은 개인 간의 인간관계 및 집단과 개인 간의 인간관계를 의미하며 타인을 이해하고 동기부여할 수 있는 능력을 말한다.

③ 기술적 기능(Technical skills) : 자신의 전문분야에 대한 전문적 지식을 의미한다. 즉 특정분야 도구/절차/기술 등의 활용능력을 의미한다.

④ 정치적 기술(Political skills) : 본인의 지위를 강화한다든지 권력의 기본을 만들고 올바른 관계를 정립할 수 있는 능력을 의미한다.

제4절 ● 리더십의 유형(Leadership Behaviors and Processes)

1. 리더의 행동유형

① 지원적 유형(supportive) : 부하들의 욕구 및 감정에 대해 배려, 인정, 관심 등을 보이는 유형이다.

② 지시적 유형(directive) : 부하의 업무를 할당하고, 방법을 설명하며, 기대감을 명확하게 하고, 목표를 설정하며, 과정을 구체화시키는 관리자 유형을 말한다.

③ 참여적 유형(participative) : 리더는 제안이나 아이디어를 얻기 위해 부하를 참여시킨 상태에서 의사결정을 한다.

④ 보상과 벌(reward & punishment) : 내부적(인정, 칭찬 등), 외부적(임금인상 등) 혜택을 제공하며, 부하의 부적절한 행동에 대해 벌을 주는 행위를 말한다.

⑤ 카리스마적 행동(charismatic) : 높은 기대감, 신뢰 및 능력을 보여주며, 부하의 욕구에 영향을 미치는 이데올로기적인 목표를 갖고 비전을 의사소통하는 유형이다.

2. 지원적 리더십 행동

이러한 행동유형은 부하의 안위를 위해 관심을 나타내는 리더의 역할을 의미한다. 부하에 대해 사려 깊고 친절하고 이해심 있는 태도를 나타내며, 친숙하고 정보제공적이며, 양방향 커뮤니케이션에 중점을 두고 부하의 발전을 위해 힘을 북돋아준다. 비슷한 용어로는 배려, 관계지향성, 또는 인간적 리더십(people leadership)에 대한 관심으로 표현할 수 있다. 환대산업에서는 Southwest Airline의 CEO인 Herbert Kelleher가 유명하다.

그림 10-9_맥아더 장군과 일왕 히로히토 : 맥아더 장군은 평상복이나 히로히토 일본 국왕은 정장차림이다(지시에 대한 절대적 복종을 의미하는 복장).

그림 10-10_Southwest Airline의 CEO인 Herbert Kelleher가 직원들과 함께 찍은 사진(좌)과 고객을 직접 대면하는 모습(우)

3. 지시적 리더십

이런 유형은 부하의 특정 직무를 배정하고, 직무완수를 위해 사용될 수 있는 방법들을 설명하고, 부하들 성과의 양과 질에 대한 기대감을 명확히 하며, 부하의 목표를 설정해

주고, 부하의 직무를 계획하고 조정하며, 필요한 규정과 절차를 구체화한다. 이런 행동유형은 또한 조직의 초기 작업과 관련해서 도구적 리더십(instrumental leadership), 또는 직무중심적 리더십(task-oriented leadership)이라고 한다.

4. 참여적 리더십

그림 10-11_부하직원들과 함께 회의하는 모습

이런 유형의 리더는 의사결정에 중요한 키를 얻기 위해 부하들을 의사결정과정에 참여시킨다. 그것은 리더에 의해 결정되는 단체의사결정노력을 의미한다. 또한 그것은 특정문제 해결을 위해 문제를 부하에게 할당하는 것을 의미한다. 이런 각각의 과정들은 서로 다른 정도와 과정형태를 갖는다. 참여적 리더십은 상담적(consultative), 민주적(democratic), 또는 위임적(delegatory) 리더십이라고도 일컬어진다.

5. 리더의 보상행동과 벌

리더의 행동으로 부하들이 조직에 공헌했을 때, 리더는 유형적이며 무형적인 혜택을 부하들에게 제공한다. 보상들은 때론 금전적일 수도 있고 또는 칭찬일 수 있다. 벌은 임금 삭감이나 부하가 수행한 직무의 개선을 통보하는 것이다. 보상이나 벌은 지속적으로(contingently) 부하의 성과에 의해 제공될 수 있으며, 또는 비지속적으로(noncontingently) 리더의 일시적 기분(whim)에 근거할 수 있다. 일반적으로 성과에 근거한 보상이나 벌이 가장 효과적이다.

6. 카리스마적 리더십

이런 유형의 행동은 리더가 부하들에게 이데올로기적인 중요성을 갖는(종종 강력한 상

상력과 은유를 활용하여) 미래의 비전을 제
시하는 것을 포함해서, 목표성취와 관련하
여 부하 욕구를 부추기며, 역할모델을 제시
해 주고, 부하의 능력에 대한 높은 기대감
이나 신뢰감을 표현하며, 높은 자신감을 나
타내는 행동들을 포함한다.

그림 10-12_5 · 16혁명 당시 박정희 소장의 모습

7. 효과적인 리더에 영향을 미치는 요인들

① 리더의 특성(Leader characteristics) : 리더의 행동, 특질, 기술, 그리고 권력의 원천
등을 의미한다.

② 부하의 특성(Follower characteristics) : 부하들의 능력과 기술, 태도, 가치관, 욕구,
동기 등을 의미한다.

③ 상황적 특성(Situational characteristics) : 조직 내에서 직무의 특성, 소집단의 특성,
조직적 특성 등을 의미한다.

8. 부하의 특성이나 상황적 요인에 따른 리더십 유형

① 리더들과 협력하기 위해 강력한 규범이나 기준을 가진 결속력 있는 조직들은 참여
적 리더십이 적합하다.

② 부하들이 많을 경우에는 지시적 리더십이 적합하다.

③ 스트레스가 많고, 위험하고, 불만족스런 직무들은 지원적 리더십을 요한다.

9. 리더십을 약화시키는 부하들의 특성이나 상황적 특성(Leadership neutralizers)

① 리더들과 부하들 간에 공간적 · 지리적으로 멀리 떨어질 경우 리더가 효과적으로 부
하들을 관리하기 힘들다.

② 연공서열, 노조, 국가의 정책들에 근거한 조직의 보상시스템은 리더들이 최고의 성

과자들을 적절하게 보상하는 데 제한점을 줄 수 있다.

③ 하부계층의 관리자들에 의해 효과적인 지시를 철회하거나 변경하는 상사들은 리더에 의해 필요한 영향력을 감소시킬 수 있다.

10. 리더행동을 대체하는 상황적 특성

① 부하들의 훈련이나 경험은 지시적 리더십을 대체할 수 있다.

② 내부적으로 만족하는 직무들은 지원적 리더십을 대체할 수 있다.

③ 네트워크의 컴퓨터시스템이나 컴퓨터화된 공정은 지시적 리더십을 제한할 수 있다.

11. 권력, 영향력, 권한

① 권력(Power) : 타인이 어떠한 일을 하도록 하는 한 개인의 능력(the ability of one person to cause another person to do something)

② 영향력(Influence) : 권력의 활용(the use of power or power in action)

③ 권한(Authority) : 직급에 의해 주어지는 합법적 권력(usually because the individual with authority holds a certain position)

12. 권력의 형태

❶ 사람과 관련된 권력

• Expert power(전문적 권력) : 특별한 지식을 소유한 리더

• Referent power(준거적 권력) : 부하들이 존경하거나 인정하는 리더

❷ 지위와 관련된 권력

• Legitimate power(합법적 권력) : 리더들은 요구할 권리를 갖는다.

❸ 지위나 사람과 관련된 권력

• Reward power(보상적 권력) : 부하들은 보상에 동의한다.

• Coercive power(강압적 권력) : 부하들은 벌을 회피하고자 한다.

• Connection/Resource power(협력/자원권력) : 리더는 필요한 자원이나 관계를 제공한다.

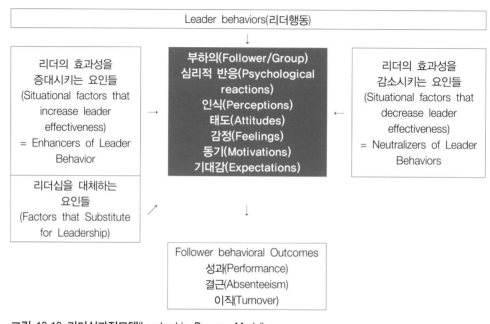

그림 10-13_리더십과정모델(Leadership Process Model)

제5절 ● 서비스리더십을 발휘하기 위한 기술

1. 서비스리더십

서비스리더십이란 서비스현장에서 필요로 하는 리더십을 일컫는다. 따라서 호텔과 같은 첨단 서비스업에서의 리더십은 일반적인 기업에서의 리더십보다 더 많은 인내와 노력을 요구한다. 따라서 최근에 관심을 모으고 있는 서번트리더십(Greenleaf, 1970)의 정의를 살펴보면 "타인을 위한 봉사에 초점을 맞추며, 종업원, 고객 및 커뮤니티를 우선으로 여기고 그들의 욕구를 만족시키기 위해 헌신하는 리더십"과 같다. 따라서 서비스리더들은

312

서비스조직 구성원들, 즉 고객, 종사원, 지역사회의 욕구를 충족시키기 위해 헌신해야 하며 서비스조직의 생산성 향상, 구성원들의 만족, 개인 및 조직의 성장을 위해 서비스리더십을 발휘해 나가야 할 것이다.

2. 서비스리더의 초석인 적극적 경청

훌륭한 서비스리더십을 발휘하기 위한 첫 번째 기술은 적극적 경청(active listening)이다. 적극적 경청의 중요 요소로는 강한 집중(Intensity), 공감(Empathy), 수용(Acceptance), 의지(Willingness) 등이 있다.

1) 적극적 경청의 기술

① Be motivated(동기화) : 적극적 경청을 위해서는 먼저 들으려고 하는 동기가 있어야 한다.

② Make eye contact(눈맞춤) : 상대방과의 눈맞춤은 적극적 경청의 필수요소이다.

③ Show interest : 상대방에게 관심을 나타내야 한다(예 : 머리를 끄덕인다).

④ Avoid distracting action : 상대의 말에 대해 왜곡된 행동은 하지 말아야 한다. 다리를 떤다든가, 하품을 한다든가, 졸음을 참지 못하는 등의 왜곡된 행동을 하면 안 된다.

⑤ Empathy(공감) : 말하는 상대방의 태도/경험/욕구/목표 등에 대해 공감(共感)을 하고 이해해야 한다.

⑥ Take in the whole picture(전체적 형상 파악) : 상대방의 말에 대해 사실과 감정을 파악하여 전체적인 그림을 그리고 해석해야 이해하는 데 도움이 된다. 하나의 사실만 가지고 상대방을 파악하면 안 된다.

⑦ Ask Question : 적극적인 경청자일수록 질문을 많이 한다. 상대방의 말에 대해 이해되지 않는 부분은 질문을 하라.

⑧ Paraphrase(부연) : 상대방의 말을 부연하여 다시 되새겨봄으로써 상대를 이해하는 것을 의미한다. 즉 내가 들은 내용이 ~이다/ 너는 ~을 의미하고 있는 것이냐? 스스

로 질문해 봄으로써 들은 내용을 숙지하며 확인해 내는 것이다.

⑨ Don't interrupt : 상대방의 말을 절대 끊으면 안 된다.

⑩ Integrate what's being said : 전체 내용의 통합 후 부족한 내용은 질문을 하라.

⑪ Don't overtalk : 상대방보다 가급적 말을 많이 하지 않는다.

⑫ Confront your biases : 상대방에 대한 편견은 금물이다.

⑬ Make smooth transitions between speaker and listener : 상대방과 본인 간에 자연
스런 교류를 통하여 분위기를 이끌어간다.

⑭ Be natural : 상대방 말을 인위적으로 경청해서는 잘 들을 수 없다. 자연스런 경청이
중요하다.

3. 서비스리더의 생산성 향상을 위한 목표에 의한 관리(Management By Objective)

1) MBO모형

MBO(management by objective)는 동기이론, 손다이크의 강화의 법칙, 피드백 원리 등
의 학습이론을 실무에 적용시킨 것을 의미한다. 1950년대 P. Drucker는 상위관리자와 하
위구성원들이 공동의 목표를 설정하고 실적을 평가하여 높은 성과를 올릴 수 있는 MBO
모형을 개발하였다.

표 10-6_MBO모형

〈타당성조사〉	〈사전준비〉	〈목표설정〉	〈중간평가〉	〈기말평가〉	〈차기대책〉
• 경영목적/전략/방침 • 직무구조/기술환경 • 인력	• 목표분야측정방법 설정 • 교육훈련 • 집행전략·계획수립	• 공동참여 • 계량화 • 우선순위	• 중간 feedback • 목표수정조정 • 동기부여	• 공동평가 • 인력개발 • 개선책	• 수정·보완

2) 타당성 조사

일반적인 변화와는 달리 목표관리는 조직체의 부분적인 변화가 아니라 조직체 전체에
걸친 경영관리제도와 방법상의 변화를 통한 조직체의 중점경영체제를 의미하므로 보다
근본적인 장기적 관점에서 조직체의 문제증상이 검토되어야 한다. 목표관리의 근본목적

은 상위관리자와 하위구성원의 공동목표설정을 통하여 조직체의 경영목적과 구성원 개인의 목적을 통합시키고 나아가서는 조직체와 구성원의 효율적인 통합을 이루는 것이다. 그러므로 조직체의 문제증상을 검토하고 해결책을 모색하는 데 있어서, 경영층의 전통적인 경영이념과 방침, 구성원의 가치관, 욕구동기, 그리고 직무구조와 환경 등 조직경영의 근본적인 변화관점에서 목표관리의 필요성과 적용성이 연구되어야 한다.

3) 목표의 구조 · 체계 설계

타당성조사를 통하여 목표관리를 적용할 결정이 내려지면, 목표관리 구조와 체계 등 기본적인 목표관리 시스템이 설계되어야 한다. 목표관리의 목적과 목표설정방법 등 목표관리에 대한 조직구성원의 교육훈련도 중요하겠지만, 이와 더불어 기본적으로 사전에 갖추어져야 할 것은 목표설정에 있어서 관리자와 조직구성원 각자가 공통으로 적용할 통일된 목표구조와 지표의 설계이다. 흔히 사용되고 있는 목표분야와 측정지표는 다음을 포함한다.

수익성(투자이익률, 판매이익률 등), 효율성(생산성, 원가, 각종 경영분석비율 등), 시장성과(시장점유율, 판매량 등), 인력관리와 개발(이직률, 결근율, 사고율, 사기, 승진/전직률, 교육훈련 등), 연구개발(특허, 신제품 개발 등), 사회적 책임(사회공헌, 사회 또는 문화사업 참여도 등)

목표설정 분야와 측정지표는 조직체의 근본목적과 전략을 반영함은 물론, 목표설정과 실적평가에 있어서 보다 정확하고 객관적인 계량적 측정을 가능하게 해줌으로써 목표관리의 기본적인 틀의 역할을 해준다. 각 관리자와 구성원에게 해당되는 목표분야와 구체적인 목표수치는 업무성격과 직무내용 그리고 기타 상황적 조건에 따라 모두 다르지만, 이러한 틀을 통하여 조직체 내의 목표관리과정이 일정한 경영목적과 방침에 의하여 체계적인 통합을 이룰 수 있다.

4) 집행전략과 행동계획의 수립

사전계획의 또 하나의 중요한 부분은 목표관리의 집행전략과 구체적인 행동계획을 수립하는 것이다. 즉 목표관리를 전체 조직체에 적용하는 것을 최종목적으로 하여 단계적

이고 순서적인 확산전략과 조직행동 또는 인사관리 전문요원들의 지원활동 그리고 목표관리에 관한 교육훈련 등 성공적인 목표관리에 필요한 조직체의 단계적인 여건조성계획을 작성하는 것이다.

5) 공동목표 설정

실제 목표관리과정은 관리자와 구성원 간의 공동목표 설정으로부터 시작된다. 관리자는 조직체의 경영목적을 반영하고, 구성원은 자기 개인의 목적을 반영시켜 1개월, 3개월, 6개월, 1년 등 일정한 기간 동안 달성할 구체적인 목표를 설정한다. 이 과정에서 구성원은 조직체의 고용된 구성원으로서, 경력자로서 그리고 또 개인으로서 조직체생활을 통하여 추구하고 싶은 것을 구체적인 목표에 반영시키는 동시에, 관리자도 자신의 임무와 책임에 입각하여 부하의 업적과 욕구충족에 필요한 자원조달 관점에서 상하 상호 간에 실현 가능한 목표를 공동합의에 의하여 설정한다. 그러나 가능한 한 목표를 도전적인 수준으로 설정하여 구성원의 동기를 유발시키기 위해 노력해야 한다.

6) 목표의 종류

관리자와 구성원이 공동으로 설정하는 목표는 크게 두 가지로 분류될 수 있다. 하나는 구성원의 공식직무업적에 관련된 과업목표이고, 또 하나는 구성원이 업무수행상 필요로 하는 기술향상이나 앞으로 장기적으로 갖추어야 할 기본자질의 향상을 위한 개인개발목표이다. 과업목표는 정상업무에서 달성해야 할 일상과업목표와 특별한 문제를 해결하기 위한 문제해결목표, 그리고 새로운 방법으로 업무를 시도해 보는 창업적 목표로 세분될 수 있다.

7) 목표를 통한 개인과 조직체의 통합

목표설정이 주로 과업목표에만 치우쳐 있고, 일상목표의 비중이 클수록 조직체의 목적달성을 위하여 목표관리가 활용되고 있다고 볼 수 있다. 반면에 개인개발목표 중에서도 기본 자질개발을 많이 강조할수록 개인의 목적달성을 중요시하고 있다고 볼 수 있다. 그러나 과업목표와 개인개발목표가 구조와 우선순위에 있어서 적절한 균형을 이루는 것이 효율적인 목표관리의 중요한 측면이다.

8) 중간경과평가와 피드백

목표관리기간의 중간시점에서 그때까지의 경과와 진행상황을 피드백해 주고 앞으로의 방향을 조정해 주는 중간평가가 이루어진다. 관리자와 구성원은 원래의 목표를 재검토하고 상황변화에 따른 목표의 수정과 우선순위의 조정도 고려하는 동시에 구성원이 개선해야 할 점도 공동으로 토의하게 된다. 그리고 조직체에서의 자원지원 등의 변동상황도 고려하여 앞으로의 목표관리방향을 현실에 맞추어 다시 조정하게 된다.

9) 기말 최종평가

관리자와 구성원은 목표관리기간 동안에 설정된 목표와 실제성과를 중심으로 최종평가를 하게 된다. 최종성과는 목표관리기간 동안의 실제상황과 구성원의 개발 그리고 차기의 목표설정 관점에서 공동으로 토의되고 평가된다. 목표미달의 경우에는 평가기간 동안에 당면한 상황에 비추어 그 원인을 정확히 밝혀내어 차기목표설정에 참조한다. 구성원의 기술이나 능력상의 문제도 차기목표설정에 반영시키고 목표관리 시스템의 문제도 개선·보완해 나간다. 그리하여 관리자와 구성원의 공동평가를 통하여 앞으로의 개선방안을 마련함으로써 보다 높은 성과는 물론 구성원 개인의 계속적인 개발을 지향해 나간다.

10) 보상과 강화

목표관리의 마지막 절차는 구성원이 달성한 성과에 대하여 적절한 보상을 해주는 것이다. 성과에 대한 적절한 보상은 구성원에게 만족감을 주어 그의 직무태도에 영향을 줌으로써 앞으로의 목표설정행동과 동기부여에도 영향을 준다. 성과에 대한 적절한 보상 없이는 구성원의 동기행동이 소멸될 위험성이 있다. 이와 같이 목표관리는 개인행동의 여러 이론을 종합하여 실제 과업달성과 조직구성원 행동에 적용한 대표적인 예이다. 목표관리는 선진국 조직체에서 다양한 형태로 오랫동안 널리 적용되어 좋은 결과를 가져왔고, 우리나라에서도 앞으로 계속 확산되어 더욱 좋은 결과를 가져올 것으로 기대된다.

11) 효과적인 목표의 기본원리(The Basics of Effective Goal)

① Specific : 구체적인 목표가 효과적이다.

② Challenging : 도전적인 목표가 중요하다. 과거에 목표달성경험이 있는 경우보다 어려운 목표를 세워야 도전적이라 인식할 확률이 높다.

③ Time limits : 목표달성을 위한 시간을 정해두어야 한다. 이렇게 함으로써 추진력을 높일 수 있다.

④ Employee participation : 목표 설정 시 종사원들을 참여시키면 좀 더 어려운 목표를 설정하게 된다. 또한 좀 더 쉽게 수용하며, 종사원들에 의해 수용된 목표는 달성하기 쉽다.

⑤ Feedback : 목표가 달성되었다면 더욱 높은 수준으로 목표를 수정하는 것이 바람직하며, 목표를 달성하지 못했다면 개선할 수 있는 방법을 제시해야 한다. 종사원 스스로 진행과정을 파악할 수 있는 능력이 있다면 환류(feedback)는 덜 위협적일 수 있다.

12) 상사의 목표설정 방법(How to set goals)

① Specify the general objective or tasks to be done

  → 직무기술서(Job description)를 참고로 목표를 설정한다.

② Specify how the performance in question will be measured

  → 평가방법을 명시하고 수량화해야 한다(생산량, 시간, 수익, 매출액, 비용).

③ Specify the standard or target to be reached

  → 도달 가능한 표준이나 목표를 명시해야 한다.

④ Specify the time span involved

  → CEO(최고경영층)은 2~5년, manager는 1년, 종사원은 1개월 정도의 목표기간이

적당하다.

⑤ Priotize goals : 목표의 우선순위를 정해야 한다.

⑥ Rate goals as to their difficulty and importance

→ 난이도와 중요도를 고려하여 목표를 세운다.

⑦ Determine coordination requirements

→ 각 부서 간 갈등의 소지가 있을 경우에는 조정이 필요하다. 그렇지 못하면 부서 간 갈등을 야기하게 되며 책임포기나 노력의 중복을 야기할 수 있기 때문이다.

13) 종사원의 직무몰입(Obtaining Goal Commitment)

상사가 어떻게 해야 직무몰입이 되는가?

① Managerial support(관리적인 지원) : 종사원들이 일할 수 있는 환경을 조성해 주어야 한다. 물리적 환경뿐만 아니라 권한위임을 통한 종사원들의 동기부여가 중요한 환경조성이다.

② Use participation(참여를 이용하라) : 상사가 목표에 대한 강력한 의지가 있고 솔선수범해야 부하가 따른다.

③ Know your subordinates(부하의 능력을 알아야) : 부하들의 능력에 따른 난이도를 차별화해야 공정성 및 현실성을 높일 수 있다.

④ Use rewards(보상 이용) : 종사원들에게 성과에 대한 보상을 적용해야 한다.

인사고과

제11장

인사고과

인사고과는 관리자들에게 가장 어려운 과업이다. 왜냐하면 인사고과의 기능이 종사원들에게 잘못 실행될 경우 종사원들은 회사에 대해 반감을 갖거나 오해로 인해 동기가 소진될 수 있기 때문이다. 물론 인사고과는 사람이 하는 일이라서 그에 따른 실수를 가져올 수 있고 또한 실패하는 경우가 많다. 이러한 내용을 관리자나 부하가 모두 이해해야 하는 관리과정이다. 따라서 관리자들은 편향된 관점이 아닌 신뢰도와 타당도를 갖춘 인사고과를 실시함으로써 이러한 조직적 문제를 제거해 나가야 한다. 물론 기업의 사명이나 이념에 따라 인사고과의 내용은 달라질 수 있지만 인적자원관리의 목적인 구성원의 만족에 초점을 맞추어 고과의 내용을 보다 성실하게 수행함으로써 종사원에게 동기부여해 나가야 할 것이다.

제1절 ● 인사고과의 기능 및 문제점

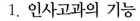

1. 인사고과의 기능

1) 성과에 대한 피드백

인사고과는 종사원들이 수행한 과업의 성과에 대한 피드백(feedback)의 개념이다. 피

그림 11-1_인사고과 사례

드백이란 일종의 인간에 대한 인정(認定 : recognition)의 개념이다. 즉 자극받고자 하는 인간의 기본적인 욕구에 대한 확인이며 이를 통해 인간은 성장한다고 한다. 예를 들어 필요한 피드백을 받지 못한 인간은 불평행동을 함으로써 이를 해소해 나간다고 한다. 따라서 이는 종사원들의 성과에 대해 반드시 적용해야 할 기능이다. 또한 이러한 피드백의 개념과 더불어 인사고과과정에서는 종사원들이 자연스럽게 그들의 의견이나 감정을 고백할 수 있는 분위기가 중요하며, 또한 종사원들 스스로도 올바른 의견을 제시할 수 있어야 한다. 물론 성과에 대한 피드백은 주관적인 자료보다는 측정가능한 객관적인 자료가 매우 효과적이다.

2) 종사원 훈련 및 개발

인사고과는 종사원들에 대한 교육훈련의 필요성을 일깨워줄 수 있다. 이는 성과평가를 통해 종사원들의 수준을 파악하고 보다 발전적인 방향으로 교육훈련의 목표를 세워 지속적인 교육을 통해 성과를 향상시킬 수 있다는 것이다. 예를 들어 신입 웨이터를 평가한 경우 그가 필요로 하는 서브기술이 와인서브로 나타났다면 와인교육의 필요성을 발견한 것이다. 또한 슈퍼바이저에서 매니저로 진급할 경우 관리자교육의 필요성이 대두될 것이다. 한편 인사고과를 통해 경력개발의 측면에서 향후 필요로 하는 단계를 설정할 수 있고 그에 따른 교육훈련을 설정할 수 있다. 이는 종사원들의 향후 경력에 도움이 되는 방향을 설정해 나가야 할 것이며, 이 또한 종사원들의 만족에 기여할 수 있을 것이다. 미국의 한 조사에 의하면 관리자로서 필요로 하는 것이 연봉의 상승이 아니고 교육지원이었다는 것은 인력개발의 중요성을 나타낸다고 볼 수 있다.

3) 보상 및 상벌 결정

인사고과를 통해 성과가 향상된 종사원들에 대해서는 보상을 통해 그 동기를 부여해야 할 것이며 오히려 성과가 낮은 종사원들에 대해서는 징계를 통해 성과향상을 독려해야 한다. 따라서 인사고과는 이러한 의사결정의 한 도구이다. 즉 인사고과는 보상, 승진, 전배, 불만, 징계 등에 대한 근거가 된다. 보너스는 성과 향상이 눈에 띄게 높은 직원들을 대상으로 지급하게 되며, 성과가 높으나 전배(transfer)를 가정하기 힘들 경우 승진을 통해 전배를 실시함으로써 매우 효과적이고 조직적인 안배가 가능할 것이다. 성과가 기업에서 원하는 바에 미치지 못할 경우에는 징계를 통해 강등이나 전배조치를 취하게 되는데 이때 인사고과자료가 좋은 자료가 된다. 이는 법적인 문제를 사전에 방지할 수 있는 자료가 될 것이다. 또한 이러한 모든 성과에 대한 자료는 종사원DB(database)를 산출하게 되며 향후 관리자료로 활용할 수 있다.

4) 정책에 대한 평가

인사고과를 통해 교육훈련 전과 후의 변화내용을 체크할 수 있다. 따라서 교육훈련의 효과성에 대한 평가가 이루어질 수 있다. 또한 고과자와 피고과자는 비밀이 보장된다는 가정하에 상담이 이루어지므로 관리자들은 현재 기업에서 실시하는 정책이나 프로그램 등에 대한 종사원들의 의견을 통해 잘못된 점을 파악할 수 있으며 평가할 수 있는 기회가 된다.

5) 모집 · 선발의 타당성 평가

모집과 선발의 예측타당성(predictive validity)은 선발된 종사원들이 과업을 훌륭하게 수행했는가에 따라 달라질 수 있다. 따라서 인사고과를 통해 선발된 직원들의 과업수행 여부를 평가할 경우 이러한 타당성이 입증될 수 있다. 즉 성과가 높을 것이라고 가정된 직원의 인사고과가 낮을 경우 모집 및 선발에 문제가 있다고 볼 수 있을 것이다.

2. 인사고과의 문제점

인사고과는 매우 주관적일 수 있으며 다양한 요인의 영향을 받는다. 최근의 자료에 의하면 성별에 따라 차이가 난다고 하는데 남성들은 고과자들의 평가에 비해 자신의 성과 평가가 낮다고 지각하는 반면, 여성들은 남성에 비해 스스로가 낮게 지각하고 있다고 한

다. 이와 같이 인사고과에서 발생할 수 있는 실수들은 타당성 및 신뢰성, 편견 등에 따라 달라질 수 있으므로 관리자들은 이러한 오류를 범해서는 안 될 것이다.

1) 타당성 및 신뢰성의 문제

가. 구성타당성(construct validity)

구성타당성이란 인사고과를 실시할 경우 해당 부서에 맞는 내용으로 인사고과를 실시해야 한다는 것이다. 가령 관리부, 경리부서의 인사고과를 한다면 회계지식으로 구성된 부분이 대부분이어야 하나 프런트 서비스의 내용으로 평가한다면 이는 잘못된 구성타당성이라고 할 수 있다.

나. 내용타당성(content validity)

내용타당성이란 인사고과를 실행할 경우 일부분이 아닌 전체적인 부분들을 참고해야 한다는 것이다. 예를 들면 프런트 종사원에 대한 인사고과에서 체크인의 속도만을 보고 인사고과를 해서는 안 되며 기타의 서비스부분도 참고해야만 한다는 것이다. 즉 인사고과의 내용이 타당해야 한다는 것이다.

다. 내적 신뢰성(inter-rater reliability)

내적 신뢰성이란 고과자에 따라 피고과자의 인사고과 내용이 비슷하다면 내적 신뢰성이 있지만 전혀 다르다면 내적 신뢰성이 떨어지게 된다. 따라서 내적 신뢰성을 높일 수 있도록 하기 위해서는 고과자에게 고과와 관련된 교육훈련을 통하여 범할 수 있는 오류를 가급적 줄이고 고과시스템에서 나타날 수 있는 오류도 가급적 줄여나가야 한다.

라. 일관성(consistency)

생산성에 의해 식음료부서 직원을 평가한다면 특정 월의 생산성만을 평가해서는 안 되며 1년 단위로 평가해서 평가내용이 치우치게 해선 안 된다는 것이다. 즉 평가의 내용은 항상 누구를 평가하더라도 일관되게 유지되어야 한다는 것이다.

2) 편견

가. 관대화 오류(leniency errors)

관대화 오류란 고과자가 피고과자를 너무 관대하게 평가하는 오류이다. 예를 들어 5점 척도로 평가할 경우(1 : 매우 부족, 3 : 보통, 5 : 매우 훌륭함) 대부분의 척도에서 5점으로 평가하는 것이다. 이러한 오류는 각 평가항목에 대해 정확한 평가가 이루어지지 못하게 하는 원인이 된다.

나. 엄격성 오류(severity errors)

엄격성 오류란 고과자가 피고과자를 너무 혹독하게 평가하는 오류이다. 관대화 오류와는 반대로 5점 척도에서 대부분 1점이나 2점으로 처리하는 경우이다. 이러한 오류 역시 피고과자를 정확하게 판단하지 못하게 하는 원인이 된다.

다. 중심화 오류(central tendency errors)

중심화 오류란 대부분의 점수를 보통에 해당되는 3점(5점 척도 중)에 체크함으로써 종사원들 성과에 대한 정확한 판단을 할 수 없게 하는 오류이다. 이러한 경향은 많은 종사원들에 대한 인사고과를 실시할 경우 발생하기 쉬운 오류이므로 관리자들의 인사고과에 대한 교육훈련의 필요성이 요구된다.

라. 최근 결과에 대한 편중성(recency errors)

종사원들에 대한 인사고과는 종사원들의 근무기간(인사고과를 실시하고 난 이후부터 현재까지) 전체를 고려해야 하나, 최근에 일어난 결과에만 집착하여 인사고과를 실시하는 경우이다. 따라서 이러한 오류도 전체를 보지 못해 나타날 수 있는 오류이므로 관리자들의 주의가 요구된다.

마. 과거에 대한 편중성(past anchoring errors)

종사원들에 대한 인사고과 시 최근 결과뿐만 아니라 과거에 일어났던 성과결과에만 집착하여 인사고과를 실시하는 경우이다. 가령 과거 고객에게 complaint을 유도하여 커다

란 실수를 저지른 종사원이 있을 경우 그의 현재의 성과는 고려하지 않고 과거의 사건에 만 집착하여 인사고과를 실시한다면 커다란 오류가 될 것이다.

바. 후광효과(halo error)

후광효과란 하나의 긍정적 측면의 행동, 태도, 성과에만 집착하여 인사고과를 실시하는 경우이다. 외모가 준수하다고 점수를 잘 주는 경우에 해당된다. 또는 글씨체가 좋은 경우도 이에 해당된다. 이러한 후광효과 역시 종사원들의 정확한 인사고과에는 맞지 않는 결과를 초래할 수 있다.

3) 기타 오류

기타의 오류로서 다음과 같은 경우가 해당된다.

① 매력적인 남성 혹은 여사원의 경우(특히 여사원의 경우) 일반적으로 높은 점수를 주는 경향이 있다.

② 성과보다는 인간성(personalities)으로 평가하는 경우이다.

③ 종사원들의 배경에 초점을 맞추어 평가하는 경우이다. 가령 종사원이 좋은 집안 환경이나 좋은 학력을 갖고 있을 경우 더 좋게 평가하는 것을 말한다.

④ 종사원의 나쁜 면 하나를 보고 전체를 나쁘게 평가하는 경우이다(devil's horns error). 즉 종사원의 나쁜 버릇이나 행동 하나를 보고 전체를 나쁘게 평가하는 경우이다. 예를 들어 종사원이 술버릇이 좋지 않다고 하여 전체의 성과를 나쁘게 평가하는 경우가 이에 해당된다.

⑤ 관리자들은 보통 종사원들의 성과를 면밀하게 관찰하지 않고 평가하는 경향이 있다.

⑥ 관리자들은 성과기준에 근거하지 않고 종사원 서로를 비교하여 평가하는 경향 (contrast effect)이 있다.

⑦ 관리자들이 너무 많은 수의 종사원을 평가함으로써 일어날 수 있는 오류이다. 이는 호텔의 경우 식음료부서나 객실부서와 같이 종사원이 많을 경우 자주 일어난다.

⑧ 종사원들의 업무가 복잡해질수록 여러 명의 고과자에 의해 평가받는 경우가 발생할 수 있는데 이때 고과자마다 의견이 다를 수 있어 평가의 오류가 발생할 수 있다.

⑨ 환대산업에서도 기술적인 진보로 인해 고과자와 피고과자 간의 교류가 줄어들며 커뮤니케이션의 단절로 인해 오류가 발생할 수 있다.

⑩ 경력이동(career mobility)에 따라 고과자와 피고과자들은 서로 간에 교류할 시간이 없는 상태에서 고과가 이루어져 진정한 고과가 이루어질 수 없는 경우가 해당된다.

제2절 ● 인사고과 시스템 및 방법

1. 인사고과 시스템

1) 종사원의 성향에 대한 평가

종사원의 성향에 대한 평가란 종사원들의 개인적인 특성에 따라 인사고과를 하는 방법이다. 이는 종사원의 충성도, 커뮤니케이션 스킬, 상사에 대한 태도, 팀원으로서의 능력, 의사결정능력 등에 따라 평가한다. 이러한 평가는 종사원들의 직무성과보다는 성향에 초점을 맞추므로 고과의 형평에 맞지 않을 수 있다.

2) 종사원의 행동에 대한 평가

종사원들의 행동에 근거한 평가는 종사원들의 고객에 대한 친절성, 고객만족을 유도하는 정도 등에 따라 성과를 평가하는 경우이다. 이러한 행동에 의한 평가는 특히 환대산업에서 매우 중요한 평가이다. 왜냐하면 개인의 성향보다는 실질적인 고객만족이 더 중요하기 때문이다. 그러나 행동에 대한 평가에서 회사에서 정한 규정보다 고객에게 더 많은 봉사를 함으로써 고객만족은 성취하고 있지만 회사의 규정과는 어긋나는 행동을 취하는 종사원이 있을 수 있으므로 주의를 요한다.

3) 성과결과에 대한 평가

직무성과에 대한 평가란 개인적인 성향이나 행동보다는 오로지 직무에서 달성한 성과

만을 갖고 평가하는 경우이다. 예를 들어 프런트 종사원들을 평가할 경우 얼마나 많은 수의 고객들을 체크인, 체크아웃시켰는가로 평가한다면 그의 행동이나 성향은 파악할 수 없을 것이다. 즉 많은 수의 고객을 체크인시켰지만 과다한 업무로 인해 그의 행동은 고객들에게 좋은 인상을 주지 못했을 경우도 있을 것이다. 식음료부서의 경우도 마찬가지의 결과를 나타낼 수 있다. 그러나 조리부서의 평가는 개인성향이나 행동보다는 고객들의 입맛에 맞게 만족을 유도했는가, 원가절감을 시도했는가 등 결과에 의한 평가가 적합할 수 있다.

따라서 인사고과시스템에서 결과에 의한 평가만을 고집한다면 개인적 성향이나 행동은 무시될 수 있으므로 3가지를 모두 고려하여 평가하는 것이 바람직하다 할 것이다.

2. 인사고과 방법

1) 순위방법(ranking methods)

가. 단순순위법(simple ranking method)

단순순위법은 모든 종사원들의 순위를 매김으로써 인사고과를 실시하는 방법이다. 그러나 단순한 순위에 의해 종사원을 평가할 경우 어떠한 기준에 의해 평가할 것인가가 문제이다. 즉 책임감에 대해서 평가할 경우 다른 여타의 요인은 평가하기 곤란하다는 단점이 있다.

나. 교대서열법(alternative ranking method)

교대서열법은 단순순위법과 유사하다. 즉 가장 우수한 종사원을 선발하고 이어 가장 열등한 종사원을 선발한 후 나머지 종사원들 중에서 같은 방법으로 인사고과를 하는 방법이다.

다. 쌍대비교법(paired comparison method)

쌍대비교법은 모든 종사원들을 두 사람씩 쌍을 지어 비교한 후 우수한 점수가 많은 종사원을 순위대로 하여 인사고과하는 방법이다.

2) 강제분포법(forced distribution method)

강제분포법은 〈그림 11-2〉와 같이 전체 사원을 상위 5%, 하위 5%, 중간 50% 등과 같이 비율을 설정하여 인사고과를 실시하는 경우이다. 강제분포법은 대부분의 기업에서 활용되고 있으며 특히 하위 5%에 들어가면 경고나 퇴직을 권유하는 경우가 많다. 강제분포법을 이용하여 구조조정에 성공한 기업은 1980년대 Jack Welch의 GE(general electric)이다.

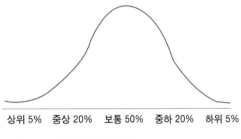

상위 5%   중상 20%   보통 50%   중하 20%   하위 5%

그림 11-2_강제분포법(사례)

3) 그래픽 평정척도법(graphic rating scale method)

그래픽 평정척도법은 종사원들을 평가할 경우 최소 10개에서 15개 정도의 고과요인을 설정하고 각 요인에 대해 1~5점 척도를 평가하여 인사고과하는 방법이다. 주로 사용되는 고과요인은 직무특성, 직무성과 품질, 직무의 양, 신뢰성, 출근상황, 인간관계, 직무지식, 집중도 등이다. 그래픽 평정척도법의 단점은 고과자들이 각 인사고과 요인에 대해 정확한 인식이 없기 때문에 관대화 오류, 엄격성 오류, 후광효과 등이 나타날 수 있다는 것이다. 또한 각 고과요인의 중요도에 따른 반영비율을 조정할 수 없다는 것이다.

표 11-1_그래픽 평정척도법의 사례

고과요인	매우 미흡	미흡	보통	우수	매우 우수
직무성과					
행동성과					
출결사항					
대인관계					
직무지식					
집중도					
신뢰성					
.					
.					
.					

따라서 그래픽 평정척도법을 이용할 경우 각 고과요인에 대한 반영비율을 사전에 조정할 필요가 있다. 〈표 11-1〉은 그래픽 평정척도법의 사례이다.

4) 행동기준법(behaviorally anchored rating scales method)

행동기준법은 특정 사건에 기초하여 종사원들의 행동을 묘사하고 각 단계별로 점수화 하여 고과하는 방법이다. 이것은 종사원과 관리자들이 고과를 함께 작성함으로써 종사원들로 하여금 고과결과에 대해 인정받을 수 있는 방법이다. 그러나 각 고과요소에 대해 이러한 고과방법을 개발하는 데는 시간과 비용이 많이 든다는 단점이 있다. 〈표 11-2〉는 식음료부서 웨이터에 대한 행동기준법의 사례이다.

표 11-2_행동기준법 사례(호텔 식음료부서 웨이터)

점수	고과요소
피평가자 : 웨이터 고과요소 : 식음료 서비스 지식	
5	숙달된 서브, 고객안내, 환송, 주문 및 고객만족은 물론 업장관리에 능숙함
4	숙달된 서브, 고객안내, 환송, 주문 및 고객만족에 주의하고 있음
3	기초적인 서브, 고객안내, 환송, 주문에 문제 없음
2	기초적인 서브 및 고객안내 및 환송에 대해 인식하고 있음
1	기초적인 서브에 대해 인식하고 있음

5) 행동관찰법(bahavioral observation scales)

행동관찰법은 행동기준법의 단점을 보완하기 위해 개발된 기법이다. 즉 특정 사건에 대해 고과할 경우 종사원들의 지속적인 노력이나 행동은 관찰할 수 없는 단점을 보완하였다. 종사원들은 때때로 행동기준에 따라 행동하지만 지속적으로 행동하는가에 대한 고과를 하고자 할 경우에 이 방법이 유용하다. 〈표 11-3〉은 행동관찰법의 사례이다.

표 11-3_행동관찰법 사례

고과요소	전혀 없음	없음	보통	있음	항상 있음
친절성					
협동심					
판매력					
인내심					

6) 중요사건법(critical incidents)

중요사건법은 종사원들의 특별한 행동에 근거하여 관리자들이 고과를 하는 것이다. 이러한 중요사건법으로 고과를 할 경우 종사원들의 바람직한 서비스와 관련하여 성과에 도움이 되는 행동들을 찾아낼 수 있는 장점이 있으나 이러한 중요사건들을 관리자는 지속적으로 관리해 나가야 하는 단점이 있다. 또한 종사원들의 행동을 공정하게 평가하는 것도 쉽지는 않다.

7) 목표에 의한 관리(management by objectives)

다른 고과들과 달리 목표에 의한 관리에서는 종사원과 관리자가 공동의 목표를 함께 설정하고 그 목표의 달성여부에 따라 인사고과를 실시하는 형태이다. 따라서 관리자와 종사원들은 목표달성을 위한 action plan을 함께 세우게 되며 관리자들은 평가기간에 목표달성을 위해 도움을 줄 수 있다. 평가할 때 종사원들과 관리자들은 성과달성의 정도에 대해 토론하며 결과를 받아들이게 된다.

표 11-4_목표관리 고과표 사례

| 부서명 : |
| 지배인 : |
| 평가기간 : |
| 고과자 : |

성과목표	측정지표	결과
시장점유율	30%	25% -5%
매출액(단위 : 천 원)	105억	100억 -5억
객실점유율(%)	65%	61% -4%
종사원만족도	만족도 4점(5점 척도)	만족도 4.5점(+0.5)
고객불평건수	20건 이하	18건

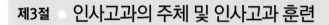

제3절 • 인사고과의 주체 및 인사고과 훈련

인사고과를 누가 실시하는가에 따라 인사고과의 신뢰성 및 타당성에 영향을 미칠 수 있다. 즉 슈퍼바이저가 인사고과할 경우는 종사원들과 친밀하므로 문제가 없으나 슈퍼바이저의 상사인 지배인이 종사원들을 평가할 경우 심각한 오류가 발생할 수 있다. 이러한 오류는 인사고과훈련을 통해 방지해 나갈 수 있다.

1. 인사고과의 주체

1) 동료평가

종사원들의 바로 윗상사가 일반적으로 종사원을 평가하지만 사실 업무를 실시할 때 같이 일하는 경우는 드물기 때문에 정확하게 종사원들을 평가하는 것은 불가하다. 이런 문제들은 평상시 팀워크에 의해 같이 일하는 동료에 의한 평가가 정확할 수 있다. 특히 동료평가의 경우 관리자들을 평가할 때 매우 유용할 수 있다.

2) 관리자에 대한 종사원평가

종사원들이 관리자들을 평가하는 경우이다. 이는 부하가 상사를 평가하는 경우로서 180도 다른 차원의 평가이다. 사실 관리자 또는 지배인에 대한 평가는 종사원들이 그들의 리더십이나 업무처리 능력에 대해 보다 더 확실하게 알고 있으므로 가능하지만 이러한 평가는 관리자와 종사원, 그리고 조직의 차원에서 확실한 신뢰가 형성되어 있을 경우 가능하다. 최근 Four Season's Hotel의 경우 총지배인의 평가는 종사원만족도, 고객만족도, 매출 등에 의해 결정된다고 한다(정규엽, 2015). 그러나 만약 양적인 평가가 아니라면 관리자들은 누가 자신을 평가했는지 알 수 있으며 이러한 평가방식은 향후 문제가 발생할 수 있는 소지가 있다.

3) 자기평가

본인 스스로 자신을 평가하는 경우이다. 이러한 평가는 교육훈련과 관련하여 스스로 평가할 경우 여타 평가방식보다 커다란 편향을 가져올 수 있으므로 유용하다. 즉 본인 스스로는 자신의 결점에 대해 많이 알고 있으므로 생산적일 경우가 많다. 그러나 본인 스스로 평가할 경우 타인보다는 자신을 더욱 높게 평가하는 경향이 있으므로 이러한 평가방식은 편차를 고려해야만 할 것이다.

4) 고객평가

고객평가는 환대산업에서 매우 유용할 수 있다. 왜냐하면 고객만족이 곧 환대산업의 목표이기 때문이다. 그러나 고객평가의 결과를 얻기란 쉽지 않다. 고객들은 매우 만족하거나 매우 불만족할 경우를 제외하고는 거의 고객평가지를 사용하지 않기 때문이다. 하지만 이러한 고객평가가 다른 평가방법들과 같이 사용된다면 효과적인 고과결과를 기대할 수 있다(Four Season's의 총지배인 평가).

5) 다차원평가

다차원평가를 통해 인사고과는 보다 정확하고 공정한 결과를 얻을 수 있다. 이러한 다차원평가에 의한 고과에는 360도 평가가 있다. 360도 평가는 상사, 동료, 부하, 자기평가 등을 포함한다. 따라서 단일차원의 평가보다는 타당성 및 신뢰성을 높일 수 있는 장점이 있다. 최근 자율적 팀제도(self-managed team)의 시행으로 이러한 360도 평가는 매우 고무적인 인사고과방법으로 대두되고 있다. 그러나 한편으로는 단점도 배제할 수 없다. 이는 동료평가 시 매우 관대화되는 경향이 있다는 것이다. 또한 의견의 차이가 발생할 수 있으며, 시간과 비용의 문제, 관리상의 복잡성, 관리자와 종사원들에게 시스템의 이해를 위한 교육비용의 증가 등이 있다.

이러한 다차원평가를 위해 반드시 고려해야 할 요인들은 다음과 같다.

첫째, 고과자의 직급은 공개되더라도 인사고과의 결과에 대한 피드백은 반드시 비공개적으로 유지되어야 한다.

둘째, 고과자와 피고과자 간의 경력을 고려하여 평가해야 한다.

셋째, 고과자료들은 정확을 기하기 위해 전문가들이 해석해야 한다.

넷째, 고과 후의 사후관리가 철저해야 한다.

다섯째, 고과자료들은 양적 자료와 질적 자료가 동반되어야 한다.

여섯째, 360도 평가는 전체 사원을 대상으로 하는 것보다는 부서를 나누어 효율적으로 시행해야 한다.

이상의 인사고과 주체에 관련된 사항에서 관리자들은 매우 중요한 위치를 차지하고 있다. 즉 관리자들은 이러한 인사고과를 주관하고 관리해 나가야 하기 때문이다. 인사고과의 개선을 위한 7가지 중요 시사점은 다음과 같다.

① 인사고과시스템을 설계할 경우 관리자들이 종사원들의 의견을 반영한다면 종사원들의 만족을 유도할 수 있다.

② 인사고과의 목적을 분명하게 세워야 한다. 이는 종사원들이 어떠한 성과에 초점을 맞추어 행동해야 하는지를 지시해 주게 되므로 성과향상을 위해 필요한 부분이다.

③ 인사고과를 시행할 때 관찰가능하고 객관적인 자료에 의한 성과에 초점을 맞추어야 한다. 개인적인 문제와 관련될 경우 문제 발생의 소지가 있다.

④ 개인적인 피드백은 피해야 한다. 공식적인 인사고과는 개인적인 일과 관련된 사안이 아님을 명심해야 한다.

⑤ 먼저 듣고 나중에 얘기해야 한다. 즉 종사원들의 성과평가 결과에 대한 견해를 이해하고 이에 대한 피드백을 하는 순서로 진행해야 한다.

⑥ 보다 건설적인 인사고과를 위해 잘한 부분에 대해 먼저 평가하고 나중에 부정적인 결과에 대해 평가해야 한다.

⑦ 종사원들 스스로 자신의 고과에 대해 평가할 기회를 주고 난 후 고과자의 의견을 제시해야 한다.

2. 인사고과 훈련

관리자들이 타당성과 신뢰성을 갖고 인사고과를 시행하도록 하기 위해서는 다음과 같은 고과에 대한 훈련이 필요하다.

1) 인사고과 훈련

① 효과적인 고과자가 되기 위해서는 고과 시 발생되는 오류에 대해 정통해야 한다. 특히 관리자들은 인사고과를 위해 최근 사건에 편중하지 않도록 지속적으로 기록하는 습관 및 방법에 대해 배워야 한다.

② 고과자들은 종사원들의 성과에 대해 관찰함으로써 어떤 부분들이 바람직한 부분들인가를 배워야 한다. 이를 위해서는 중요사건법에서 나타난 종사원들의 바람직한 행동이나 비디오를 통한 효과적인 행동에 대해 배워서 판단의 기준을 세워야 한다.

③ 고과자들은 선배 관리자들이나 고과자들 간의 교육기회를 통해 회사의 인사고과방침에 대해 배우고 토론함으로써 회사의 정책에 대해 이해하며, 인터뷰스킬에 대한 이해를 통해 인사고과에 대한 이해를 높일 수 있다.

④ 인터뷰는 문제해결에 초점을 맞추어야 하며 이를 통해 종사원들의 참여를 기대할 수 있다. 따라서 고과자들은 적극적 경청법과 같은 기술을 통해 피고자들을 이해하며 또한 상호 이해가능한 인사고과를 실시할 수 있다.

⑤ 고과자들은 고과내용에 대해 먼저 평가하고 피고과자들이 개선할 점에 대해 말함으로써 인터뷰를 주관하거나 피고과자들의 의견을 들어봄으로써 문제해결과 더불어 인사고과를 주관해 나가야 한다.

⑥ 역할연기를 통해 현재의 고과자들로부터 배운 인터뷰스킬 및 인사고과의 전반적인 내용에 대해 체험할 기회를 제공해야 한다. 이를 통해 인사고과를 담당할 슈퍼바이저나 경험이 없는 관리자들은 인사고과에 대해 전반적인 이해를 할 수 있다.

⑦ 칭찬과 질책에 대한 이해를 통해 지속적으로 종사원들에게 인사고과의 내용을 전달할 수 있도록 해야 한다. 일반적으로 칭찬 6번에 꾸지람 4번이 적절하다고 한다.

2) 기타 훈련

인사고과 훈련에서 또한 고려해야 하는 훈련으로는 글로벌화에 의한 문화의 차이에서 발생되는 문제이다. 이를 해결하기 위해 동서양의 문화 등에 대한 이해가 필요하다. 서양 문화에서 개인에 대한 성과평가는 받아들여지는 문화이지만, 동양이나 산업화가 시작되는 국가에서는 화합, 인간관계, 조직적 통합을 중요시하는 문화이다. 가령 중국에서는 권위와 연령에 대한 가치를 고려하므로 부하가 상사를 평가하는 것을 이해하지 못할 수 있다. 또한 인도에서는 인사고과에서 운명론에 따른 합리화가 받아들여지는 문화이다.

따라서 글로벌기업에서는 이러한 문화적 차이를 고려한 인사고과를 실행해야 할 것이다. 이를 위해 문화 이해를 위한 교육이 필요함을 알 수 있다.

한편 사외근무에 따른 인사고과의 어려움이 발생할 수 있다. 즉 관리자와 종사원이 사외근무로 인해 자주 접하지 못한 상태에서 인사고과를 실행하는 경우이다. 호텔의 경우 컨벤션 근무자, 단체 모객을 위해 지사로 파견된 영업사원, 관리부서 직원들이 이에 해당된다. 따라서 이러한 사외근무자들을 위한 인사고과는 다음과 같은 지침이 필요할 것이다.

첫째, 확실한 목표를 세울 것 둘째, 성과에 따라 평가할 것 셋째, 모니터링을 실시하고 주기적인 면대면 미팅을 통해 결과책임에 대한 프로세스를 확립해 둘 것 넷째, 전체 과정에 대한 신뢰관계를 확립할 것 등이다.

3. 인사고과의 빈도 및 핵심포인트

1) 인사고과의 빈도

인사고과는 일반적으로 1년의 마지막에 해당되는 12월에 실시되는 경우가 많다. 또한 기업별로 분기별, 반기별, 연 1회 등으로 다양하다. 그러나 환대산업과 같이 이직률이 높고 자주기능적 직무가 변하는 기업에서는 가급적 종사원들의 업무나 프로젝트가 끝나는 시점을 이용하여 평가하는 것이 바람직하다. 혹은 종사원들에게 교육훈련을 실시한 직후 그 효과를 반영하여 인사고과를 실시하는 것은 종사원들의 진로 및 경력계획에 많은 도움이 된다. 특히 피드백의 차원에서 인사고과가 실시된다면 가급적 종사원들의 성과에 대한 평가가 자주 이루어져야 할 것이다.

338

2) 인사고과의 핵심포인트

인사고과를 통해 관리자 및 종사원들의 욕구가 만족된다면 이는 성공적인 인사고과가 될 것이다. 이러한 성공적인 인사고과시스템을 만들기 위한 핵심포인트는 다음과 같다.

첫째, 인사고과의 기능을 확인하라. 즉 인사고과를 통해 재강화, 성과향상, 동기부여, 경력발전, 목표설정, 선발의 타당성 확립 등에 대한 기능을 확인해야 한다.

둘째, 문제가 발생하지 않도록 확실한 성과기준을 확립해야 한다.

셋째, 인사고과시스템이 종사원의 특성인지, 행동인지, 결과인지를 결정하라.

넷째, 상황에 따라 가장 적합한 인사고과 방법을 결정하라.

다섯째, 인사고과의 주체 및 교육훈련담당자를 결정하라.

여섯째, 인사고과의 빈도를 결정하라.

일곱째, 법적 문제가 없는지 확인하라.

여덟째, 주기적으로 인사고과의 기능이 의도한 목적에 부합하는지를 확인하라.

제 **12** 장

보상관리

제12장

보상관리

일반적으로 보상이라고 하면 봉급이나 월급을 생각하게 된다. 구성원들에 대한 보상은 경제적 보상과 비경제적 보상으로 구분할 수 있다. 경제적 보상은 직접보상으로 임금을 통칭하며 간접보상은 복리후생프로그램 등으로 대변할 수 있다. 비경제적 보상은 직장의 안정이나 경력상의 보상과 사회·심리적 보상으로 구분할 수 있다.

제1절 ● 보상계획에 영향을 미치는 요인

1. 생계비

보상은 일반적으로 종사원들의 생계에 도움이 되는 것으로 식비, 의료비, 집세 등에 필요한 최소한의 경비가 보장되어야 한다. 따라서 소비자물가는 보상을 결정할 때 고려해야 하는 지표이다. 최근 경기의 불황으로 기업체에서 임금을 동결하는 경향이 나타나고 있는데 이는 종사원들의 사기에 매우 부정적인 영향을 미치고 있다.

2. 노동시장

노동시장의 상황에 따라 보상수준은 달라질 수 있다. 즉 실업률이 높을 경우 보상수준은 자연히 낮아질 수 있다. 하지만 노동의 공급 측면에서 매우 부족할 경우, 적절한 인재를 찾을 수 없는 경우, 보상수준은 올라갈 수 있다. 또한 지역의 경제상황이 호황일 경우와 불황일 경우 보상수준은 달라질 수 있다. 한편 기업의 내부수익률에 따라서도 보상수준은 달라질 수 있다.

3. 노조의 영향

노조가 조직된 기업체의 경우 그렇지 않은 경우에 비해 보상수준은 증가한다. 우리나라의 경우 현대자동차의 노조는 그 영향력이 매우 강력하여 매년 보상수준을 높이려는 단체교섭을 진행하고 있다.

4. 정부정책

정부의 최저임금제 등 법적인 내용도 보상수준을 결정하는 데 영향을 미친다. 뿐만 아니라 정부에서 제시하는 관련 법규의 변경 등은 기업의 보상수준을 결정하는 데 많은 영향을 미친다. 최근 노사정 합의가 이루지지 못한 면은 기업 측에 어려움을 가중시키고 있다. 이렇듯 정부의 정책에 따라 보상수준 및 보상의 내용이 변화될 수 있다.

제2절 ● 종사원의 동기부여

보상을 통해 종사원을 동기부여하기 위해서는 종사원들의 욕구동기에 관련된 이론을 참고하여 이를 적용한 동기부여를 할 필요가 있다. 동기이론에서 내용이론과 과정이론을 중심으로 각각의 시사점을 도출해 본다.

1. 내용이론

1) Maslow의 욕구단계론

Maslow는 개인의 공통된 욕구와 욕구의 단계적 구조를 이론화하였는데 개인의 행동은 욕구를 충족하는 과정에서 형성되었다고 전제하고 있다. 개인의 기본욕구는 다음과 같다.

① 생리적 욕구 : 생리적 균형유지를 위해 요구되는 의, 식, 주와 관련된 욕구. 가장 기초적 욕구(예 : 경제적 보상)

② 안전욕구 : 육체적 안전과 심리적 안정에 대한 욕구(예 : 신체적 보호, 직업안정, 생계보장)

③ 애정욕구 : 대인관계에서 나타나는 욕구. 교제, 소속의 욕구(예 : 동기모임, 동창회 등 집단소속 갈망)

④ 존경욕구 : 타인으로부터 존경받고자 하는 심리적 상태(예 : 개인의 신분이나 지위에 대한 관심, 좋은 차, 좋은 옷 등)

⑤ 자아실현욕구 : 능력을 최대로 발휘하고자 하는 욕망(예 : 보람있는 직무, 능력개발, 성취적 행동에 대한 관심, 박사학위 취득 등)

표 12-1_Maslow의 욕구단계론

욕구단계	주요 요인	주직 관련 요인	충족 정도
자아실현	자율성, 성장, 성취감	창의적 업무, 보람있는 업무, 자율적 직무, 성취감, 경력 발전	욕구결핍
존경	인정, 존경, 자존감	직위, 상사 · 동료로부터 인정 · 존경	
소속/예정	소속감, 친밀감, 친분	인간관계, 집단응집성, 소속감	
안전	안전, 안정	산업안전, 고용보장, 후생복지	욕구충족
생리	의 · 식 · 주, 수면, 성	급여, 근무시간, 휴식시간	

욕구의 계층적 구조를 밝힌 욕구단계론은 욕구충족상의 중요성을 제시하였다. 즉 하위 차원의 욕구충족 후 상향화된다는 것이다. 또한 인간은 동시에 여러 가지의 욕구를 추구한다고 한다(생리적 욕구 85%, 안전욕구 70%, 사회적 욕구 50%, 존경욕구 40%, 자아실현욕구 10% 정도 충족된 상태). 한편 조직구성원의 욕구충족은 고차원적 수준으로 갈수록

충족이 제한되며, 욕구의 효력 면에서 동기로 작용하는 욕구는 충족되지 않은 욕구이며, 충족된 욕구는 동기를 작동시키는 효력을 잃게 된다.

욕구단계론의 한계는 욕구가 반드시 계층적 구조를 갖는 것이 아니라 여러 수준의 욕구가 동시에 존재할 수 있으며, 하위욕구가 충족되지 않더라도 상위욕구를 충족하는 경우가 있다는 것이다. 그럼에도 불구하고 Maslow의 욕구단계론은 개인의 기본적인 욕구를 체계적으로 정리하였다는 점에서 의의가 있다.

따라서 관리자들은 종사원들의 욕구가 저차원적인 욕구만 있는 것은 아니고 매우 다양하다는 점을 명심해야 할 것이다(〈표 12-1〉 참조).

2) Alderfer의 ERG이론

Alderfer의 ERG이론은 기본욕구를 존재욕구(경제적 보상과 안전한 작업조건 추구), 관계욕구(개인 간의 사교, 소속감, 자존심 추구), 성장욕구(개인의 능력개발, 창의성, 성취감 추구)로 보고 있다. 동기는 욕구결핍에 의해 발생하며, 동기에 의해 행동이 작동된다고 하는데, 하위욕구 충족 시 상위욕구 자극이 강하게 나타나고, 상위욕구 미충족 시 하위욕구 강도가 더욱 커진다는 것이다. 즉 성장의 욕구가 좌절되면 관계의 욕구를 중요하게 여긴다는 것이다. 욕구단계론과의 차이점은 5단계의 욕구이론을 3단계의 욕구로 조정하였으며, 하위욕구의 진행 및 퇴행을 주장하였다는 점이다.

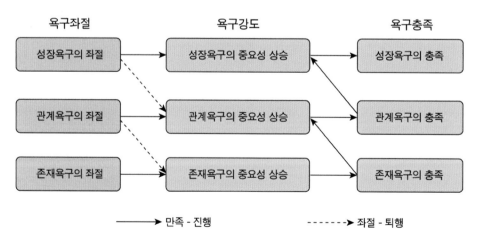

그림 12-1_Alderfer의 ERG이론

3) Herzberg의 2요인이론

Herzberg의 2요인이론은 인간의 동기를 자극하는 욕구는 위생요인과 동기요인이라는 것이다. 위생요인(불만족요인)이란 직무외재적 성격의 불만족을 방지해 주는 효과를 갖는 것으로 임금, 직업안정, 작업조건, 지위, 대인관계 등을 포함한다. 이는 개인의 생리적, 안전, 애정욕구 충족에 해당된다. 조직체에서 미구비 시 구성원의 불만족을 초래하여 조직체 이직 또는 성과에 부정적 영향을 미친다. 동기요인(만족요인)은 직무내재적 성격을 갖고 있으며 열심히 일하게 하고, 성과를 높여주는 요인이다. 성취감, 인정, 책임감, 성장, 직무내용 등을 포함한다. 이는 존경 및 자아실현욕구를 포괄한다. 연구방법론상의 한계점으로 연구대상이 전문직업 사원(기사, 회계사)이어서 연구결과의 일반성에 의문이 제기되고 있다. 또한 연구자료수집도 자아보호적 편견을 내포할 가능성이 있다는 것이다. 위생요인에 해당되는 근무환경이나 급여수준이 낮다면 동기를 유발시키지 못하므로 이

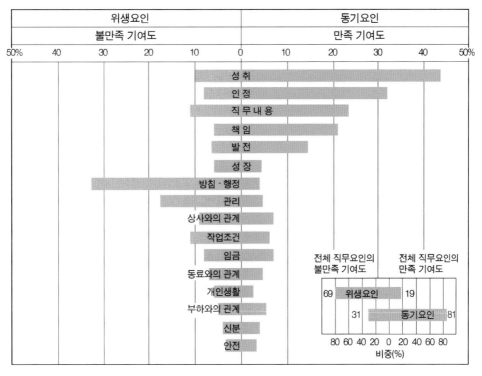

그림 12-2_2요인이론

이론은 한계점을 갖지만 최근 연구에서 동기요인이 종사원들의 동기를 극대화시킨다는 것을 입증하고 있다. 따라서 기업체에서는 직무충실화(job enrichment)를 통한 동기요인 개발에 중점을 둬야 할 것이다(〈그림 12-2, 3〉 참조).

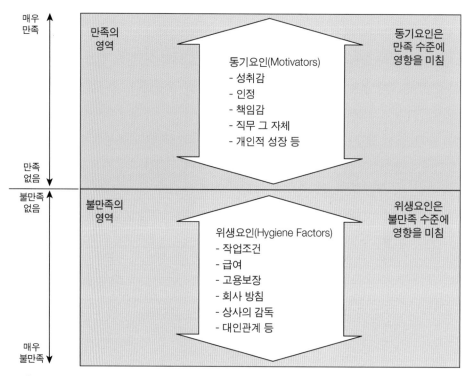

그림 12-3_2요인이론의 만족-불만족 복수연속선 개념

4) McClelland의 성취동기이론

McClelland의 성취동기이론은 사회문화환경과 상호작용하는 과정에서 조성되어 학습을 통해 동기유발이 가능하다는 전제하에 연구되었다. 그러한 욕구는 소속동기, 권력동기, 성취동기 등이다. 성취동기가 강한 사람들의 특징은 다음과 같다.

성취동기가 강한 사람들은 목표설정을 중요시한다. 즉 목표를 자신의 능력에 비추어 도전적이며 달성가능한 수준으로 설정한다는 것이다. 또한 성취동기가 강한 사람들은 목표에 대한 성과피드백을 적극적으로 원한다. 동료관계에서는 같이 일하는 동료에 대해 관심이 많고 목표달성에 기여할 수 있는 성과지향적인 동료들과 함께 일하는 것을 선호한다.

McClelland는 성취동기가 후천적으로 형성되는 것이기 때문에 개인의 성취동기는 개발될 수 있다고 보았다. 따라서 조직에서는 이러한 성취동기를 자극하여 목표달성을 할 수 있을 것이다. 특히 하위계층일수록 성취동기가 크게 작용하고 상위계층으로 갈수록 권력동기가 중요해진다고 한다. 최근 연구에서 프런트 근무자들은 성취동기와 소속동기가 강하게 나타났다. 이는 환대산업의 특징을 반영한 경우이다. McClelland는 관리자를 제도적 관리자(institutional managers), 개인적 권력선호 관리자(personal power managers), 관계선호 관리자(affiliation managers) 등으로 구분하였다. 제도적 관리자들은 관계보다는 권력을 선호하며 높은 수준의 자기관리를 한다고 한다. 개인적 권력선호 관리자들은 관계보다는 권력을 선호하지만 사회적 활동도 적극적이라고 한다. 관계선호 관리자들은 관계를 선호하며 사회적 활동도 적극적이라고 한다. 따라서 조직에서는 제도적 관리자와 개인적 권력선호 관리자들이 보다 더 생산적이라고 할 수 있다.

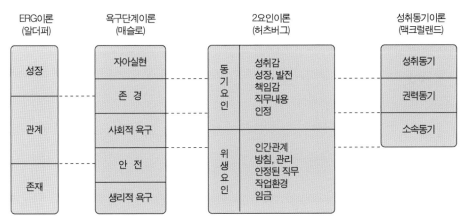

그림 12-4_내용이론의 욕구구조 비교

5) 경제적 인간 이론(economic man theory)

경제적 인간 이론은 돈만이 인간을 동기부여할 수 있다는 이론이다. 이는 Maslow의 저차원적 욕구인 생리적, 안전 등의 욕구를 충족시키기 위해 인간은 돈을 목적으로 근무한다는 것이다. 그러나 이 이론의 한계는 장기적으로 돈이 종사원들의 생산성을 높이는 자극제가 되지 못한다는 것이다.

2. 욕구의 과정이론

과정이론은 인지요소를 강조하면서 개인의 동기발생과 행동선택을 설명하는 이론으로 개인 동기는 욕구, 만족·불만족 요소, 성취동기뿐만 아니라 동기과정에서 발생하는 인지요소를 고려할 필요가 있다는 것이다.

1) 기대이론(expectancy theory)

가. 기대이론의 주요 설명변수

Vroom의 기대이론에 따르면 인간은 행동대안(또는 전략)의 예상결과 평가를 통한 행동대안(또는 전략)을 선택한다고 한다. 기대이론의 기본변수는 다음과 같다.

① 기대감(expectancy) : 개인행동이 가져올 결과에 대한 기대정도를 말한다(0 to 1).
② 유의성(valence) : 개인이 원하는 성과 또는 보상을 얼마나 가치있게 생각하느냐에 따른 강도를 의미한다.
③ 결과(또는 보상) : 1차적 결과(성과)와 2차적 결과(보상, 승진)로 구분한다.
④ 수단성(instrumentality) : 개인행동의 성과(1차적 결과)가 보상(2차적 결과)으로 이어질 것이라는 믿음을 가리킨다.
⑤ 행동선택 : 여러 가지 행동대안들 중 노력─성과─보상 간의 기대감과 수단성이 가장 높은 행동을 선택한다는 것이다.

예를 들어 가장 강한 동기를 유발할 때는 종사원이 어느 정도 성과를 달성할 수 있다고 믿고 그 결과는 성과(또는 보상)를 확실히 낼 것이며, 그러한 성과(또는 보상)는 바람직하다고 믿을 때이다. 기대이론은 실제 적용성이 높으며, 검증된 이론이다. 그러나 이론 자체의 복잡성으로 이론 전체에 대한 실증연구는 곤란하여 부분적 유효성만이 주로 연구된다(노력과 성과 간의 관계, 성과와 보상에 대한 기대감과의 관계).

〈그림 12-5〉에서 보는 바와 같이 개인의 동기(F)는 자기 능력에 비추어 자기 자신이 달성할 수 있으리라고 기대하는 1차적 성과(V_j) 그리고 이 1차적 성과가 실제로 2차적 보상(V_k)을 가져올 것이라는 수단성(I_{jk})의 복합적 함수에 의하여 결정된다. 따라서 개인의

능력이 실제 성과를 거둘 것이라 기대하고, 이러한 성과가 승진이나 보상 등 개인이 원하는 결과(보상)를 가져올 것으로 믿을수록 개인의 동기는 강하게 작용하고, 그 반면에 성과 창출에 자신이 없고 성과와 개인이 원하는 보상 간에 아무런 상관관계가 없다고 생각할수록 개인의 동기는 낮게 나타난다. 이와 같이 기대이론은 "결과에 대한 가치(유의성)", "노력→성과에 대한 기대감"과 "성과→보상에 대한 수단성" 등 개인의 인지여하에 따라 개인의 행동선택과 동기의 강도가 정해진다고 설명한다.

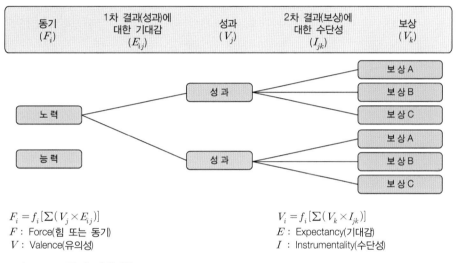

$$F_i = f_i [\Sigma (V_j \times E_{ij})]$$
F : Force(힘 또는 동기)
V : Valence(유의성)

$$V_i = f_i [\Sigma (V_k \times I_{jk})]$$
E : Expectancy(기대감)
I : Instrumentality(수단성)

그림 12-5_브룸의 기대이론

나. 기대이론의 보완

브룸의 기대이론은 여러 학자들에 의해 보완되어 왔다. 첫째로 일부 학자들은 보상(2차적 결과)에 대한 유의도를 승진과 급여 등의 직무외재적 요인과 성취, 개발, 인정 등의 직무내재적 요인으로 세분하여 개인의 동기과정을 분석하였다. 또 다른 학자들은 개인의 기대감을 두 가지로 나누어서 노력과 성과 간의 관계를 1차적 기대감(expectancy I)으로, 그리고 성과와 보상 간의 관계를 2차적 기대감(expectancy II)으로 설정하여 분석함으로써 개인의 동기과정을 더욱 명확히 하였다.

일부 학자들은 설명변수를 더 추가함으로써 기대이론의 변수관계를 더욱 종합적으로 만드는 동시에 기대이론의 실제 적용성과 현실성을 높여주었다. 즉, 브룸의 원래 이론모형에 개인의 성격을 연결시켜 개인의 자존감과 자신감이 기대감에 미치는 지각적 영향관계를 분석하거나, 과거 경험이 기대감에 주는 영향, 그리고 개인의 능력과 역할지각이 개인의 동기와 실제 성과에 작용하는 매개과정 등을 연구함으로써 기대이론의 연구범위를 확장시켰다. 그리하여 성과뿐만 아니라 2차적 결과에 대한 개인의 만족감도 기대이론의 중요한 변수로 인정받게 되었다.

포터와 롤러는 브룸의 기대이론을 토대로 하여 이들 추가변수를 종합하고 공정성이론도 연결시켜 자신들의 포괄적인 동기모형을 제시하였다. 이 모형에 의하면 개인의 동기는 노력, 성과, 보상과 만족의 복합적인 함수관계로 나타나며, 이 복합관계에서 성과와 보상에 대한 기대감과 보상에 대한 공정성개념 그리고 개인의 특성 등도 중요한 요소로 작용한다는 것을 강조하고 있다(그림 12-6 참조).

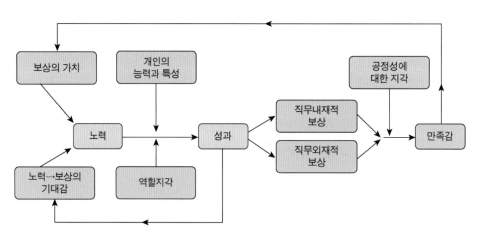

그림 12-6_포터와 롤러의 동기이론

다. 기대이론의 검증

기대이론은 1960년대 초에 브룸이 처음 발표한 이래 많은 변수들이 추가되어 매우 복잡한 이론으로 발전되어 왔고, 그 과정에서 기대이론의 유효성도 검증되어 왔다. 그러나 이론 자체의 복잡성으로 말미암아 이론 전체에 대한 실증적 연구는 극히 어렵기 때문에 대부분 기대이론의 전체가 아니라 일부분에 초점을 맞추어서 연구를 진행해 왔다. 이들 연구결과에 의하면 노력-성과 간의 기대감 및 성과-보상 간의 기대감은 실제 보상 및 이에 대한 만족감과 정의 관계를 가지고 있는 것이 입증되었다. 그리고 개인의 성격이 기대감과 유의성에 대한 지각에 영향을 미친다는 것도 밝혀졌다.

기대이론은 구성원들의 동기를 유발하기 위해 노력-성과-보상에 대한 기대감과 성과 및 보상에 대한 유의성을 향상시키는 구체적인 지침을 제공해 준다는 점에서 관리적 시사점이 많은 이론이라고 할 수 있다.

2) 공정성이론(equity theory)

Adams의 공정성이론은 개인이 지각하는 자신의 산출/투입비율과 자신이 선택한 비교대상(준거인물)의 산출/투입비율과 비교하여 공정성을 판단하고 행동의 방향을 결정한다는 이론이다. 즉 노력과 결과로 얻어지는 보상과의 관계를 다른 사람과 비교하여 느끼는 공정성에 따라서 행동동기가 영향을 받는다는 것이다. 여기서 비교대상(준거인물)은 자신과 비슷한 상황에 있는 사람이다. 불공정해소의 방법은 다음과 같다.

① 투입과 산출의 조정 : 과소보상을 받는다고 인지한 종사원들은 투입을 줄이거나 산출을 늘리려고 한다. 즉 자신의 과업을 소홀히 한다든지 아니면 더 많은 급여(보상)를 원하고 그렇지 않으면 이직도 고려한다. 또한 과다보상을 받는다고 인지한 종사원들은 더 이상의 보상을 바라지 않으며(휴가 등의 반납), 투입(과업에 대한 노력)도 더 늘리려고 한다.

② 준거인물의 투입과 산출 변경 : 자신의 준거인물이 과다보상을 받는다고 지각하면 상사에게 보고하여 더 많은 노력을 할 것을 제언한다든지 간접적으로 영향력을 행사하려 하는 것을 말한다.

③ 투입과 산출의 인지적 왜곡 : 자신이 과다보상을 받는다고 지각할 경우 자신의 투입 및 산출에 대해 인지적 조정을 하거나 산출개념을 변경하려 하는 것을 말한다. 즉 과다보상 불공정의 경우 자신의 능력의 가치를 더 높게 평가하거나 자신이 받는 보상을 과소평가함으로써 인시적 왜곡을 줄이러 한다.

④ 준거인물의 변경 : 준거인물에 대해 불공정성을 느끼는 경우 준거인물을 상사로 변경한다든지 하여 불공정성을 회피하려는 것을 말한다. 따라서 종사원들에 대한 인사고과에서 동등한 위치의 종사원들일 경우 승진을 통해 더 많은 책임과 노력이 필

요하게 하는 것도 불공정성을 회피하는 전략이다.

⑤ 이직 : 불공정성을 지각한 종사원들은 전근, 결근, 이직 등으로 조직체를 이탈하게
된다. 또는 공금횡령 등의 수단으로 불공정성을 회피하려 한다.

불공정성 느낌이 클수록 심리적 불균형, 긴장이 커지는데, 투입조정에 있어서 개인은
힘든 변화를 회피하려 한다. 또한 자존심이나 자아개념이 강할 경우 투입과 산출의 조정
또는 변경에 많은 저항감을 보인다. 준거인물은 오랜 기간이 지날수록 비교대상으로 정
착되며, 불공정성에 대한 민감성은 과다보상보다 과소보상으로 인한 긴장과 불안감으로
더 예민하게 나타난다.

이상 공정성이론은 종사원들의 동기부여에서 공정성에 대한 개념이 얼마나 중요한지
를 설명하고 있다. 따라서 환대산업의 관리자들은 종사원들의 공정한 평가 및 고과에 주
력하여 종사원들의 동기가 소진되지 않도록 해야 할 것이다.

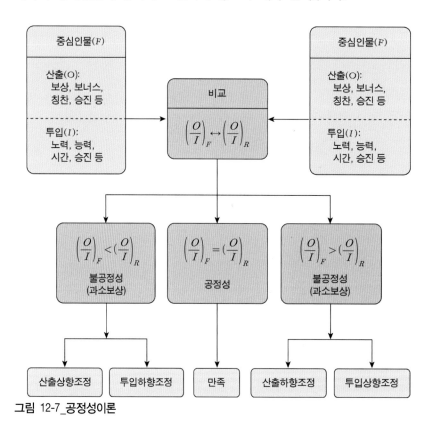

그림 12-7_공정성이론

3) 목표설정이론(goal setting theory)

목표설정이론은 Locke에 의해 제시되었는데 개인의 성과는 그의 목표에 의해 결정된다는 이론이다. 그는 개인의 행동과정에서 2가지의 인지적 요인(가치관, 의도)을 강조하고 있다. 여기서 가치관은 종사원이 조직에서 무엇을 원하고 어떠한 목표를 추구할 것인지에 영향을 주고, 의도는 노력, 집중도, 지속성에 영향을 준다.

① 목표의 구체성 : 목표가 명확할수록 성과가 높아진다.
② 목표수준 : 도전적이며 달성 가능한 목표설정 시 성과가 향상된다. 이때 종사원의 능력은 중요한 요인이다. 즉 능력이 없다면 목표달성은 불가할 것이다. 따라서 이에 따른 교육훈련이 반드시 병행되어야 한다.
③ 구성원의 참여 : 목표에 대한 몰입을 통해 구성원의 참여를 제고해 나간다.
④ 결과에 대한 피드백 : 목표달성 정도에 대해 피드백함으로써 목표달성을 보다 용이하게 할 수 있다.
⑤ 목표에 대한 수용도 : 목표를 보다 명백히 이해할수록 목표달성이 가능하다.

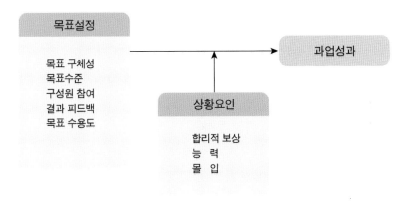

그림 12-8_목표설정이론

목표설정이론은 실용성이 가장 큰 이론이다. 따라서 현업의 관리자들은 이러한 목표설정이론에 따라 종사원들을 관리해 나가야 할 것이다. 목표설정이론의 구체적 적용방법은 다음과 같다.

- 1단계 : 성취가능한 범위 내에서 어렵고 구체적인 목표를 설정하고, 수량과 시간 측면에서 명쾌한 목표를 설정한다.
- 2단계 : 다양한 보조수단을 동원하여 목표 수용도와 목표몰입을 제고하고 능력에 맞는 목표를 설정하여 목표달성에 따른 보상을 제공한다.
- 3단계 : 적절한 훈련과 정보 제공으로 목표달성 지원 및 성과에 대한 구체적인 피드백을 실시한다.

4) 재인이론(reinforcement theory)

재인이론은 Skinner의 작동적 조건화이론을 바탕으로 하고 있다. 즉 고전적 조건화와 같이 자극에 의한 무조건적인 반응이 아니라 조건적 반응을 주장하여 학습이론에 기여하였다. 예를 들어 새가 부저를 누르면 먹이를 주었을 경우 그 새는 지속적으로 부저를 누르는 행동을 하게 된다. 이는 부저를 누르는 행위(바람직한 행동)에 대한 바람직한 보상(먹이)이 주어진다면 학습효과를 통해 지속적으로 바람직한 행동을 하게 된다는 이론이다.

이 이론에 따르면 관리자들은 종사원들에게 다음과 같이 4가지의 행동을 할 수 있다.

① 긍정적 재인(positive reinforcement) : 종사원들의 바람직한 행동에 대해 보상이나 칭찬
② 부정적 재인(negative reinforcement) : 종사원들의 바람직한 행동에 대해 벌이나 비난의 제거
③ 무시(extinction) : 종사원들의 행동에 대한 무시
④ 벌(punishment) : 종사원들의 바람직하지 못한 행동에 대해 징계

재인이론을 적용하고자 하는 관리자들은 종사원들의 바람직한 행동을 지속적으로 희망한다면 반드시 보상을 통해 재강화해야 한다. 따라서 보상시스템이나 인사고과시스템이 잘 갖추어져 있어야 이러한 재인이론의 적용이 용이할 것이다. 또한 바람직한 행동이 무엇인지를 가르쳐주지 않는 종사원들에 대한 무시(extinction)는 종사원들의 행동에 영향을 미치므로 향후 행동에서 올바른 행동을 하지 않을 수 있다.

제3절 ● 직무평가

    모든 조직은 직무가치를 결정하는 방법들을 개발해야만 한다. 어떤 기업들은 시장 내에서 경쟁사를 비교하며, 어떤 기업들은 기업 내부적으로 직무가치를 평가하고자 한다.

1. 외부 및 내부 자료 평가

    관리자들은 직무가치를 평가할 때 외부 및 내부 자료를 활용할 수 있다. 외부자료는 경쟁사 및 외부시장의 직무평가내용과 관련된 것이고 내부자료는 자사의 직무평가내용에 따른 변동사항에 관련된 것이다. 외부자료에 의한 직무평가의 장점은 시장에서 정해진 보상수준에 따라 임금이 결정된다는 것이다. 따라서 종사원들은 시장의 결정에 따라 보상이 주어지는 것이다. 단점으로는 경쟁사의 보상수준을 발견하기 어렵다는 것이다.

    기업에서는 적정한 임금수준을 결정하기 위해 공식적이든 비공식적이든 경쟁사조사를 실시한다. 인사부서에 전문가가 없는 경우에는 외부의 컨설턴트를 이용하여 이러한 조사를 실시하고 분석한다.

    임금조사는 매우 복잡하다. 외부조사에서는 경쟁사들의 전반적인 보상수준, 노조의 영향력, 근로자들의 인구통계적 특성, 노동시장과 경제적 조건, 재무조건 등에 대해 철저하게 조사해야 한다. 또한 직무분석의 내용도 조사하게 되는데 이를 통해 보상요소를 비교하게 된다. 보상요소는 구성원들이 받아들일 수 있는 내용이어야 하며 따라서 이러한 요소를 결정하기 위해서는 임금조사의 내용이 매우 정교해야 하며 또한 사전조사를 통해 정확성을 기해야 할 것이다.

    정부기관의 자료도 외부조사의 일환으로 실시되어야 한다. 또는 경쟁사 간에 인사부서 담당자들의 모임을 통해서도 중요한 정보를 교환할 수 있다.

    외부자료를 통해 얻어진 자료들은 평균임금(mean wages), 임금의 중앙값(median), 임금비율, 임금분배, 임금의 범위 등이다. 이러한 조사 뒤에 보상요소와 비교하여 외부자료에 근거한 보상수준을 결정하게 된다.

    임금조사를 수행하게 되면 직무기술서에 따른 임금의 범위를 분석하게 된다. 내부분석도 이러한 직무기술서에 따라 임금의 범위를 결정해야 하는데 직무 간의 임금차이도 분석해야 한다.

호텔산업에서 내부자료분석이란 벨 캡틴, 룸메이드, 주간근무자, 야간근무자, 주간 조리사, 야간 조리사 등의 급여의 차이에 대한 결정이다. 따라서 내부자료분석은 의미있는 보상요소를 선정하여 직무평가시스템을 개발하는 것이다.

2. 직무평가방법

1) 서열법(ranking method)

서열법은 보통 관리자 팀이나 종사원들을 포함하는 평가위원회에서 활용한다. 이런 팀이나 평가위원회에서는 직무기술서에 근거하여 직무의 서열을 결정짓는다. 서열은 가장 어려운 것부터 가장 쉬운 것으로, 가장 기술을 요하는 직무로부터 기술을 요하지 않는 직무까지, 가장 중요한 직무로부터 가장 중요하지 않은 것으로 서열을 결정한다.

이 방법은 가장 간단하고 빠르며 저비용이라고 생각되지만 어느 정도의 직무들은 보상요소가 매우 비슷하여 평가를 정확하게 할 수 없다. 또한 직무들 간 척도의 거리를 정확하게 산출할 수 없다. 예를 들어 조리사의 직무가 기물관리 사원보다 어느 정도 중요하며 어느 정도 어려운지를 알 수 없다. 특히 소규모의 조직에서는 이러한 방법을 사용하기에 적절하지 않다. 이 방법은 보통 30개 이하의 직무에 대한 평가를 하기에 적절하며 쌍대비교법(paired comparison method)을 사용하여 개선될 수 있다. 쌍대비교법은 두 개의 직무를 비교함으로써 서열법보다는 더욱 정확하게 두 직무 간의 우선순위를 결정지을 수 있다. 그러나 쌍대비교법도 각 직무에서 중요도의 차이는 발견할 수 없다.

2) 분류법(classification method)

분류법은 사전에 정해진 분류에 의해 각 직무를 구분하여 서열짓는 것이다. 직무평가 방법으로서 직무기술서와 직무명세서를 사용하여 직무를 생산직(조리부서), 사무직(인사 · 총무 · 구매 · 경리 등), 기술직(보일러 수리 등), 판매직(sales & marketing 부서) 등으로 중요 직종을 분류한 다음 보상요소를 중심으로 등급을 설정한다. 분류법은 주로 공공기관, 학교, 서비스조직체 등 등급분류가 용이한 사무, 기술, 관리직에 많이 적용되며, 등급의 수는 5~15개가 적절한 것으로 인식되고 있다. 이 방법의 단점은 효과적인 등급을 만들기 위해서는 시간과 비용이 들어간다는 것이고, 기술의 진보에 따라 변화하는 직무의 중요성은 등급을 무력화시킬 수 있다는 것이다. 또한 각 직무의 다양성으로 인해 직무를 분류하는 것이 매우 어려운 경우가 있다. 분류법의 가장 큰 단점은 작성된 직무기술서에 근거한다는 것이다. 따라서 관리자들, 슈퍼바이저들, 그리고 종사원들은 직무기술서의 재작성에 의해 급여가 인상될 수 있다고 믿는다. 장점은 신규과업의 분류체계를 쉽게 잡을 수 있다는 것이다.

3) 요소비교법(factor compariosn method)

요소비교법은 주요 직무를 확인하는 것이다. 주요 직무란 평가위원회에서 조직의 성공을 위해 매우 중요한 직무로 여기는 것들이다. 예를 들면 레스토랑에서 조리사, 안내원(greeter), 웨이터(server) 등은 주요 직무에 해당된다. 요소비교법을 사용할 경우 주요 직무에 대한 시간급여가 여타 직무의 비교기준으로 사용된다. 이 경우 시장에서 현재 통용되는 급여가 가령 조리사는 $11.50, 안내원은 $7.00, 웨이터는 $7.50이라고 가정했다(〈표 12-2〉 참조).

표 12-2_요소비교법 사례

기준직무	육체적 요인	기술	책임	작업조건	대인관계 기술	합계
조리사	2.75	2.75	2.75	2.25	1.00	11.50
웨이터	1.75	1.00	1.50	.75	2.50	7.50
안내원	.50	1.50	1.50	1.00	2.50	7.00
일반직무						
기물담당	2.25	1.00	.75	2.00	.25	6.25
보조조리사	1.75	1.75	1.25	1.75	.25	6.75
보조웨이터	2.25	1.00	.75	1.25	1.00	6.25

자료 : R. Woods, M. M. Johanson, & M. P. Sciarini(2012), *Managing Hospitality Human Resources*(5th ed.), Lansing, Michigan : American Hotel & Lodging Educational Institute, p. 277.

기준직무에 대한 보상요소에 따라 급여수준이 결정된 후 기타 직무들에 대한 요소별 급여수준이 결정된다. 요소비교법의 장점은 각 등급이 회사의 전략이나 방침에 의해 결정된다는 것이다. 또한 이 방법은 적용하기에 편리하다. 그러나 관리자층의 직무에 대해 급여수준을 결정하는 것은 좀 더 신중을 기해야 할 것이다. 또한 이 방법은 복잡하기 때문에 종사원들에게 설명하기 어렵다. 본 사례에서는 보상요소가 5가지였지만 더 늘어날 수 있다. 따라서 기준직무를 설정하고 이러한 직무에 대한 급여수준을 시장가로 결정하며 일반 직무들의 보상수준에 대한 급여수준을 할당하는 것은 종사원들의 불화를 일으킬 수 있는 매우 주관적인 의사결정이다.

4) 점수법(point method)

점수법은 직무평가방법 중에서 가장 널리 사용되는 방법일 것이다. 점수법은 각 직무에 대해 영역별로 정의된 근거에 의거하여 전체 점수를 할당한다. 그때 직무들은 전체 점수에 의하여 직무등급을 나눈다. 점수법은 매우 복잡한 과업이므로 때때로 외부의 전문가에 의해 도움을 받을 수 있다. 그러나 한번 점수법이 만들어지면 이해하기 쉽고 사용하기 쉬운 장점이 있다.

점수법은 다음의 4가지를 포함한다. 첫째, 보상요소의 선정 둘째, 각 보상요소의 상대적 중요도의 결정 셋째, 각 보상요소 내에서 등급의 결정 등이다. 넷째, 각 단계에 점수를 할당하는 것이다.

첫째, 보상요소의 선정은 모든 직무의 직무분석으로 시작된다. 이러한 직무분석에 따라 비슷한 직무를 하나의 집단으로 묶는 작업이 실시된다. 이러한 분류는 호텔의 경우 조리부서, 판매부서(sales & marketing), 객실부서, 식음부서 등으로 분류가능하다. 이렇게 직무들이 분류되면 각 집단의 보상요소를 결정하는 것이다. 보상요소에는 기업에서 중요하게 여기는 가치와 전략이 반영된다. 보상요소에는 교육정도, 경험, 기술, 노력, 문제분석 및 해결능력, 자율성, 책임, 대인관계력, 작업조건 등이 있다. 여기서 중복된 보상요소들은 제거된다.

둘째, 보상요소들은 회사에서 가치있는 것이어야 하지만 그 중요도는 다를 수 있다. 즉 상대적 중요도를 고려하여 가중치를 결정하는데 예를 들어 4가지의 보상요소가 있을 경우 최대 25%를 넘지 않도록 책정되어야 한다.

셋째, 각 보상요소에서 단계별 등급을 책정한다. 각 등급에 따라 보상수준은 다르게 책정된다.

넷째, 각 단계에 점수를 할당하는 것이다. 즉 각 집단에 소속된 직무에 따라 점수를 할당하는데 점수는 600점에서 1200점을 선택하도록 되어 있다. 예를 들어 어떤 직무에 대해 1000점이 할당되고 보상요소가 25%라면 250점을 그 보상요소에 할당하게 된다. 이 250 점은 각 등급별로 할당된다. 5등급일 경우 50점씩 할당될 것이다. 이렇게 각 직무별 점수 가 할당된 후 점수별로 직무를 구분하게 되면 점수별로 직무들이 군집을 형성하게 된다.

표 12-3_점수표의 직무평가기준표(사례)

평가요소		단계				
		1	2	3	4	5
숙련 (250점)	지식	14	28	42	56	70
	경험	22	44	66	88	110
	솔선력	14	28	42	56	70
노력 (75점)	육체적 노력	10	20	30	40	50
	정신적 노력	5	10	15	20	25
책임 (100점)	기기 또는 공정	5	10	15	20	25
	자재 또는 제품	5	10	15	20	25
	타인의 안전	5	10	15	20	25
	타인의 직무수행	5	10	15	20	25
직무조건 (75점)	작업조건	10	20	30	40	50
	위험성	5	10	15	20	25
합계(500점)		100	200	300	400	500

자료 : 이학종 · 양혁승(2011), 전략적 인적자원관리, 박영사, p. 434.

3. 임금구조의 설정

1) 경쟁임금정책(competitive pay policies)

환대산업 조직은 시장에서 타 경쟁사와 비교하여 임금정책을 어떻게 책정할 것인지 결 정해야만 한다. 경쟁사들로부터 모은 임금 및 복지에 관한 정보는 모집 및 기존사원들의 유지에 매우 중요하다. 두 기업이 통합할 경우 자산뿐만 아니라 보상철학도 통합되게 된다. 이러한 문화의 충돌은 경쟁사의 보상수준을 고려하게 한다. 만약 경쟁사 등 시장에서의 보상수준을 고려하지 않는다면 유능한 직원들을 잃을 수 있기 때문이다. 따라서 기업들은 다음과 같이 3가지 방법을 사용할 수 있다.

첫째, 임금선두기업(시장 평균보다 더 많이 지급) 둘째, 임금추종자(시장평균보다 낮게 지급) 셋째, 경쟁기준(시장에서 지급되는 만큼 지급) 등이다.

2) 임금등급(pay grades)

점수법에 의해 등급을 설정하여 각 직무별 등급을 설정하면 같은 직무지만 여러 가지 등급이 생성된다. 예를 들면 1~5등급으로 설정된 직무는 각 등급별 임금이 다르게 된다. 또한 각 등급 내에서도 임금의 범위(range of pay)가 형성된다. 예를 들어 같은 조리사이지만 경험 및 연공을 반영하여 임금을 더 받을 수 있다. 전통적 사고방식에 의하면 성과에 따른 임금정책은 종사원들의 조직 기여도에 따라 성과를 반영하려는 노력이 있어야 한다. 그러나 이러한 보상등급 및 임금의 범위가 너무 많이 벌어지게 되면 오히려 종사원들은 불공정을 지각하게 될 수 있다는 사실을 관리자들은 명심해야 한다.

3) 등급 내 임금결정(determining pay within grades)

같은 직무의 조리사라도 경험이나 연공에 따라 임금수준이 달라질 수 있다. 특히 노조가 형성된 조직들은 연공에 의한 임금차별을 강조한다. 노조가 없는 조직도 하급 직원들의 경우에는 연공에 의한 급여차등이 유효할 수 있다. 또한 같은 등급 내에서 공로급을 지급하는 경우 임금에 차이가 있을 수 있다. 이러한 경우는 관리자들과 종사원들의 신뢰가 형성된 조직에서 가능하며 특히 공로를 인정하여 지급하는 임금은 종사원들을 장기적으로 동기부여할 수 있다. 임금등급을 결정할 경우 경력에 따라 결정할 수도 있지만(careerbanding) 직무별로 기준을 두어 설정하는 경우도 있다(broadbanding). 이 경우에는 보통 최저등급보다 최고등급이 130%를 넘지 않게 책정한다. 예를 들어 관리자층, 비서직, 시간급 등으로 구분될 경우 각각 등급의 최저최고 수준이 130%의 차이를 넘지 않는 것이다. 이러한 등급의 결정도 경쟁사를 고려하여 즉 시장에서의 수준을 고려하여 책정하게 된다.

4) 이중임금정책(two-tier wage system)

이중임금정책은 노조가 있는 경우에 나타날 수 있는 시스템으로 기존 사원들의 임금은 유지하는 대신 신입사원들에게는 낮은 임금을 지급하는 것을 말한다. 예를 들어 기존 room attendant에게는 시간당 10,000원을 지급하지만 신입 room attendant에게는 7,000원을 지급하는 경우이다. 이러한 시스템은 기업 측에 인건비를 절감할 수 있는 기회를 제공하지만 공정성문제가 대두될 수 있다.

5) 기술근거 임금정책(skill-based pay)

기술근거 임금정책은 기술수당과 같은 의미이다. 즉 종사원들이 습득하는 기술에 따라 임금을 더 지급하는 것을 말한다. 예를 들어 외국어에 능통한 직원이 최근 늘어나는 중국 관광객으로 인해 회사에서 중국어 수당을 신설한다면 중국어를 배워 어느 정도의 기준을 넘게 되면 임금을 더 지급하는 것을 말한다. 이러한 기술이나 지식습득의 정도에 따라 임금을 지급한 사례는 TGI Fridays이다. 그들은 습득한 기술에 따라 종사원들에게 배지를 지급하며 또한 많은 기술과 지식을 습득한 경우 관리층에서 발탁인사를 단행하였다. 그러나 이러한 임금정책의 단점은 시행하는 데 시간이 많이 든다는 것과 인건비의 상승이다. 또한 습득한 기술이 최신기술로 대체될 경우 문제가 발생하게 된다.

6) 팀 차원 임금(team-based pay)

팀이란 같은 목적을 갖고 목표를 달성하기 위해 서로 상보적인 기술을 가진 개인들로 구성되어 있다. 따라서 팀 구성원들은 상호교류하며 각각 독립적이다. 특히 팀은 자율성을 갖고 있어 group과는 구별된다. 이러한 팀에 근거한 임금정책은 팀에 의해 달성된 실적에 따라 지급된다. 예를 들면 부동사회사에서 하나의 팀이 실적을 달성했을 경우 팀원들에게 수수료를 지급하는 경우이다.

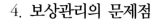

4. 보상관리의 문제점

1) 임금비밀정책(pay secrecy)

환대산업의 관리자들이 보상문제와 관련하여 가장 문제가 되는 것 중 하나는 임금의 비밀에 관련된 내용이다. 즉 회사에서 보상과 관련하여 임금의 등급 및 범위를 비밀로 할 것인가? 또는 종사원들이 그들의 임금에 대해 토론하는 것을 막을 것인가?이다. 대부분의 사람들이 임금을 비밀로 유지하는 경우 종사원들의 불만족을 초래할 것이라고 믿는다. 그러나 정부시스템에서는 이것이 일상적인 내용이다. 연구조사에 의하면 임금이 비밀로 유지되면 동료나 관리자들의 임금을 정확하게 파악하지 못하며 또한 상사의 급여는 보통 낮게 지각한다고 한다. 이러한 임금비밀정책은 차별성이나 투명성을 해치지만 일부 회사에서는 자주 사용된다.

임금비밀정책의 단점은 다음과 같다.

첫째, 종사원들은 정보 없이 임금정책의 공정성을 평가할 것이며 따라서 불만이 제기된다.

둘째, 조직을 부정적으로 대하는 종사원들은 공정성문제를 제기한다.

셋째, 비밀은 불신을 낳는다. 즉 조직이 종사원을 믿지 못한다는 신호이다.

넷째, 임금비밀정책은 종사원의 이동을 막으며 또한 모집을 어렵게 만든다.

임금비밀정책의 장점은 다음과 같다.

첫째, 임금비밀정책은 조직의 갈등을 없앨 수 있으며 조직관리를 돕는다.

둘째, 임금비밀정책은 시기심을 조장하지 않으므로 조직의 사기에 도움이 된다.

셋째, 임금비밀정책은 성과에 대해 충분한 보상을 받기 때문에 공정성을 높인다.

넷째, 임금비밀정책은 과거의 임금불공정성을 없앨 수 있다.

다섯째, 임금비밀정책은 팀워크를 향상시킨다.

여섯째, 임금비밀정책은 조직에 대한 충성심을 증가시킨다.

2) 임금의 압축 및 팽창

임금의 압축(wage compression)은 경쟁적으로 신입사원을 채용하는 문제에서 야기된다. 즉 우수한 신입사원을 채용하기 위해 기존사원들의 보상은 그대로 유지하고 신입사원의 급여를 인상시키는 것을 의미한다. 미국의 대학가에서는 훌륭한 신임교원을 채용하기 위해 기존 교원의 급여는 동결시키는 경우가 이에 해당된다. 그러나 장기적으로는 기존사원들의 불만족을 야기하며 불공정한 대우에 대해 생산성을 떨어뜨리는 결과가 초래된다.

반대로 임금의 팽창(wage expansion)은 신입사원의 높은 보상에 맞추기 위해 기존사원의 보상수준을 상향조정하는 경우이다. 이 경우 어느 부서의 급여가 상승하면 타 부서에도 영향을 미치므로 결국 전체 조직의 보상수준을 높이는 결과를 초래한다.

따라서 임금의 압축 및 팽창 요인은 조직체의 인건비 비율을 감안하여 합리적으로 결정해야 한다.

제4절 • 성과급

1. 효과적인 성과급

성과급을 통해 종사원들을 동기부여하기 위해서는 프로그램 자체의 문제보다는 프로그램을 어떻게 관리하느냐가 중요한 문제로 대두된다. 따라서 효과적인 성과급관리를 위해서는 다음과 같은 점에 주의해야 할 것이다.

첫째, 성과급은 종사원들이 이해할 수 있는 명확하고 특정한 목표달성과 연계되어야만 한다.

둘째, 목표는 공정하고 쉽게 측정할 수 있어야만 한다. 종종 관리자들은 주관적인 측정에 근거하여 성과급을 지급한다. 이런 주관적인 측정은 종사원들로 하여금 공정한 성과급관리에 대한 문제를 야기한다. 결국 종사원들은 관리자들과 종사원들이 상호 쉽게 이해할 수 있는 객관적인 측정에 근거한 성과급을 선호한다.

셋째, 생산성이나 성과에 있어 개선의 여지가 있어야만 한다. 최선을 다한 종사원들에게 개선을 요구한다면 이는 종사원들을 동기부여하지 못하는 것이다.

넷째, 목표는 달성가능해야만 한다. 종사원들은 성공에 대한 기대감을 갖지 못하면 목표성취를 시도하지 않으려고 할 것이다.

다섯째, 보상은 노력에 비해 보다 실체적이어야 한다. 즉 종사원들이 바람직하게 여기는 보상이 이루어져야 한다.

여섯째, 생산성이나 성과의 향상은 진급과 같이 다른 보상들과 함께 이루어져야 한다. 장기적·단기적 보상과 연계된 목표가 단기적 보상만으로 연계된 목표보다 더 효과적이다.

일곱째, 보상은 투자된 시간보다는 실적과 연계되어야만 한다. 성과급의 기본원칙은 생산성과 연계된 보상이 이루어질 때 종사원들이 더 많이 생산하려 한다는 것이다.

여덟째, 보상은 보상이유를 재강화하기 위해서 보다 빨리 이루어져야 한다. 즉 제때에 보상이 이루어져야 한다는 것이다. 보상이 연기되면 종사원들은 이용되었다고 느낄 것이며 또한 생산성이 떨어질 것이다.

1) 성과급의 장점

성과급의 장점으로는 우수한 종사원의 유지, 생산성 증가, 인건비 절감, 종사원들의 조직몰입 등이다.

먼저 성과에 대한 보상을 받는 종사원들은 우수하고 유능한 종사원들이다. 이들이 장기적으로 보상을 받는다면 지속적으로 회사에 남게 될 것이다. 반면에 성과가 낮은 종사원들은 조직을 떠나므로 성과와 보상의 관계가 지속되는 한 우수한 종사원들이 유지된다는 것이다. 또한 성과에 대해 보상을 받게 되면 종사원들은 보다 더 열심히 일하게 되므로 생산성이 증가될 것이다. 세 번째로는 조직의 생산성 증가로 인하여 성공과 보상이 함께 이루어지므로 종사원들은 성공과 실패에 따라 성과급이 비례한다는 것을 깨닫게 된다. 따라서 추가적인 임금 인상 등이 없으므로 결국 인건비의 절감효과가 있다. 네 번째로는 성과급과 조직의 목표가 연계되어 있을 때, 모든 종사원들이 조직의 목표를 향해 일하게 된다. 이것은 종사원들이 조직에 몰입된 결과이다.

반면에 다음과 같은 경우에는 문제가 발생할 수 있다.

첫째, 성과급이 매우 낮게 책정될 경우 종사원의 불신과 낮은 성과로 이어진다.

둘째, 성과측정이 명확하지 않아서 보상과 성과의 관계를 확립하지 못할 경우 종사원들은 회사를 불신하게 되며, 회사 측면에서는 조직의 목표를 달성할 수 없게 된다. 또한 종사원들은 회사의 불공정한 대우를 지각하게 된다.

셋째, 관리자들이 인사고과를 거부하거나 부적절하게 평가하면 종사원들에게 불공정성을 느끼게 한다.

넷째, 노조에서는 성과에 대한 보상시스템에 반대한다. 일반적으로 노조는 연공급과 생계비차원의 보상을 더 선호하기 때문이다.

결국 성과와 보상의 관리 및 설계는 관리자들이 주의깊게 관리해야 할 부분이다.

2) 개인과 집단 성과급

개인성과급의 경우 직무가 상호의존적이지 않을 경우 효과적이며, 집단성과급은 개인보다는 팀워크에 의한 목표달성이 중요시되는 조직에서 유효하다. 최근에는 협력과 조정이 중요한 집단성과급제가 더욱 보편적이다.

2. 개인 성과급

1) 목표초과 성과급(piecework incentive programs)

목표를 초과하여 성과를 낸 경우에 지급하는 성과급이다. 예를 들어 하우스키핑에서 보통 하루에 20개의 객실을 청소하지만 지속적으로 20개를 초과하여 청소한 경우에는 목표초과 성과급을 지급할 수 있다. 연회장이나 조리부서의 생산량 초과에도 이를 적용하는 경우가 많다.

2) 표준시간 성과급(standard hour programs)

표준시간 내에 성과기준을 초과할 경우에 지급하는 성과급이다. 예를 들어 30분에 1개의 객실을 청소할 경우 6,000원의 시급이 지급된다면 1시간에 2개의 객실에 내해 12,000원의 시급이 적용된다. 하지만 1시간에 4개의 객실을 청소할 경우에는 24,000원을 지급한다는 것이다.

3) 수수료(commissions)

환대산업에서 고객의 접점에서 이루어지는 서비스에서 팁을 받을 경우 이는 수수료에 해당된다. 또는 여행사의 경우 알선수수료가 발생하게 된다.

4) 보너스(bonus plans)

보너스는 두 가지의 경우이다. 첫째는 회사 전체의 매출을 달성한 대가로 모든 직원들에게 기본급 외에 지급되는 성과급이며, 둘째는 개인성과와 연계된 성과급이다. 관리자나 종사원들이 주어진 목표를 달성한 경우 보너스가 주어지는데 그 목표는 측정가능하며 사측과 종사원이 동의한 것인지가 중요하다.

5) 지식성과급(pay for knowledge)

지식성과급은 기술이나 지식을 습득할 경우에 지급되는 성과급이다. 연구자들에 의하면 미래에는 40%가 고정급이고 60%는 회사에 기여한 성과에 대해 지급되는 변동성과급이라고 한다. 이러한 변동성과급을 얻기 위해서는 더욱 우수한 지식과 기술이 필요할 것이다.

6) 공로성과급(merit pay)

주어진 목표를 완수하여 그에 따른 공로를 인정받는 경우이다. 공로성과급이 지속적으로 지급될 경우 결과적으로 인건비의 상승을 초래하게 될 것이다. 왜냐하면 성과를 위해 대부분의 종사원들이 더 열심히 성과를 내고자 하기 때문이다. 또한 평가에 있어 주관적인 부분(후광효과, 최근효과, 관대화효과)을 배제하지 못함으로써 발생하는 오류가 단점이다.

7) 개인 성과급의 단점

관리자들은 개선된 생산성을 초과하는 비용이 있는지를 검토하여야 한다. 또한 성과급은 많은 서류작업을 요하며 보상이 제때에 이루지지 않으면 종사원들의 사기저하로 이어질 수 있다. 따라서 관리자들은 성과급이 오히려 일상적인 보상의 가치로 전락하지 않도록 노력해야 할 것이다.

3. 집단 성과급[1]

1) 비용절감계획(cost-saving plan)

비용절감계획에는 스캔론제도(Scanlon plan), 러커제도(Rucker plan), 임프로셰어제도(ImproShare; improved productivity sharing) 등이 있다.

먼저 스캔론제도는 미국철강노동조합의 리더였고 MIT대학 교수를 지낸 Joseph Scanlon이 창안한 것으로 1947년 이후 미국의 많은 기업체에 성공적으로 적용되어 좋은 결과를 가져왔다. 스캔론제도는 노사 간 상호 협의하에 조직체의 성과표준치를 설정하고 그 표준치를 초과한 이득을 회사와 구성원들 사이에 배분하는 제도이다.

두 번째는 러커제도로서 부가가치 대비 인건비비율로 성과표준치를 설정하여 분배가능한 이익 전체를 종사원에게 배분하는 제도이다. 세 번째, 임프로셰어제도는 생산직 구성원들에게 적용하는 제도로서 성과표준치를 제품 하나를 제조하는 데 소요되는 작업시간 단위로 설정하고 구성원들의 집단적 노력을 통하여 표준작업시간을 줄인 만큼을 이득으로 계산하여 회사와 구성원들이 합의한 배분비율에 따라 배분하는 제도이다.

이러한 비용절감계획은 연구결과 좋은 것으로 나타나고 있는데, 특히 스캔론제도는 10~40%의 생산성이 향상되었다는 연구결과가 있으며 구성원 참여의 활성화와 상여금 배분에 따른 동기부여 효과 등이 나타나고 있다.

이러한 비용절감계획의 성공을 위한 몇 가지 조건은 다음과 같다. 첫째, 경영층과 노조 간부들의 공동협조가 필요하다. 경영층은 노조를 협조의 대상으로 보아야 하며, 노조는 회사발전에 관심을 갖고 공동이익을 추구할 자세를 가져야 한다. 둘째, 경영층은 경영권에 대하여 고정관념에서 벗어나 구성원 참여와 제안을 받아들일 수 있도록 보다 개방적이고 협조적인 자세를 취해야 한다(〈표 12-4〉 참조).

---

[1] 이학종·양혁승(2011), 전략적 인적자원관리, 박영사, pp. 350-360.

표 12-4_비용절감계획 사례

1. Scanlon plan	
합의된 표준인건비 비율	30%(인건비 대비 생산물 판매가치 비율)
분배율(회사 : 사원)	20 : 80
예비율 10%	표준인건비 비율 미달 시에 대비 연말까지 지불유보
생산물의 판매가격	$1,000,000
표준인건비	$300,000
실제인건비	$250,000
초과이득	$50,000
예비비 10%	$5,000
사원 몫(80%)	$36,000
회사 몫(20%)	$9,000
실제인건비 대비 이득비율	36,000/250,000=14.4%
개인별 이득지급액	개인별 급여액의 14.4%
2. Rucker plan	
합의된 표준인건비 비율	50%(인건비 대비 부가가치비율)
예비율 10%	표준인건비 비율 미달 시에 대비 연말까지 지불유보
생산물의 판매가격	$1,000,000
자재비, 에너지, 간접비	$400,000
부가가치	$600,000
표준인건비	$300,000
실제인건비	$25,000
초과이득	$50,000
예비비(10%)	$5,000
분배가능이익	$45,000
실제인건비 대비 이득비율	45,000/250,000=18%
개인별 이득지급액	개인별 급여액의 18%
3. ImproShare plan	
합의된 기준시간	생산단위당 1.8시간
분배율(회사 : 사원)	50 : 50
주간생산량	20,000단위
기준 소요시간	36,000시간(1.8×20,000) 단위
실제 소요시간	28,000시간(40×700명) 단위
절약시간 이득	8,000시간
회사 몫	4,000시간
사원 몫	4,000시간
실제소요시간 대비 이득비율	4,000/28,000=14%
개인별 현금이득 지급액	5.7시간×$20=$112(시급률 $20, 주 40시간 근로기준)
	(4,000시간÷700명=5.7시간)

자료 : 이학종·양혁승(2011), 전략적 인적자원관리, 박영사, p. 353.

2) 이윤배분제도(profit-sharing plans)

조직구성원들이 달성한 이익의 일부를 구성원들에게 배분함으로써 그들이 조직체의 경제적 이득에 참여하고 그들의 동기유발을 유도하려는 제도이다.

기본목적은 조직에 대한 구성원들의 관심과 commitment 수준을 높이고 그들로 하여금 조직체의 성과향상을 위하여 적극 노력하는 동시에 그들에게 안정된 보상을 제공하려는 것이다. 이윤배분제도는 일반적으로 순이익의 일정액 또는 순자본의 일정비율 수준을 초과한 액수의 일정비율(보통 10~30%)을 구성원의 기본급비율에 따라 연말에 배분하는 것이다. 실제 배분에 있어서 해당 이윤배분액 전부를 해당 기말에 배분하는 당년이윤배분제도와 이윤의 일부를 보류하여 구성원의 차후 연금(pension)이나 안정된 임금지불에 적용하는 이연이윤배분제도, 그리고 이 두 형태를 겸비한 결합이윤배분제도의 세 가지 종류로 구분된다.

미국에서 80% 이상이 결합이윤배분제도를 채택하고 있으며, 연금이 가장 큰 비중을 차지하고 있다. 이러한 배분에 의해 보통 구성원들이 받는 액수는 일상 월급의 10%를 넘는 경우가 많지 않다.

이윤배분제도는 오랜 역사를 지니고 있지만 근래에 와서 기업에 널리 활용되고 있다. 이윤배분제도로 가장 널리 알려진 기업은 링컨전기회사(Lincoln Electric Company)이다.

이윤배분제도의 경우 이윤배분액의 결정문제(적정이윤액의 배분), 구성원의 노력과 성과, 보너스와의 연결문제, 동기부여문제(위생요인으로 작용) 등이 대두된다.

3) 종업원지주제도

종업원지주제도에는 여러 종류와 형태가 있지만 크게 세 가지로 분류된다. 첫째는 조직체로부터 독립된 별도의 기구를 설립하여 조직체의 주식을 구입하고 이를 구성원들에게 배정하여 신탁자산의 형태로 관리하는 우리사주제도(ESOP : employee stock ownership plan)이다. 둘째는 조직체와 구성원들이 퇴직기금의 축적을 목적으로 공동으로 출연한 자금을 운영·관리하는 과정에서 조직체의 주식을 매입하는 제도이다. 셋째는 구성원들이 조직체로부터 제공받은 주식옵션을 행사하여 자기 조직체의 주식을 획득하는 주식옵

선제도(stock option plan)이다. 이외에도 조직체가 구성원들에게 상여금의 성격으로 자사주를 무상으로 주는 주식상여제도(stock bonus plan)와 조직체 이익의 일부를 자사주의 형태로 지급하는 이윤배분제도 등이 있다.

이러한 종업원지주제도의 기본목적은 조직구성원들이 주주가 됨으로써 경제적인 이득은 물론 회사에 대한 애사심과 충성심을 증진시켜 근로의욕을 높이고 생산성과 성과를 높이는 데 있다. 또한 자본민주화와 관련하여 구성원들이 회사소유에 참여하여 중산계층을 점차 확대시킴으로써 원만한 노사관계와 사회적 안정을 도모하는 것도 이념적 목적이라고 할 수 있다. 최근 유능한 인재와 전문경영인의 영입 및 고성과를 위한 동기부여와 관련하여 주식옵션제도를 도입하는 조직체도 급격히 증가하고 있다.

종업원지주제도의 성공요건은 다음과 같다. 첫째, 기업의 공개는 물론 기업을 구성원들과 공동소유하고 그들과 공존공영한다는 이념하에 실시되어야 한다. 둘째, 구성원들에게 불이익을 가져오지 않게 하기 위해서는 조직체가 장기적으로 지속적으로 성장할 수 있는 조건을 갖추는 것이 바람직하다. 셋째, 조직체는 구성원들에게 지주제도에 관한 개념과 경제적 이득 등 그들에게 어떠한 영향을 주는지를 잘 인식시키고 매출과 이익 그리고 생산성과 주식가격의 변동 등 조직체의 성과와 관련한 자료를 구성원들에게 주기적으로 공개함으로써 주식구매결정에 도움을 주어야 한다. 넷째, 구성원들의 업무수행과정에서 그들이 의사결정에 참여하는 기회를 되도록 확대시켜 성과상에 시너지효과를 극대화시키고 나아가서 종업원지주제도를 더욱 강화시킬 필요가 있다.

한편 주식옵션(또는 주식매입 선택권)이란 근본적으로 조직체 임직원이 일정한 가격으로 일정량의 자사주식을 구입할 수 있는 권리를 말한다. 임직원은 회사가 주식옵션을 제공할 때 결정한 행사가격으로 원하는 시기에 주식을 취득한 후 주식을 팔아 시세차익을 얻을 수 있다. 주식옵션은 기업의 가치가 높아질수록 임직원에게 더 많은 금전적 보상을 보장하기 때문에 기업가치를 높이려는 임직원들의 의욕을 북돋우는 데 유리한 보상제도로 인식되고 있다.

4) 집단 성과급의 단점

개인 성과급에서 성과급을 당연시여기는 단점과 같이 집단 성과급에서도 그러한 점이 단점으로 지적될 수 있다. 또한 집단 성과급은 집단 내 개인의 노력과 보상 간의 정확한 연결이 어려우며, 일하지 않고 무임승차하려는 구성원들 때문에 불화(시기 질투)가 발생할 수 있다. 즉 자신이 일한 내용과 타인이 일한 내용에서 불공정성을 느끼게 된다. 따라서 이러한 불화와 불공정성을 없애기 위해서는 교실에서 각 조원들이 다른 조원들을 평가하게 하는 것과 같이 동료에 의한 평가를 하는 것이 방법이다.

제5절 ● 복리후생

1. 복리후생의 개념 및 내용

기본임금과 수당, 성과급 이외에 구성원들의 경제적 안정과 생활의 질을 향상시키기 위한 간접적 보상을 복리후생(employee benefits)이라 부른다. 전통적으로 복리후생은 보완급부(supplementary benefit)의 개념하에 기본임금에 더하여 부여되는 추가적인 혜택으로 취급되어 왔으나 근래에 와서 그 비중이 커짐에 따라 포괄적인 복리후생 개념으로 변해가고 있다.

1) 법정복리후생

법정복리후생이란 법에 의하여 종사원들과 그들 가족의 사회보장을 위하여 직장생활이나 일상생활의 여러 가지 위험으로부터 보호하는 것이다. 우리나라에서는 의료보험, 산업재해보험, 고용보험, 국민연금 등 사회보험이 적용되어 조직체가 보험료의 일부 또는 전액을 부담한다. 또

그림 12-9_복리후생 사례

한 「근로기준법」에 따른 퇴직금의 지급도 법정복리후생에 포함된다고 볼 수 있다.

2) 경제적 복리

법정복리후생 외에도 구성원들과 그 가족들의 경제적 안정에 관련된 프로그램들은 다음과 같다.

① 주택급여와 주택소유를 위한 재정적 지원
② 구성원 본인 및 직계가족의 경조사, 재해에 대비하는 공제제도
③ 교육비 지원
④ 급식, 통근, 구매, 매점 등 소비생활의 보조
⑤ 퇴직금과 의료비 등 법정복리 이외의 추가혜택
⑥ 예금, 융자 등의 금융제도

3) 건강과 여가

종사원들의 건강을 위한 의료실운영, 건강상담, 이미용실 운영, 운동 및 여가시설의 운영 등을 포함한다. 또한 도서실과 문화회관, 교양강좌 및 기타 문화활동에 대한 편의와 보조를 제공하는 것이다.

4) 휴가와 무노동시간 보상

월급을 받는 종사원의 경우에는 법정 휴일과 병가, 연차휴가, 개인적인 사유의 결근 등 실제로 일하지 않는 날과 시간에 대해서도 보상을 한다. 또한 중식시간, 휴식시간, 세수시간, 탈의시간, 개인적인 용무로 자리를 비우는 시간 등의 무노동시간에 대해서도 임금을 지불한다.

2. 효과적인 복리후생프로그램의 설계

1) 복리후생과 조직체 성과

복리후생은 프로그램이 좋지 않으면 불만족을 야기하지만 좋다고 해도 종사원들의 동기를 크게 작동시키지는 못하는 위생요인의 역할을 하고 있다. 따라서 종사원들의 동기부여를 위한 복리후생프로그램의 설계가 중요하다.

2) 복리후생 욕구분석

복리후생에 대한 욕구는 조직구성원들에 따라 천차만별이다. 따라서 인구통계적 특성에 따른 분석을 통해 공통분모를 찾아내고 최근 선호하는 복리후생에 대한 욕구를 지속적으로 충족시켜 나가는 것이 중요하다.

3) 카페테리아 복리후생프로그램

종사원 개인의 욕구에 따라 그들로 하여금 선호하는 복리후생 패키지를 선택하도록 하는 신축적인 프로그램이 카페테리아 복리후생프로그램이다. 그러나 이러한 카페테리아 복리후생프로그램은 조직체에 많은 비용부담을 안기며 관리업무도 대폭 증가하는 단점이 있다. 또한 노조가 있는 조직체에서는 그들의 저항도 감안해야 한다. 왜냐하면 복리후생 옵션선택에 있어 종사원들에 대한 노조의 역할과 영향력이 감소되기 때문이다.

4) 복리후생의 범위와 한계

복리후생이 종사원들의 경제적 안정과 사기향상에 도움이 되는 것은 사실이다. 하지만 조직체에 큰 경제적 부담을 안겨준다. 또한 복리후생과 종사원들의 성과와의 관계는 불확실하거나 낮은 것으로 인식되고 있다. 따라서 조직체에서는 복리후생의 효익분석도 실시하며 특히 경쟁사 및 시장에서의 상황을 고려하여 복리후생프로그램을 실계애 나가아 할 것이나.

제 **13** 장

이직률 및 징계 관리

제13장
이직률 및 징계 관리

환대산업의 이직률은 타 산업에 비해 높다. 따라서 이직률 관리에 의한 종사원 유지율이 높을수록 기업의 성공여부가 결정된다. 본 장에서는 이직의 원인과 해결책을 알아본다. 또한 징계를 통한 종사원의 성과를 확인하는 방법 및 해고와 퇴직인터뷰의 중요성에 대해 알아본다.

제1절 ● 이직률 문제

어떤 직무의 직원이 떠남으로써 새로운 직원을 선발하여 채용하는 절차가 매번 필요하게 되는데 이러한 이직과 관련된 문제는 환대산업에서 문제점으로 지적받으며 관리자들이 이러한 이직률과의 전쟁을 하도록 하고 있다. 특히 환대산업의 이직률은 여타 산업에 비해 매우 높은 것이 보편적이다. 따라서 이러한 이직과 관련된 문제점을 알아보고 인적자원관리 차원에서 원인을 찾아 미연에 방지하려는 전략적 선택이 필요할 것이다.

1. 이직률

1) 이직률의 결정

일반적으로 이직률은 (이직한 종사원의 수 ÷ 평균 종사원의 수) × 100으로 구한다. 이때 평균직원의 수는 기초의 평균종사원 수와 기말의 평균종사원 수를 더해서 2로 나누면 된다. 그러나 이직률에서 봤을 때 회사의 측면에서 이직을 바람직하게 여기는 종사원들이 있는가 하면 회사에서 떠나면 안 될 종사원들이 이직하는 경우가 있다. 따라서 실질이직률(unwanted turnover rate)은 (이직한 종사원의 수 − 바람직한 퇴사 종사원 수) ÷ 평균 종사원 수 × 100으로 구하면 된다.

이직은 일반적으로 새로운 직원을 다시 선발하여 재교육하게 되는 과정이 필요하므로 비용을 수반하게 된다. 또한 기존 직원들에게는 부정적인 영향을 미치게 된다. 즉, 사기가 떨어지게 되며, 일상적인 일의 내용이 복잡하게 되는 단점이 있다. 조직의 안정성도 떨어지게 될 것이다.

연구조사에 따르면 종사원교육훈련의 경우 이직률 감소, 개인 및 집단 성과급의 지급 시 이직률 감소, 급여가 수수료나 성과급으로 제공되는 경우 이직률 증가, 종사원들에게 의사결정권한을 부여할수록 이직률 감소, 자율적 작업집단일수록 이직률 감소 등으로 상관관계가 높은 것으로 조사되었다. 그러나 환대산업의 일반적인 높은 이직률에 대해서는 특별히 조사된 내용이 없는 것도 문제이다.

2. 이직에 따른 비용

1) 이직률 비용

이직에 따라 발생하는 비용은 보통 시간급, 일반직원, 관리자 등 각 직급별로 1년 연봉 정도가 들어간다고 한다. 예를 들면 시간급의 경우 월 50만 원일 경우 1년이면 600만 원 정도의 연봉이 들어간다. 따라서 1년 정도 시간급으로 일한 직원이 이직할 경우 600만 원 정도의 비용이 소요된다는 것이다. 관리자의 경우도 마찬가지로 만약 연봉이 6,000만 원 정도이면 이직에 따른 비용이 6,000만 원 소요된다는 것이다.

그러한 비용을 구분하여 보면 이직비용(separation costs)은 퇴직금, 퇴사면접비용, 서류비용, 복리후생의 말소비용 등이 발생하며, 대체비용(replacement costs)은 신규사원 모집비용, 심사비용, 인터뷰비용, 시험비용, 교통비, 의료비용 등이며, 교육훈련비용(training costs)은 신입사원 오리엔테이션 비용, 신입사원 정보비용, 교육자재 구매비용, 교육비용 등이다. 또한 낮은 생산성도 보이지 않는 훈련비용에 속한다. 보통 신입사원이 생산성에 도움이 될 정도가 되려면 3개월 정도가 지나야 한다.

2) 기타 비용과 효과

높은 이직률은 먼저 주가를 하락시키며, 관리자들의 경력에 부정적인 영향을 미친다. 즉 관리자의 능력이 시험대에 오르면 이는 향후 관리자로서 타 직장에 경력직으로 입사할 시 문제를 발생시킨다.

주로 발생되는 비용은 금전적 비용(퇴직금 등), 서비스품질의 하락, 서비스의 통일성 하락, 관리효과의 감소, 매출하락, 기업의 확장불가, 바람직한 종사원의 퇴사, 임금하락, 시간낭비 등이다.

3. 이직의 원인

대부분의 연구자들은 이직의 원인을 외부원천보다는 내부원천으로 보고 있다. 3가지의 주요 원인은 ① 낮은 보상, ② 부적절한 채용전략, ③ 사기를 저하시키는 관리실패 등이다. 환대산업에서는 문화, 채용전략, 승진전략 등의 실패를 원인으로 보고 있다. 또한 일용직을 많이 활용하는 것도 환대산업 이직률에 커다란 영향을 미치며, 종사원의 기대감을 충족시키지 못할 경우에 이직이 발생한다고 한다.

연구에 의하면 환대산업이 아닌 일반 비즈니스의 경우 근무스케줄이 문제가 되는 경우가 있지만 환대산업의 경우 신축적인 근무스케줄을 오히려 더 선호하는 경향이 있다. 또한 타 산업에서는 신규사업이 발생할 경우 기존 사원들이 이직하지 않으려고 하나 환대산업의 경우는 다르다는 것이다.

환대산업 이직률의 주요 원인을 살펴보면 다음과 같다.

① 관리감독의 품질이 원인이 된다(quality of supervision). 이는 종사원이건 관리자들이건 기업 관리의 품질에 대한 기대감을 갖고 있다는 것이다. 즉 정확하고 미래지향적인 관리감독이 이루어지는 품질 높은 경영을 기대하고 있다는 반증이다.

② 비효과적인 커뮤니케이션이다. 이는 상사와 부하 간의 커뮤니케이션뿐만 아니라 동료들 간의 커뮤니케이션을 포함한다.

③ 작업조건, ④ 동료직원의 수준, ⑤ 기업문화, ⑥ 낮은 보상수준과 복리후생,

⑦ 책임의 명확한 설정, ⑧ 직무의 역할모호성,

⑨ 광고에서 나타난 서비스에 대한 기대(commercialized expectation)로 인해 고객들의 기대된 서비스에 반응해야만 하는 감정노동(emotional labor)은 종사원들을 피곤하게 한다.

⑩ 경력계획의 부재, ⑪ 리더십의 변화, ⑫ 제한된 경력기회,

⑬ 기업의 철학과 실제의 변화, ⑭ 기업비전의 부재, ⑮ 직무 변동가능성 등이다.

4. 종사원유지프로그램

이직률을 줄이기 위해 시행되는 모든 프로그램을 유지프로그램(retention programs)이라고 한다. 이직률을 완벽하게 없앨 수는 없지만 이를 낮출 수 있는 단기 및 장기적 대책이 있다.

1) 단기적 대책(short-term remedies)

① 조직의 문화를 표출하라(Surface the organization's culture) : 모든 조직은 고유한 문화를 갖고 있다. 기업문화에 맞는 인재를 선발하면 이직률을 줄일 수 있다. 왜냐하면 그는 기업에서 일할 경우 집과 같이 느낄 수 있기 때문이다. 조직문화의 표출은 평상시 표출되지 않고 깊이 숨겨져 있던 가치, 믿음, 가정들을 표출하여 무엇이 중요한 것인지를 확인시키는 것이다. 이를 수행하기 위한 최선의 방법은 전문가의 도움을 받아 표출하는 것이다. 예를 들어 종사원들과 함께 일해야 한다는 가치가 있는 회사에서는 관리자들이 소매를 걷고 접시를 닦고 고객을 체크인시키며 그 밖

의 일들을 해야만 한다. 그러나 종사원들의 일을 단순히 관리만 해야 한다는 가치가 있는 회사에서는 부하에게 효과적으로 위임하는 관리자들을 존중할 것이다. 하지만 조직 차원에서 종사원들과 함께 일하는 관리자를 선호한다면 단순히 부하들을 관리하는 것만으로 종사원 유지를 시도할 경우 큰 위험에 처할 수 있다. 따라서 조직문화에 따라 종사원 유지를 시도해야 할 것이다.

② 종사원들이 떠나는 이유를 발견하라(Find out why employee leave) : 대부분의 환대산업 기업들은 종사원들이 떠나는 이유를 알지 못한다. 소수의 기업들만이 조직의 문제를 발견하고 치유하기 위해 이직과 관련된 자료를 수집한다. 퇴사인터뷰가 수행되어야 하는 이유는 첫째, 종사원들의 이직이유를 파악하고 둘째, 이직을 낮추기 위해 무엇이 변해야만 하는지를 알아야 한다. 따라서 관리자들은 이직자들의 리스트를 만들고 그 이유를 서류로 만들어야 한다. 이러한 정보들은 신입사원 선발에서 유용하게 사용될 수 있다. 연구에 의하면 조직을 떠나거나 남으려는 의도는 조직차원의 지원이나 몰입에 영향을 많이 받는다고 한다. 즉 조직이 더욱 지원적이고 종사원에 몰입하면 종사원들은 더 쉽게 조직에 머무르려 한다는 것이다.

③ 종사원들이 머무는 이유를 발견하라(Find out why employee stay) : 종사원들이 떠나는 이유보다는 머무는 이유를 파악하는 것이 더 중요하다. 왜냐하면 다른 종사원들이 머무르게 할 수 있기 때문이다. 태도조사(attitude surveys)는 종사원들이 조직에 남는 이유를 가장 간단하면서 가장 효과적으로 파악할 수 있는 방법이다. 이런 조사에 의해 종사원들이 그들의 일과 작업환경에 대해 어떻게 느끼고 있는지를 확인할 수 있다. 그러나 태도조사에서 종사원들이 관리층에게 자신들의 의견이 전달될까봐 정확한 답변을 하지 않을 수 있다. 이런 문제는 전문가들에게 조사를 의뢰하여 해결할 수 있다.

④ 종사원들이 원하는 것이 무엇인지 질문하라(Ask employees what they want) : Marriott Hot-Shoppes는 관리자 및 종사원들에게 그들의 직무에서 원하는 것을 질문하는 종사원의견조사를 시행한다. Marriott는 이러한 조사의 결과에 의해 이직률을 대폭 줄일 수 있었다. 종사원의견조사는 타 산업에서는 많이 이용되지만 환대산업에서는 흔하지 않다. 때때로 관리자들은 조사를 통해 종사원들의 비현실적인 기대감이 만

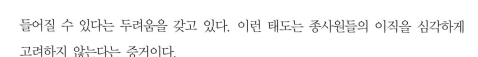
들어질 수 있다는 두려움을 갖고 있다. 이런 태도는 종사원들의 이직을 심각하게 고려하지 않는다는 증거이다.

⑤ 종사원들에게 의견제시할 기회를 줘라(Give employees a voice) : 종사원들은 고충처리, 제안제도, 공식적 또는 비공식적인 관리자들과의 회의, 카운슬링 서비스, 옴부즈맨, 태도조사, 종사원신문, 최고경영자와의 hotlines, 기타 방법들로 그들의 의견을 제시할 수 있다. 관리자들이 종사원들의 의견을 많이 듣는다면 종사원을 유지하는 데 많은 도움이 될 수 있다.

⑥ 관리자들이 자신들의 편견을 알게 하라(Make managers aware of their biases) : 관리자들은 종사원들이 진정으로 원하는 것을 결코 모른다. 일반적으로 돈을 가장 중요하게 여긴다고 믿는다. 하지만 돈은 최소한의 의식주를 해결하게 되면 다른 욕구로 변한다. 표준화된 조사에 의해 종사원과 관리자들이 원하는 바를 조사한 결과 직무수행에 대한 인정, 기술과 능력을 개발할 수 있는 기회, 의사결정에 참여할 수 있는 기회 등으로 나타났다. 따라서 관리자들이 종사원들의 바람을 알게 한다면 종사원을 유지하는 데 많은 도움이 될 것이다.

⑦ 기업의 목적에 맞는 모집프로그램을 개발하라(Develop recruiting programs that meet the company's needs) : 많은 관리자들은 부족한 부서의 인력을 즉시 채우기 위해 무능한 직원을 채용하는 우를 범한다. 하지만 이러한 인력선발에 무능한 회사는 그만한 이유가 있기에 어쩔 수 없다. 이런 우를 범한 관리자들은 무능한 직원이 오래 근무할 수 없다는 것을 알고 있으며 어쩔 수 없다고 생각한다. 따라서 이러한 무능한 직원선발의 우를 범하지 않기 위해서는 성공한 직원들의 특성에 대한 프로파일을 준비할 수 있다. 또한 이를 기반으로 회사에서는 유능한 직원을 뽑을 수 있도록 보다 창조적인 모집방법을 개발할 수 있다.

⑧ 조직의 문화를 반영한 오리엔테이션 프로그램을 개발하라(Develop orientation programs that reflect the organization's culture) : 오리엔테이션 프로그램에서는 기업의 문화를 가르쳐야 한다. 많은 기업들이 일상적인 오리엔테이션을 실시하는데 그 결과 더 많은 이직을 만들어내고 있다. 신입사원이 이직을 결심하는 것은 첫 교육프로그램들이 잘못된 경우가 많다.

⑨ 보다 진지하게 인터뷰하라(Take interviewing seriously) : 컴퓨터산업에서는 '쓰레기를 넣으면 쓰레기가 나온다'라는 격언이 있다. 인터뷰에서도 마찬가지이다. 면접을 보는 것은 매우 어려운 일이다. 많은 관리자들이 면접을 소홀히 하거나 이를 심지어 부하직원들에게 위임하는 경우도 있다. 사실 응시자들은 면접 시에 자신과 조직의 특성이 일치하는지를 판단하는 기회를 갖게 된다. 많은 기업들이 관리자들의 인터뷰스킬을 향상시킴으로써 이직을 줄이고 있다.

⑩ 진지하게 이직률을 관리하라(Take managing turnover seriously) : 관리자들은 이직률을 심각하게 생각하지 않는다. 이직은 어쩔 수 없이 일어나며 잘못된 직업윤리 때문이라 생각한다. 그러나 관리자들은 이직이 매우 심각한 일이며, 이직의 원인이 자기 자신 때문이라는 사실을 깨달아야만 한다.

2) 장기적 대책(long-term remedies)

단기적 대책은 자료를 수집하여 단기적인 처방에 그치지만 장기적으로 이직에 대비하는 것은 조직의 변화에 초점을 맞추어 시간과 비용을 고려한 대책이다.

① 사회화 프로그램을 개발하라(Develop socialization programs) : 사회화란 개인이 새로운 직장생활을 시작하면서, 새로운 클럽에 가입하면서, 또는 새로운 것을 시작하면서 경험하는 지속적인 과정이다. 사람들은 그들의 환경에 익숙해지면서 규칙과 일의 방법을 터득한다. 성공한 기업들은 사회화프로그램을 적극 시행하고 있다. 그 사례로 Disney에서는 신입사원시절 Disney의 신조인 '꿈꾸고 믿고 실행하라'라는 신조를 사회화시키고 있다. 사회화프로그램은 신입사원들이 기업의 문화와 규칙을 해석하여 그들의 과업을 효과적으로 수행하도록 교육시키는 것을 말한다. 환대산업의 기업들은 신입사원시절인 입사 후 1~2개월 이내에 많은 직원들이 이직한다는 것을 알고 사회화프로그램을 적극 시행해 나가야 할 것이다. 최근 연구에서 효과적인 사회화 프로그램은 이직률을 낮춘다는 연구결과가 있다.

② 추가적인 언어로 교육프로그램을 개발하라(Develop training programs in additional lanauages) : 예를 들어 미국의 호텔산업에는 스페인어를 구사하는 직원들이 많다.

이들은 스페인어를 제1언어로 구사한다. 그럼에도 불구하고 회사에서는 언어교육 (영어)을 실시하지 않는다. 왜냐하면 관리자들은 회사의 규칙, 정책, 직무책임을 설명하기 위해 영어와 스페인어를 동시에 구사하는 직원들을 구하기 때문이다. 이는 관리자들의 의무를 포기하는 것이다.

③ 경력계획을 설정하라(Establish career paths) : 많은 종사원들은 환대산업에서의 직무들을 임시직으로 생각한다. 이는 환대산업에서 경력계획을 마련하지 않고 있기 때문이다. TGI Fridays에서는 여러 가지 초급관리자 과정을 개발하여 교육을 실시함으로써 관리자를 육성하는 프로그램을 설계하여 이직률을 최소화하였다.

④ 이윤분배제도를 시행하라(Implement partner/profit-sharing programs) : Au Bon Pain, Harman Management Company, Golden Corral, Cheesecake Factory, Chick-fil-A 같은 레스토랑 기업에서는 이윤분배제도를 시행하여 이직률을 낮추고 있다. 특히 Harman Management와 Chick-fil-A에서는 기업주식의 40%까지 소유할 수 있게 하여 관리자들의 이직률을 대폭 낮추고 있다.

⑤ 보상프로그램을 시행하라(Implement incentive programs) : 다양한 보상을 지급함으로써 종사원들을 유지할 수 있다. 예를 들면 오래 근무한 직원들에게 성과급을 더욱 많이 지급하거나, 대학에 진학할 수 있는 기회를 부여하기, 연말에 성과급의 지급 등으로 다양하다. 보상프로그램의 성공을 위해서는 첫째, 종사원들이 필요로 하는 프로그램을 선택해야 한다. 둘째, 시간적 여유가 없어 종사원들이 선택할 수 없는 경우가 있어서는 안 된다. 따라서 시간적 여유가 적정하도록 프로그램을 개발하는 단계에 종사원들을 포함시켜서 결정해야 한다.

⑥ 자녀 돌보기와 가족 카운슬링을 제공하라(Provide child care and family counseling) : 육아를 해야 하는 여성들과 임신한 여성들을 위해 자녀 돌보기 서비스를 제공하고 가족문제에 대한 카운슬링을 제공하여 성공한 기업들이 많다. 환대산업은 아직 이러한 서비스에 익숙하지 않지만 향후 이직률을 낮추기 위한 전략으로 적절하다.

⑦ 다양한 모집정책을 세워라(Identify alternative sources for employee recruitment) : 노인층, 젊은층에 대한 모집계획을 세워 다양한 모집원천을 개발하는 것이 유용하다. 또한 이민자, 소수민족, 장애인 등에 대한 모집도 가능하다. 관리자들은 법적인

문제를 고려하여 모집의 원천을 다변화할 필요가 있다.

⑧ 급여등급을 다시 고려하라(Reconsider pay scales) : 환대산업의 급여수준은 아직도 여타 산업에 비해 낮은 편이다. 따라서 이직을 고려하는 주원인이 될 수 있다. 서비스품질을 고려해서라도 급여수준은 산업 내에서 최하위를 벗어나야 한다. 예를 들면 주유소 아르바이트보다 못한 웨이터의 시급은 문제가 될 수 있기 때문이다.

3) 성공적인 종사원 유지프로그램

이직률에 대한 단기 및 장기 대책에도 불구하고 성공을 위한 중요요소는 다음과 같다.

① 최고경영자의 전폭적인 지원
② 관리층의 프로그램 실행, 유지 및 지원
③ 시간과 비용 지출의 보장

최근 Hay Group(50만 명의 종사원과 300개 기업을 소유)에서 50개의 종사원 유지요인들을 발견했는데 그중에서 10가지를 소개하면 다음과 같다[1].

① 경력발전, 학습, 개발
② 흥미있고 도전적인 직무
③ 의미있는 직무(차별화되고 공헌할 수 있는 직무)
④ 훌륭한 동료직원
⑤ 팀의 일원이 되는 것
⑥ 좋은 상사를 갖는 것
⑦ 직무수행에 대한 인정
⑧ 자율성의 보장
⑨ 신축적인 근무스케줄
⑩ 급여 및 복리후생

또한 관리자들은 종사원 유지프로그램을 개발할 경우 7단계를 고려해야 한다고 한다.

---

1) Kaye, B., & Jordan-Evans, S.(2000), Retention Tag : You're It, *Training and Development*, 54(4) : 29-34.

① 모든 이직 및 퇴사 인터뷰의 정보를 수집 · 분석

② 종사원 유지에 대한 기업신념 및 태도를 알기 위한 조사 수행

③ 미래 계획 세우기(95%의 유지 목표 등)

④ 초점집단 및 관리자와 종사원들의 의견조사

⑤ 자료 모집 및 분석

⑥ 유지에 성공한 직원을 선발하여 본보기로 함

⑦ task force팀의 구성

제2절 ● 징계

징계는 반드시 필요한 경영도구이지만 관리자가 이용하기에 매우 어려운 것 중의 하나이다. 많은 관리자들은 지속적으로 징계를 사용하지 않으며 사용한다고 해도 정확하게 이용하지 못하고 있다. 몇몇 관리자들은 미래의 행동을 수정하기 위한 수단으로 징계를 바라보지 않고 과거의 잘못된 행동에 대한 벌로써 이해하고 있다. 이는 징계에 대한 관리자들의 잘못된 생각이다.

1. 징계시스템의 확립

관리자들이 징계시스템을 확립하기 위해서는 종사원들이 수행해야 할 규칙을 정립해야 한다. 종사원 매뉴얼, 교육훈련, 직무기술서, 성과표준 등은 종사원들에게 공지되어야 하는 규칙이다. 다음은 징계를 할 수 없는 경우이다.

• 종사원이 무엇을 해야 하는지 몰랐을 때

• 종사원이 그가 수행해야 할 일의 방법을 몰랐을 때

• 비현실적인 기대감

• 종사원과 직무의 잘못된 배정

• 훌륭한 과업을 수행하도록 동기부여되지 못한 종사원

따라서 관리자들은 다음과 같은 과업을 수행해야 한다.

- 합리적인 규칙의 확립
- 종사원들에게 규칙을 확인시켜 주기
- 공정한 규칙을 세우기
- 징계의 원인이 되는 종사원의 행동을 서류화하기

2. 징계관리

징계에는 뜨거운 주전자(hot stove approach), 단계적 징계(progressive discipline) 등의 전통적인 징계방법과 예방적 징계(preventive discipline)가 있다.

1) 뜨거운 주전자(hot stove approach)

뜨거운 주전자를 만지면 누구든지 화상을 입는 경우이다. 이러한 hot stove rule은 다음과 같은 원칙이 있다.

① 즉각성(immediacy) : 규칙을 위반하게 된 직후 바로 징계가 이루어진다. 예를 들어 회사의 금품을 훔친 경우에 바로 징계조치된다.

② 경고(warning) : 뜨거운 주전자에 손을 대면 화상을 입는다는 경고메시지가 사전에 주어지듯이 관리자들은 사전에 회사의 규칙을 알려주어야 한다.

③ 일률성(consistency) : 징계는 모든 사람에게 동등하게 진행되어야 한다는 것이다. 즉 뜨거운 주전자는 모든 사람에게 동등한 화상을 입힌다.

④ 비개인성(impersonality) : 징계의 대상은 잘못된 행동이지 사람이 아니다.

⑤ 적절성(appropriateness) : 징계의 정도는 잘못된 행동의 정도와 같아야 한다는 것이다.

이러한 징계의 접근에서 가장 큰 문제는 모든 종사원들에게 동등하게 적용된다는 것이다. 만약 신입사원의 경우 회사의 규칙을 완전하게 이해하지 못한 상태에서 징계를 당하게 되는 경우와 회사의 규칙을 이해하고 있는 기존 직원이 징계를 받는 경우는 다르다는 것이다.

2) 단계적 징계(progressive discipline)

단계적 징계는 구두경고, 서면경고, 강등, 해고 등의 순서로 발전하면서 단계적으로 이루어진다. 구두경고(oral warning)는 서류가 없는 비공식적인 경고이며, 서면경고(written warning)는 공식적으로 종사원의 서류에 경고서류(경위서 또는 시말서)가 포함되는 경우이다. 강등(suspension)은 보통 대기발령에 해당되는 것이며, 해고(discharge)는 종사원에 대한 계약을 종료하는 것이다.

3) 예방적 징계(preventive discipline)

예방적 징계와 hot stove rule, 단계적 징계시스템과의 차이점은 원인을 찾는 것이냐 징후를 찾는 것이냐이다. 상사와 부하 간의 커뮤니케이션은 상호 간에 동등하게 이루어지고, 성인 간에 이루어지며, 벌이 아닌 문제해결에 초점을 맞추게 된다. 이러한 예방적 징계의 중요한 점은 각 종사원들이 자신의 잘못된 행동에 대해 고칠 수 있는 시간과 기회가 주어져야 한다는 것이다. 따라서 예방적 징계는 긍정적 징계(positive discipline)라고도 하는데 구두주의(oral reminders), 서면주의(written reminders), 급여지급상태의 의사결정(paid decision-making leave), 해고(discharge) 등의 순으로 진행된다.

3. 고충상소(appeal mechanisms)

모든 효과적인 징계프로그램들은 종사원들을 위해 상부에 상소할 수 있는 여지를 갖고 있다.

1) 체계적인 상소(hierarchical appeals process)

체계적인 appeal은 종사원이 바로 직속상사에게 상소하고 문제가 해결되지 않으면 그 다음 상사에게 지속적으로 상소하는 것을 말한다. 이러한 상소는 문제가 해결될 때까지 지속적으로 진행된다.

2) 열린 문 상소(open-door appeal process)

Open-door appeal은 체계를 떠나 조직 내의 모든 관리자들에게 호소할 수 있는 시스템이다. 그러나 자기 관할이 아닌 경우 관리자들은 이러한 호소에 대해 꺼리며 관련부서의 직속상사에게 호소내용을 보내게 된다.

3) 동료상소(peer review appeals process)

동료관점의 상소접근은 관리자를 포함한 종사원들의 위원회를 구성하여 상소내용을 호소하는 것이다. 이는 종사원들이 징계내용에 대해 자신의 주장을 종사원의 입장에서 표명할 수 있으므로 혹 상소가 해결되지 않더라도 다른 시스템보다 불만족은 덜하다. 노조가 조직된 기업에서의 관리자들은 노조와의 협상내용에 주의해서 상소내용을 검토해야 한다.

4) 옴부즈맨 상소(ombudsman appeal process)

옴부즈맨 상소는 대학이나 정부기관에서 많이 사용되나 기업에서는 거의 사용되지 않는다. 옴부즈맨은 상호의 문제에 대해 듣고 받아들여질 수 있는 해결책을 제시하며 중재하는 입장이다. 따라서 옴부즈맨은 의사결정권한이 없는 것이 보통이다.

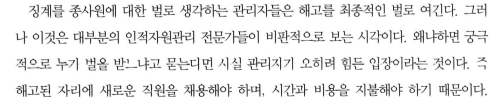

제3절 ● 해고

징계를 종사원에 대한 벌로 생각하는 관리자들은 해고를 최종적인 벌로 여긴다. 그러나 이것은 대부분의 인적자원관리 전문가들이 비판적으로 보는 시각이다. 왜냐하면 궁극적으로 누기 벌을 받느냐고 묻는다면 사실 관리지기 오히려 힘든 입장이라는 것이다. 즉 해고된 자리에 새로운 직원을 채용해야 하며, 시간과 비용을 지불해야 하기 때문이다. 이는 관리자들이 직원들을 잘못 교육시키고 동기부여하지 못해서 생긴 대가이기도 하다.

따라서 해고는 매우 신중하게 고려해야 하며 최후의 수단으로 사용해야 한다.

1. 부당해고 문제

조사에 의하면 미국 최고경영자들의 40%가 잘못된 해고에 의해 고소를 당하고 있으며 법원비용의 13%를 지불하고 있다. 이는 기업들의 입장에서 부당해고가 얼마나 큰 실수인지를 알게 해준다. 따라서 관리자들은 해고를 진행하기 전에 다음과 같은 질문을 통해 해고의 정당성을 입증해야만 한다.

그림 13-1_해고의 사례

- 종사원은 직무에 대해 알고 있었는가?
- 회사의 규칙은 명확하고 공정하게 종사원에게 인식되었는가?
- 관리층은 그 규칙이 왜 중요한지를 설명하였는가?
- 위반된 규칙은 조직에 합당하고 중요한 것이었는가?
- 증거자료들은 해고를 하기에 충분하고 믿을 수 있는가?
- 위반된 규칙의 심각성에 비추어 징계는 적정한가?
- 성과평가의 과정은 공정하고 완벽했는가?
- 관리층은 저성과를 확인하고 그들의 행동을 수정하기 위해 진정한 노력을 했는가?
- 이러한 규칙위반은 모든 종사원들에게 일률적으로 적용하고 있는가?

또한 부당해고로 인한 피해를 줄이기 위해 관리자들은 보다 적극적으로 다음과 같은 선제적 노력을 해야 한다.

- 효과적인 채용규정에 대한 종사원들의 인식제고
- 확실한 종사원의 성과평가
- 해고의 가능성이 있는 문제들을 자세히 조사하기
- 주기적으로 종사원 및 고객에 대한 회사의 법적 책임 확인하기

- 윤리적인 경영
- 내부고발의 절차를 확립하기
- 종사원 인보험 가입
- 부당해고와 관련된 법적 사례 확인

2. 해고인터뷰

해고란 단계적 징계의 마지막 부분으로서 다음과 같은 목적으로 실시된다.

첫째, 징계절차에 대한 내용확인 둘째, 징계이유 설명 셋째, 최종 징계실시 등이다.

관리자들은 최종인터뷰에서 다음과 같은 절차에 유념해야 한다.

- 종사원의 재직기간 동안 잘못된 부분을 확인하라.
- 해고의 증거를 모두 읽고 인터뷰 동안 해고가 진행됨을 확인하라.(모든 해고기록들은 서류화되어야 한다.)
- 해고의 중요한 이유를 설명하라.
- 인터뷰 동안 종사원의 인격을 존중하라.
- 화를 내거나 개인적인 감정을 앞세우지 마라.
- 해고의 이유는 모두 비밀로 한다는 것을 종사원에게 주지시켜라.
- 해고와 관련된 증인을 보여줘라.
- 상소할 수 있는 여지가 있음을 종사원에게 주지시켜라.
- 취업가능한 여타의 회사를 소개하라.

해고인터뷰는 대부분 감정적으로 진행되므로 바람직하지 않은 결과를 초래할 수 있다. 따라서 상기의 안내에 따라 진행한다면 큰 어려움 없이 해고인터뷰를 진행할 수 있다.

제4절 ● 퇴사인터뷰

퇴사인터뷰(exit interview)는 해고된 직원뿐만 아니라 회사를 떠나는 모든 종사원들과의 인터뷰이다. 어떤 직원은 자발적으로 떠날 수도 있는데 이때 퇴사인터뷰를 통해 이직의 이유를 파악하는 것은 향후 성과향상에 많은 도움이 된다.

궁극적으로 퇴사인터뷰를 하는 목적은 더 많은 종사원들이 이직하지 않게 하기 위해 퇴사의 이유에 대한 정보를 파악하는 것이다. 이러한 정보들은 향후 성과향상에 중요한 단서들이다.

퇴사인터뷰는 잘못 진행되면 아무것도 얻을 수 없기 때문에 주의해서 진행해야 한다. 그러나 대부분의 기업에서는 퇴사인터뷰를 진행하지 않으며 한다고 해도 법적인 문제를 해결하기 위해 진행되는 경우가 많다. 그럼에도 불구하고 기업에서는 퇴사인터뷰를 진행함으로써 이직에 따른 비용을 감소시키는 차원에서 향후 발생될 이직이유를 예방해 나가야 할 것이다.

사실 정확한 정보를 인터뷰를 통해 얻기는 매우 힘들다. 왜냐하면 상사와의 면담에서 종사원들은 대부분 두려워하여 진실을 말하지 않기 때문이다. 따라서 이러한 퇴사인터뷰는 제3자에 의해 진행되는 것이 바람직하다. 일반적으로 종사원들은 좋은 직장 및 진급의 기회가 있어 회사를 떠난다고 하지만 사실 그것보다는 자신의 상사, 자신의 일, 자신의 동료를 싫어하기 때문이다.

1. 퇴사인터뷰의 원칙

퇴사인터뷰는 직속상사보다는 다른 부서(인사부서)의 상사와 진행하는 것이 바람직하다. 가장 좋은 것은 제3자와의 인터뷰이다. 상담사와의 인터뷰는 비용을 지불해야 하지만 중요한 직원의 이직이유를 파악하는 것은 이런 비용을 상쇄할 수 있기 때문이다.

퇴사인터뷰를 진행하는 관리자는 가급적 많은 정보를 얻기 위해 노력해야 하는데 먼저 비밀보장을 확인하고 종사원을 편하게 해주어야 한다. 퇴사하는 직원이 말한 내용은 회사의 발전에만 사용되며 종사원에게 다시 누가 되지 않는다는 내용을 설명하라. 열린 질문(open-ended question)을 통해 종사원들이 퇴사이유에 대해 가급적 많은 설명을 할 수 있도록 하라. 또한 인터뷰 장소는 방해받지 않고 완벽하게 사적으로 대화할 수 있는 곳을 선택해야 하며 종사원에게 집중할 수 있는 곳이 좋다. 다음과 같은 원칙들이 퇴사인터뷰에 도움을 줄 수 있다.

- 퇴사인터뷰는 근무기간의 마지막 주에 시도하고 마지막 근무날짜에 하지 말아야 한다. 퇴사자는 마지막 날에는 매우 바빠서 퇴사인터뷰에 집중하지 않기 때문이다.
- 비밀로 유지된다는 것을 확실하게 주지시켜야 한다.
- 종사원의 진정한 퇴사이유를 밝혀야 한다. 왜냐하면 종사원들은 진실된 퇴사이유를 밝히지 않기 때문이다. 좋은 조건에서 근무한 종사원은 떠날 이유가 없다.
- 1~3개월 후에 다시 인터뷰할 수 있도록 일정을 잡아야 한다. 퇴사 후에 안정된 종사원들은 진정한 이유를 밝힐 수 있기 때문이다. 또한 퇴사 후의 인터뷰를 통해 종사원이 다시 우리 직장에 재취업하고 싶어 하는지의 여부를 파악할 수 있다.
- 비밀을 보장한다는 말과 감사의 인사로 인터뷰를 끝내야 한다. 퇴사하는 직원은 언젠가 다시 회사에서 필요로 하는 직원일 수 있기 때문이다.

제**14**장

변화관리

변화관리

어제의 답이 오늘의 문제를 해결할 수 없다. 빠르게 변화하는 환대산업에서 고객들의 욕구와 필요, 기대감은 변화하고 있다. 유능한 관리자는 이러한 변화의 흐름을 빠르게 알아차리고 조직의 목표를 성취하기 위해 노력한다. 특히 변화의 흐름을 빠르게 감지하는 관리자들은 조직 내에서 유능한 관리자로 성장할 것이다. 하지만 변화에 적응하지 못하는 관리자들은 도태될 것이다.

기술의 진보에 따라 IT(information technology)의 변화는 조직의 변화를 빠르게 요구하고 있다. 예를 들어 프런트 오피스에서 주로 이용되는 컴퓨터의 시스템을 교체해야 하는 변화가 일어난다면 이는 프런트부서뿐만 아니라 다시 전 부서에 변화를 요구하게 된다.

변화의 흐름은 단지 IT업계뿐만 아니라 인구통계적, 사회 · 문화적, 정치적 · 법적, 경제적 등의 환경이 지속적으로 변화하면서 환대산업의 변화를 요구하고 있다. 따라서 본 장에서는 변화에 대한 내용을 살펴보고 변화모델을 학습한 후 단계별로 어떻게 변화가 이어지는지를 살펴보고자 한다.

제1절 • 안정과 변화

환대산업에서 안정과 변화의 힘은 동시에 나타난다. 모든 운영은 지속성을 요구한다. 효과적으로 계획을 세우기 위해서는 오늘 일이 제대로 행해지기 위해 영향을 미친 요인들이 내일 일이 행해지는 방법에 영향을 미칠 것이라고 가정해야만 한다.

작업환경 내에서 안정성의 요인들은 물리적 시설, 가능한 기구, 고객들의 기본적

그림 14-1_드론이 물건을 배송하는 모습

인 욕구 등과 같은 많은 요인들로 구성되어 있다. 이러한 요인들은 빠르게 변화되지 않는다. 또한 부서 간의 관계, 종사원들 간의 관계도 변화하지 않고 늘 안정적으로 흐르고 있다. 또한 모든 구성원들도 일상에서 변화하지 않으려 하고 있다. 이러한 안정성의 반대로서 조직 내의 변화를 일으키는 외부 및 내부의 압력이 있다.

1. 변화를 위한 외부압력

변화를 일으키는 외부의 압력은 사회적, 경제적, 정치적, 법적, 기술적 환경으로부터 발생한다. 변화하는 고객의 욕구와 필요는 환대산업의 운영에 가장 중요한 영향을 미친다. 고객행동의 변화는 사회적 변화에 영향을 미친다. 예를 들어 건강지향적인 고객들의 욕구는 레스토랑에서의 건강식과 호텔 내의 피트니스시설을 요구한다. 또한 음주운전 및 고속도로에서의 음주사고는 호텔에서 제공하는 다양한 비알코올성 음료에 대한 고객의 욕구를 창출한다. 사업여행객들은 객실 내에 인터넷이 가능한 컴퓨터시스템을 요구한다.

노동시장의 변화에 따라 채용에 문제가 발생하게 되면 호텔조직에 변화를 일으킨다. 즉 신입사원을 채용하기 힘들게 되면 관리자들은 이직을 막기 위해 변화하지 않으면 안 된다. 정치·경제적 변화로써 최저임금이 상승되면 호텔의 관리자들은 보다 혁신적인 방법으로 인건비 절감계획을 세워 변화해야 한다. 또한 정치적·법적 환경의 변화로써 노

동자들의 인권이 중요하게 되면 호텔에서는 부당해고 등에 따른 문제가 발생하고 노조의 압력이 발생하여 모집, 선발, 채용과 관련된 인사부분의 혁신을 요구하게 된다.

2. 변화를 위한 내부압력

매일매일의 운영상황에서 변화가 발생하고 있다. 일반적으로 새로운 과업, 새로운 기구, 신입사원, 신임사장, 새로운 업무흐름, 정책, 절차 등은 바로 내부의 변화를 요구한다.

1) 종사원

관리자의 가장 중요한 측면은 종사원들의 직무성과를 지속적으로 증진시키는 방법을 연구하는 것이다. 직무성과의 증진은 종사원의 행동 및 태도의 변화를 요구한다. 그러나 태도보다는 종사원들의 행동이 관찰 및 측정 가능하므로 보다 더 변화시키기가 용이하다. 따라서 관리자들은 훈련, 코칭, 성과평가를 통해 종사원의 행동을 변화시킨다. 팀빌딩이나 집단훈련을 통해 팀워크의 향상을 위한 교육훈련을 시도함으로써 팀으로 구축된 종사원들의 행동을 변화시키려고 노력한다.

2) 기술

신기술은 조직 내에서 새로운 변화를 요구한다. 예를 들어 컴퓨터시스템으로 작동되는 음료 설비를 도입할 경우 새로운 기술습득을 요구하게 되며, 이에 따라 식음료부서의 구성원들은 교육훈련을 통해 새로운 시스템을 받아들여야 한다. 구성원들의 기술적인 능력에 따라 조직구조의 개편도 요구된다. 이러한 기술적 환경의 변화는 조직의 변화를 유도한다.

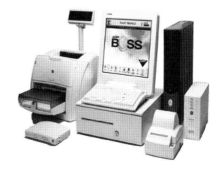

그림 14-2_프런트의 컴퓨터시스템

3) 조직구조

최고경영자가 분권조직으로 사세를 확장하고자 한다면 관리자들에게는 새로운 기회가 마련된다. 즉 분권조직에 새로운 일자리가 발생하므로 부하들의 승진을 생각할 수 있으며 또한 조직구조의 개편으로 관리자 본인도 승진의 기회를 얻을 수 있다. 또한 호텔에서는 객실예약에 대한 책임을 객실부서에서 판매부서로 전환시키고 있다. 이에 따라 각 부서의 업무가 변화하고 또한 직무기술서도 변화하는 경우가 발생한다.

한편 업무 흐름의 변화도 조직구조를 변화시킨다. 예를 들어 식음료이사에 의해 운영되던 식음료부서에서 조리부장이 신임 식음료이사로 발탁될 경우 조리부장이 업무의 흐름을 조리부서 위주로 변화시킨다면 이때 식음료부서에는 대대적인 변화가 발생할 수 있다. 식음료이벤트의 내용은 물론 대부분의 업무흐름도가 변화될 수 있기 때문이다.

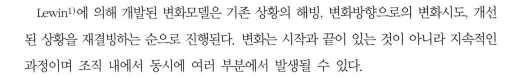

제2절 ● 변화모델

Lewin[1]에 의해 개발된 변화모델은 기존 상황의 해빙, 변화방향으로의 변화시도, 개선된 상황을 재결빙하는 순으로 진행된다. 변화는 시작과 끝이 있는 것이 아니라 지속적인 과정이며 조직 내에서 동시에 여러 부분에서 발생될 수 있다.

1. 기존 상황의 해빙

기존 상황을 해빙(unfreezing)하는 것은 변화해야 하는 구성원뿐만 아니라 변화담당자(change agent, supervisor, manager)에게도 적용해야 하는 일이다. 기존 상황의 해빙을 통해 전략을 개발하기 위해서는 변화담당자들이 작동(driving)과 억제(restraining)의 힘을 분석해야 한다. 예를 들어 부서 내에 높은 이직률을 상기해 보자. 이직률을 작동시키는

---

1) Lewin(1947), Frontiers in Group Dynamics: Concept, Method, and Reality in Social Science, *Human Relations*, 1(1): 5-41.

힘은 다음과 같다.

- 종사원들은 주어진 훈련내용이 부적합하여 그들의 직무에 대해 불편하게 느낀다.
- 종사원들의 보상수준이 경쟁사들에 비해 낮게 책정되어 있다.
- 종사원들은 승진의 기회가 제한되어 있다고 느낀다.

이렇게 작동시키는 힘은 관리되지 않으면 지속적으로 이직률을 상승시킬 것이다. 이것과 반대되는 억제의 힘은 '편안한 작업조건과 환경', '공정한 관리', '믿을 수 있는 기계도구', '일에 대한 인정' 등이다.

따라서 관리자들이 기존의 환경에 대한 해빙을 할 경우 작동하는 힘을 감소시키거나 억제하는 힘을 증가시키는 전략을 세워나가야 할 것이다. 이러한 작동과 억제의 힘의 사례는 〈표 14-1〉과 같다. 즉 발표를 꺼리는 사람은 작동의 힘을 늘리고 억제의 힘을 줄임으로써 발표력을 향상시켜 나가야 할 것이다.

표 14-1_힘의 균형분석

목표: 나는 상사와의 미팅에서 내가 공헌할 수 있는 내용을 생각해서 발표할 수 있다.		
문제: 나는 상사와의 미팅에서 편하게 발표하는 것을 걱정한다.		
작동의 힘(driving forces)		**억제의 힘(restraining forces)**
상사는 토론을 권장한다.	⇒ ←	과거의 실수가 생각난다.
나는 발표함으로써 자존심이 든다.	⇒ ←	나의 실수하는 모습이 나타날 것이다.
질문에 대해 답을 얻는다.	⇒ ←	다른 사람들이 나를 바보로 생각할까 봐 두렵다.
나의 의견을 전달할 수 있다.	⇒ ←	발표내용을 잊을 수도 있다.
	←	사람들이 나를 비웃을 것이다.
	←	주제에 대해 많은 지식이 없다.
	←	내가 말하지 않으면 상사는 나를 시킬 것이다.

변화담당자들은 구성원들을 위해 해빙의 방법을 고려해야 한다. 해빙의 첫 번째 단계는 구성원들의 마음속에서 변화의 욕구가 일어나도록 하는 것이다. 현재의 상태에서 구성원들이 불만족하게 되는 이유를 설명해야 한다. 변화의 욕구는 '변화의 이유에 대한 설명', '변화압력(보상이나 징계)', '변화에 대한 저항감의 감소' 등을 통해 개발될 수 있다.

2. 바람직한 방향으로의 변화

바람직한 방향으로의 변화는 종사원들의 행동을 변화시키고 동시에 변화정책을 분석하며 개선된 직무방법과 운영기술로 종사원들을 교육시키는 것이다. 이러한 일은 관리자들이 종사원들로부터 존경받고 있다면 매우 쉬울 수 있다. 또한 변화는 동료들에게 가장 존경받는 우수사원이나 비공식 모임의 리더들을 통해 먼저 이끌어내야 한다.

만약 종사원들이 신규 컴퓨터시스템으로 일하지 않으려고 할 때 기존 컴퓨터시스템이 고장났다면 어쩔 수 없이 신규 컴퓨터시스템에 관련된 교육을 받으려고 할 것이므로 변화는 쉽게 받아들일 수 있다.

3. 재결빙

바람직한 변화가 실행된 이후 안정된다면 새로운 상황이 전개될 것이다. 바로 재결빙 상황이다. 새로운 변화가 일어난 후 새로운 행동, 절차, 정책 등은 일상적인 일로 받아들여질 것이다. 그러나 이러한 변화는 다시 또 외부환경의 변화나 내부의 변화를 통해 다시 변화를 요구하게 되고 변화의 욕구를 분석하여 바람직한 방향으로 변화하는 변화모델이 번복될 것이다. 즉 변화란 주기적이며 지속적인 성질을 갖고 있다.

제3절 ● 변화에 대한 저항 극복하기

반복되는 일상에서 변화한다면 그 편리성이 사라지므로 변화를 실행하는 것은 매우 어렵다. 종사원들도 예외는 아니다. 대부분의 종사원들은 일의 절차를 변경해야 하는 변화를 꺼린다. 따라서 관리자들은 종사원들이 변화에 저항하는 이유를 간파하고 그 저항을 극복할 수 있는 전략을 개발해야 한다.

종사원들의 측면에서 변화에 저항하는 이유는 다음과 같다.

첫째, 새로운 절차 및 추가적인 임무를 학습하는 것에 대해 불편해 할 것이다. 그들은 새로운 교육을 학습하지 못할 것에 대해 두려워한다. 이때 효과적인 전략은 적절한 교육을 실시하는 것이다. 최소한 관리자는 새로운 절차 및 필요사항을 설명해야 한다. 교육 시에는 새로운 기술에 대한 정보를 소개하고 설득할 수 있어야 변화의 저항에 대처할 수 있다.

둘째, 종사원들은 변화의 불확실성 및 두려운 감정을 갖고 변화에 대처한다. 이러한 두려움은 변화에 대한 감정적 저항감을 만든다. 이를 극복하기 위해 관리자들은 6하 원칙(언제, 어디서, 누가, 무엇을, 어떻게, 왜)에 근거하여 변화의 필요성을 설명해야 한다.

셋째, 변화는 개인적인 관계 및 전문적인 관계를 파괴시킨다. 예를 들어 변화에 따라 평상시 이용했던 운영절차에서의 인간관계는 변화될 것이며, 전문성의 변화로 또한 인간관계가 변화될 것이다. 이러한 일상의 파괴에 의해 종사원들은 변화를 기피한다. 따라서 관리자들은 더욱 설득적인 리더십을 발휘하여 종사원들의 저항을 극복해 나가야 한다.

한편 관리자로서 변화를 수용하여 종사원들 측면의 변화를 고려하였을 때 변화로 인해 피해가 많을 경우 그러한 변화의 내용은 수정해서 적용해 나가야 할 것이다.

1. 종사원의 측면

변화에 대한 저항에 대처하기 위해서는 종사원을 먼저 이해하고 리더십스타일을 변경하는 것부터 시작해야 한다. 종사원의 측면에서 상황을 보라.

예를 들어 불경기로 인해 종사원들이 자신의 일자리를 걱정하는 경우가 있다. 이때 관리자들은 정확한 경제적 상황에 대한 정보를 종사원들에게 주어야 한다. 만약 종사원에게 큰 피해가 없다면 그들은 그러한 변화를 수용할 수 있다. 변화에 대해 설명하고, 변화의 문제를 방어할 수 있으며, 정당화하는 것은 변화를 성공적으로 계획하고 실행하는 과정에서 필수적이다.

변화에 대해 종사원과 회사의 입장은 다를 수 있다. 만약 종사원의 입장에서 직무관련 변화가 긍정적인 효과를 미친다면 변화에 대해 협조적일 수 있다. 그러나 그 반대라면 매우 부정적일 것이다. 직무안정성에 영향을 미치는 모든 변화는 종사원들의 사기 및 스트레스에 가장 심각한 영향을 미친다(〈표 14-2〉 참조).

표 14-2_변화에 대한 종사원과 회사의 입장

변화내용	회사의 혜택	종사원의 혜택	종사원의 입장
리더십	효과성 증대	리더십의 혜택	무지로 인한 두려움
기업합병	재무적 강점 증대	직무안정성	승진혜택 감소
구조조정	업무중복의 감소	직무편리성 증대	관리영역의 축소
종사원 권한 강화	품질서비스 향상	권한과 책임의 증대	실수에 대한 두려움
조직축소	이익 증가	원활한 커뮤니케이션	직무박탈의 두려움
기술강화	비용절감효과	새로운 기술의 습득	신기술학습의 두려움
직무순환	신축적 인력 증가	성장의 기회	직무변경에 대한 회피

　　종사원들은 종종 변화에 대해 감정반응을 일으킨다. 무지에 대한 두려움, 걱정, 신경과민 등이 일어날 수 있다. 현재의 상황에 익숙하다면 변화를 두려워한다. 따라서 갑작스런 변화를 적용시킨다면 극도의 저항감을 일으킬 수 있다. 특히 조직의 가치를 변경함으로써 일어나는 변화에 대해서는 새로운 가치를 확인하기 어려운 종사원들에게 갈등을 야기한다. 예를 들어 작은 호텔이나 레스토랑에서 근무하는 종사원들은 체인레스토랑이나 체인호텔과의 새로운 계약에 대해 기본적인 가치를 위협받는다고 느낀다. 이러한 변화에 대한 저항감을 감소시키기 위해 관리자들은 다음과 같은 전략을 시행할 수 있다.

- 변화로 인한 가치, 비전, 미션에 대해 강조
- 변화와 관련된 열린 의사소통 유지
- 적절하게 변화를 소개시킬 시간 유지
- 변화과정에 종사원들을 포함시키기
- 종사원들과 높은 신뢰감 구축 및 유지

　　변화에 대한 의사소통이 부적절하게 전달되면 종사원들의 불평이나 소문들로 인해 변화의 내용이 왜곡될 수 있다. 특히 종사원들에게 변화의 소식이 늦게 전달될수록 그들은 관리자들을 믿지 않으려 할 것이다. 반대로 커뮤니케이션이 적절하게 이루어진다면 변화에 대해 보다 협조적일 것이다.

　　변화의 속도가 너무 빠르면 혼돈을 야기하고, 또한 너무 느리면 종사원들의 불안을 야기한다. 조직 구조조정 계획이 발표된 이후 몇 주가 지나도 아무 소식이 없다면 종사원들은 불안해 할 것이다. 이런 경우 조금씩 발표하는 것보다는 일시에 발표되는 것이 오히려 낫다.

한편 변화의 과정에 개인적으로 종사원을 포함시키면 더욱 효과적이다. 종사원들은 먼저 변화를 생각하면서 대안을 생각하게 될 것이고, 실제적인 의사결정과정을 거치면서 변화의 시도, 시행, 수정 및 평가과정에 포함된다. 이러한 부하의 수용은 변화의 종류에 따라 다르지만 부하를 어느 정도 참여시킬 것인가는 전적으로 관리자의 몫이다.

종사원들이 변화에 대해 알게 되면 변화를 위한 새로운 아이디어를 낼 수 있는 기회를 제공하는 것이다. 이렇게 변화를 수용하여 자신의 아이디어를 제공한 종사원들은 변화에 더 잘 적응할 것이며 상사의 변화전략도 보다 용이하게 진행할 수 있다. 그러나 상사에 대해 불신하는 종사원들은 변화를 적극 수용하려 하지 않는다. 변화를 시행하기 위해 관리자들에게 가장 중요한 것은 무엇보다도 존경과 신뢰의 분위기를 조성하는 것이다. 따라서 평상시 부하와의 신뢰관계를 구축하여 변화의 시기에 대비해야 한다.

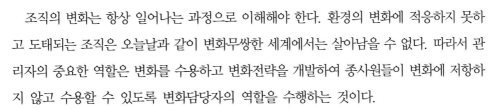

제4절 • 변화담당자로서의 관리자

조직의 변화는 항상 일어나는 과정으로 이해해야 한다. 환경의 변화에 적응하지 못하고 도태되는 조직은 오늘날과 같이 변화무쌍한 세계에서는 살아남을 수 없다. 따라서 관리자의 중요한 역할은 변화를 수용하고 변화전략을 개발하여 종사원들이 변화에 저항하지 않고 수용할 수 있도록 변화담당자의 역할을 수행하는 것이다.

대부분의 경우 종사원들에게 변화에 대하여 의사소통하는 방법은 먼저 집단 전체에 변화의 내용을 알리는 것이다. 개인별로 변화의 내용이 전달된다면 종사원들 간에 변화의 내용에 대해 왜곡된 반응을 보일 수 있기 때문이다. 또한 변화에 대해 특별한 반응을 보이는 구성원들은 개인적으로 접촉을 시도해서 설득해야 한다. 한편 변화에 대해 심각한 저항에 부딪치면 전체 집단에게 알리기보다는 비공식집단의 리더를 통해 변화를 전달하는 것이 매우 효과적이다. 그러나 이때 비공식집단의 리더들이 질문할 내용이나 관심사에 대해 미리 준비하는 것이 중요하다. 왜냐하면 그들은 나머지 집단들을 설득해야 하기 때문이다.

종사원들에게 변화에 대해 설명하는 것은 다음과 같이 5단계에 의해서 이루어진다.

첫째, 변화의 내용을 보다 자세하게 설명하는 것이다. 특히 변화를 통해 얻을 수 있는 혜택을 강조하고 또한 변화하지 않는 내용도 설명해야 한다.

둘째, 변화에 대해 의견을 구하고 감정에 귀기울여야 한다. 종사원들의 부정적인 감정에 방어적이 되지 말고 대응하면서, 종사원들의 감정을 수용했다고 알려줘라. 종사원들의 감정을 적극적 경청에 의해 듣고 관찰하라. 종사원들의 감정과 의견을 반추해 보라. 종사원들의 이해 정도를 확인하라.

셋째, 변화를 어떻게 실행할 것인지에 대해 종사원들의 아이디어를 구하라.

표 14-3_감정과 관련된 표현들

겁먹은(Scared)	슬픈(Sad)	미친(Mad)	기쁜(Glad)	속은(Cheated)
panicky	depressed	jealous	happy	neglected
insecure	helpless	agitated	surprised	unappreciated
uncertain	drained	bitter	elated	burdened
vulnerable	boared	angry	confident	rejected
frightened	down	envious	proud	used
anxious	embarrassed	frustrated	secure	abused
unsure	lost	upset	delighted	left out
confused	disappointed	furious	relieved	slighted
nervous	crushed	hostile	fulfilled	overwhelmed
doubtful	ashamed	irritated	needed	ignored
intimidated	discouraged	disgusted	pleased	hurt
	torn	offended	hopeful	guilty
	trapped	humiliated	excited	
		resentful	grateful	
		exasperated	enthusiastic	
			important	

자료 : Kavanaugh, R. R. & Ninemeier, J. D.(2001), *Supervision in the Hospitality Industry(3rd ed.)*, Lansing, Michigan: American Hotel & Lodging Educational Institute, p. 347.

넷째, 종사원들의 몰입과 지원을 부탁하라. 도움을 요청하라. 과거의 긍정적 성과에 대해 강조하면서, 관리자 스스로 종사원들에게 도움과 지원을 제공하라. 종사원들이 할 수 있다는 자신감(능력)에 대해 칭찬하라.

다섯째, 전체적인 과정을 follow up하라. 조금이라도 긍정적인 변화가 일어났다면 보상하라. 변화의 과정이 잘 실행되기 전에 잘못될 수도 있다는 것을 명심하고, 변화에 대해 최소한의 저항이 있더라도 긍정적인 결과를 보여줄 수 있을 때까지 시간을 갖고 대처하라.

제5절 ● 변화에 대한 평가

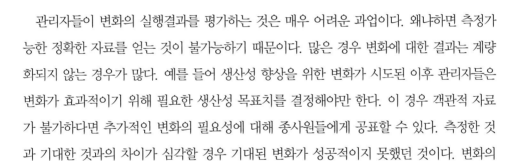

관리자들이 변화의 실행결과를 평가하는 것은 매우 어려운 과업이다. 왜냐하면 측정가능한 정확한 자료를 얻는 것이 불가능하기 때문이다. 많은 경우 변화에 대한 결과는 계량화되지 않는 경우가 많다. 예를 들어 생산성 향상을 위한 변화가 시도된 이후 관리자들은 변화가 효과적이기 위해 필요한 생산성 목표치를 결정해야만 한다. 이 경우 객관적 자료가 불가하다면 추가적인 변화의 필요성에 대해 종사원들에게 공표할 수 있다. 측정한 것과 기대한 것과의 차이가 심각할 경우 기대된 변화가 성공적이지 못했던 것이다. 변화의 결과를 측정하기 위한 목표 및 지표는 아무리 강조해도 지나치지 않을 것이다.

한편 변화를 평가하기 위한 또 다른 측면은 추가적인 변화의 필요성을 결정하고, 변화에 의해 발생한 또 다른 문제를 평가하며, 변화가 만들어진 과정을 분석하는 것이다. 변화의 과정을 평가함으로써 관리자들은 차기의 변화에 대해 과업을 재정비하고 단순화할 수 있다.

표 14-4_관리자의 변화실행 체크리스트

질문내용	실행여부	
	예	아니오
1. 변화가 필요한가?		
2. 변화의 필요성을 확실하게 이해했는가? 어떤 변화를 할 예정인가?		
3. 종사원들의 변화저항에 대해 반응할 확실한 이유를 생각했는가?		
4. 변화와 그 의미에 대해 종사원들과 대화할 수 있는가?		
5. 종사원들이 변화에 대해 느낄 불이익에 대해 설득할 수 있는가?		
6. 공식적이든 비공식적이든 변화에 도움을 줄 수 있는 집단리더를 알고 있는가?		
7. 변화를 시도하기 전에 사전조사기능을 갖추고 있는가?		
8. 변화의 내용을 종사원들에게 확실하게 전달했는가?		
9. 변화 전에 교육을 실시하는가?		
10. 변화하는 동안 종사원들을 확실하게 관리감독하는가?		
11. 변화 후의 변화정도에 대해 측정도구를 개발했는가?		
12. 변화의 결과를 측정가능한 도구를 이용하여 측정하는가?		
13. 변화의 저항으로 발생되는 혜택을 아는가?		
14. 변화의 필요성을 어떻게 촉진시키는지 아는가?		
15. 종사원들은 귀하를 존경하는가?		
16. 변화를 시도해서 성공한 적이 있는가?		
17. 변화를 시도하는 중에 또 다른 변화가 일어나고 있는 것에 대해 아는가?		
18. 타 부서에 미칠 변화의 영향력을 아는가?		
19. 미리 계획된 교육훈련프로그램이 있는가?		
20. 변화로 인해 기존의 시스템이 개선될 수 있는지 아는가?		
21. 변화를 요구하는 상황이 지속적으로 조직에 도움이 되는지 아는가?		
22. 종사원들은 변화와 관련된 모든 상황에 참여하려 하는가?		
23. 변화의 압력을 증가시킬 수 있는 것에 대해 아는가?		
24. 변화를 위한 모든 정보에 대해 아는가?		

자료 : Kavanaugh, R. R., & Ninemeier, J. D.(2001), *Supervision in the Hospitality Industry(3rd ed.)*, Lansing, Michigan: American Hotel & Lodging Educational Institute, pp. 349-350.

고용노동부(2012). 『노동법 60년사 연구』.

국민권익위원회 · 전국경제인연합회(2013). 윤리경영! 그 길을 묻다. 2013 윤리경영 실천사례집.

김태희(2007). 외식산업의 현황과 과제. 『계간 농정연구 가을(23)』. 농정연구센터.

뉴스핌(2014.8.1). 재개관 1년 호텔신라, 이부진 사장 보폭 넓어졌다.

데일리한국(2015.7.31). 한국의 노사 간 협력 132위로 최악, '상생의 노사관계'는 필수.

동아일보(2001.9.2). 한국 네슬레.

레이디 경향(2014.12). 2015년도 소비트렌드.

문성애 · 이영민(2009). 기업재직자의 사회적 네트워크 활동이 조직몰입과 직무만족에 미치는 영향.
    『인적자원관리연구』. 16(2): 55-67.

비즈니스포스트(2014.8.22). 하나투어는 어떻게 15년 동안 1위를 지켰나.

삼성경제연구소(2005.2). 고령화 · 저성장 시대의 기업 인적자원 관리방안.

삼성경제연구소(2002.6.5). 윤리경영의 개념 및 시스템.

스기다 미네야스(김현수 역)(1988). 교류분석. 민지사.

신광철 · 정범구 · 주지훈(2012). 조직구성원의 사회적 자본이 경력성공, 영향력 및 조직몰입에 미치는
    영향. 『인적자원관리연구』. 19(4): 119-144.

아주경제(2015.3.5). '홈퍼니(Home+Company)' 추구하는 SK C&C, 여성이 일하기 좋은 회사 만든다.

여성동아(2003년 1월호). 롯데호텔 성희롱 사건.

이투데이뉴스(2015.2.16). 유한양행 사례.

이학종(1998). 『조직행동론 - 이론과 사례연구 -』. 세경사.

이학종 · 양혁승(2011). 『전략적 인적자원관리』. 박영사.

정규엽(2013). 호텔외식관광마케팅. 연경문화사.

정규엽(2015). 호텔외식관광마케팅. 연경문화사.

조선일보(2000.10.26). 롯데호텔 성희롱 사건.

조선일보(2014.4.18). 이랜드의 무모한 도전이 성공하는 이유.

조선일보(2013.6.20). 삼성 20닌의 성공비결은? 인재중시와 스피느.

조선일보(2014.3.21). 24년간 1조 들여 키운 '이건희 키즈(Kids)' 5000명 돌파.

조영복·김경원(2011). 사회적 네트워크의 특성이 직무성과와 협력행동에 미치는 영향에 관한 연구. 『인적자원관리연구』. 18(1): 87-110.

한국식품영양재단(2003.4). 『외식수요 증가에 따른 농식품산업 육성방안』.

HMC 호텔경영컨설팅 연구소 자료.

LG경제연구원(2012.2.29). HR의 관점이 바뀌고 있다.

LG business Insight(2014.1.15). Working Mom이 일하기 좋은 기업을 주목해야 하는 이유.

http://cafe.daum.net/_c21_/bbs_search_read?grpid=WxF0&fldid=NDZ&datanum=16415(플래닛헐리우드서울점 관련기사)

http://www.hanatourcompany.com/kor/biz/group.asp

http://www.hotelshilla.net

http://www.index.go.kr/potal/main/EachDtlPageDetail.do?idx_cd=1035(고용노동부 자료)

http://www.mcdonalds.co.kr

http://www.nodong.or.kr/?mid=union&document_srl=402880

Adams, J. S., & Rosenbaum, W. B.(1962). The Relationship of Worker Productivity to Cognitive Dissonance about Wage Inequities. *Journal of Applied Psychology.* 46(3): 161-164.

Alderfer, C. P.(1972). *Existence, Relatedness, and Growth: Human Needs in Organizational Settings.* N.Y.: Free Press.

Argyris, C.(1957). The Individual and Organization: Some Problems of Mutual Adjustment. *Administrative Science Quarterly.* 2(1): 1-24.

Bass, B. M.(1985). *Leadership and Performance beyond Expectations.* New York: The Free Press.

Goleman, Daniel(Jan. 2004). What Makes a Leader? *Harvard Business Review.* pp. 82-91.

Greenleaf, R. K.(1970). *The Servant as Leader.* Greenleaf Center in Indianapolis.

Herzberg, F. (1968). One More Time: How Do You Motivate Employees. *Harvard Business Review.* 46(Jan.-Feb.): 53-62.

Hofstede, Geert(2001). *Cultures' Consequences: Comparing Values, Behaviors, Institutions, and Organizations Across Nations.* 2nd ed. Thousand Oaks, CA: Sage Publishing.

Howell, J. P., & Costley, Dan L. (2006). *Understanding Behaviors for Effective Leadership.* 2nd ed. New Jersey: Prentice-Hall.

Katz, R. L. (1974). Skills of an Effective Administrator. *Harvard Business Review.* 52(5): 90-102.

Kavanaugh, R. R., & Ninemeier, J. D. (2001). *Supervision in the Hospitality Industry.* 3rd ed. Lansing, Michigan: American Hotel & Lodging Educational Institute.

Kaye, B., & Jordan-Evans, S. (2000). Retention Tag: You're It. *Training and Development.* 54(4): 29-34.

Lewin, K. (1947). Frontiers in Group Dynamics: Concept, Method, and Reality in Social Science. *Human Relations.* 1(1): 5-41.

Locke, E. A., & Latham, G. P. (1990). *A Theory of Goal Setting and Task Performance.* N.J.: Prentice-Hall.

Maslow, A. H. (1954). *Motivation and Personality.* N.Y.: Harper & Row.

McClelland, D., & Burnham, D. (1976). Power is the Great Motivator. *Harvard Business Review.* 54(2): 100-110.

Miner, J. B., & Smith, N. R. (1982). Decline and Stabilization of Managerial Motivation over a 20-Year Period. *Journal of Applied Psychology.* pp. 297-305.

Mintzberg, H. (1980). *The Nature of Managerial Work.* N.J.: Prentice-Hall.

Morse, J. J., & Wagner, F. R. (1978). Measuring the Process of Managerial Effectiveness. *Academy of Management Journal.* pp. 23-35.

Pavett, C. M., & Lau, A. W. (1983). Managerial Work: The Influence of Hierarchical Level and Functional Specialty. *Academy of Management Journal.* pp. 170-177.

Robbins, S. P. (1989). *Training in Inter-Personal Skills.* N.J.: Prentice-Hall.

Taras, V., Steel, P., and Kirkman, B. L. (2012). Improving National Cultural Indices Using a Longitudinal Meta-Analysis of Hofstede's Dimensions. *Journal of World Business.* 47(3): 329-341.

Woods, R., Johanson, M. M., & Sciarini, M. P. (2012). *Managing Hospitality Human Resources.* 5th ed. Lansing, Michigan: American Hotel & Lodging Educational Institute.

찾아보기

저자약력

이준혁

- 현) 영산대학교 호텔관광대학 외식경영학과 교수(학과장)
- 한국호텔외식관광경영학회 부회장
- 한국호텔관광학회 부회장
- 한국관광학회 편집위원
- 경희대학교 경영대학원 관광경영학과(경영학석사)
- 세종대학교 일반대학원 경영학과 호텔외식마케팅전공(경영학박사)
- 미국 플로리다국제대학교 호텔관광학부 교환교수(FIU)
- 미국 국제총지배인자격증 취득(AH&LA CHA)
- 라마다올림피아호텔 MTC(management training course)
  객실팀 기획실 교육 고객관리 피트니스 담당, 당직지배인
- 한국외식경영학회 이사
- APEC 이후 부산관광이미지의 변화 외 논문 60편

정연국

- 현) 동의과학대학교 호텔관광서비스과 교수(학과장)
- 한국관광레저학회 사무국장
- 한국호텔관광학회 학술부위원장
- 한국호텔리조트학회 사무국장
- 경희대학교 대학원 관광경영학과 졸업(경영학석사)
- 세종대학교 대학원 경영학과 졸업(경영학박사)
- 미국 국제총지배인자격증 취득(AH&LA CHA)
- (주)삼립 하일라 리조트/(주)스위스 로젠 관광호텔 근무/(주)한국 피제스 근무
- 해양수산부 평가위원
- 부산광역시/부산광역시 시의회 자문위원
- 부산광역시 동구/부산광역시 부산진구 자문위원
- 관광종사원 국가자격시험 면접 및 출제위원
- 제주특별자치도 제주관광협회 호텔업 등급 평가위원
- 해양수산부 국가지원사업 크루즈 승무원 전문인력 양성사업단 단장
- 동의과학대학교 DIT 크루즈 전문인력 양성사업단 단장
- Service Quality, Relationship Outcomes, and Membership Types in the
  Hotel Industry(SSCI) 외 논문 다수

저자와의
합의하에
인지첩부
생략

호텔 · 외식 · 관광 인적자원관리

2016년 3월 15일 초 판 1쇄 발행
2021년 4월 30일 제2판 1쇄 발행

지은이 이준혁 · 정연국
펴낸이 진욱상
펴낸곳 백산출판사
교 정 성인숙
본문디자인 오행복
표지디자인 오정은

등 록 1974년 1월 9일 제406-1974-000001호
주 소 경기도 파주시 회동길 370(백산빌딩 3층)
전 화 02-914-1621(代)
팩 스 031-955-9911
이메일 edit@ibaeksan.kr
홈페이지 www.ibaeksan.kr

ISBN 979-11-6639-149-1 93980
값 30,000원